# 广东潮州单丛茶文化系统研究论文集

闵庆文　孙业红◎主编

U0241696

旅游教育出版社
·北京·

图书在版编目（CIP）数据

广东潮州单丛茶文化系统研究论文集 / 闵庆文，孙
业红主编. -- 北京：旅游教育出版社，2024.5
　　ISBN 978-7-5637-4718-4

　　Ⅰ．①广… Ⅱ．①闵… ②孙… Ⅲ．①茶文化－潮州
－文集 Ⅳ．①TS971.21-53

　　中国国家版本馆CIP数据核字（2024）第089024号

**广东潮州单丛茶文化系统研究论文集**

闵庆文　孙业红　主编

| | |
|---|---|
| 责任编辑 | 何丹 |
| 出版单位 | 旅游教育出版社 |
| 地　　址 | 北京市朝阳区定福庄南里 1 号 |
| 邮　　编 | 100024 |
| 发行电话 | （010）65778403　65728372　65767462（传真） |
| 本社网址 | www.tepcb.com |
| E - mail | tepfx@163.com |
| 排版单位 | 北京旅教文化传播有限公司 |
| 印刷单位 | 北京虎彩文化传播有限公司 |
| 经销单位 | 新华书店 |
| 开　　本 | 710 毫米 × 1000 毫米　1/16 |
| 印　　张 | 17.75 |
| 字　　数 | 302 千字 |
| 版　　次 | 2024 年 5 月第 1 版 |
| 印　　次 | 2024 年 5 月第 1 次印刷 |
| 定　　价 | 98.00 元 |

（图书如有装订差错请与发行部联系）

# 编委会

**主编**：闵庆文　孙业红

**编委**（按姓名拼音为序）：

陈建华　付　娟　何思源　焦雯珺

赖泽冰　梁宝恒　刘某承　刘　铮

刘志华　任　俊　史媛媛　苏明明

孙梦阳　谭凯炎　王英伟　杨海龙

杨　伦　杨振武　赵　飞　周泽鲲

# 前 言

广东潮州凤凰山地区是世界单丛茶文化的起源地。优越的自然条件、悠久的栽培历史，成就了独特的潮州单丛茶文化系统。当地单丛茶品种和株系众多，香型繁多，拥有大规模的古茶园，现存百年以上古茶树约 1.7 万株，其中包括宋代的古茶树，是世界罕见的优稀茶树资源。当地单株管理、单株采摘、单株制作的传统种植方式和制茶方式，为世界独有，其茶园生态管理、林 - 茶 - 村 - 农的复合生态景观，堪称山区可持续农业的典范。以单丛茶为基础的潮州工夫茶艺，不仅是潮汕地区特有的传统饮茶习俗，而且作为中国茶道的核心代表，成为联合国教科文组织人类非物质文化遗产"中国传统制茶技艺及其相关习俗"的重要组成部分，蜚声四海。因此，广东潮州单丛茶文化系统是弥足珍贵的重要农业文化遗产，广东潮安凤凰单丛茶文化系统于 2014 年入选第二批中国重要农业文化遗产名单，广东饶平单丛茶文化系统于 2023 年入选第七批中国重要农业文化遗产名单。

为了科学揭示广东潮州单丛茶文化系统的多种功能与多元价值，促进对其的保护与利用，为申报全球重要农业文化遗产奠定坚实基础，受广东省潮州市农业农村局委托，北京联合大学、中国科学院地理科学与资源研究所联合华南农业大学、中国人民大学、中国气象科学研究院、广州商学院等科研单位和高校的专家，从单丛茶历史起源与演变、生态特征与气候适应性、农户生计与经济发展、茶旅融合发展潜力与路径等角度，对广东潮州单丛茶文化系统的结构、功能、价值及保护与利用开展了全方位研究，本书收录的即为其中部分研究成果。

习近平总书记在 2022 年 7 月 18 日致全球重要农业文化遗产大会的贺信中强调，人类在历史长河中创造了璀璨的农耕文明，保护农业文化遗产是人类共同的责任。中国积极响应联合国粮农组织全球重要农业文化遗产倡议，坚持在发掘中保护、在利用中传承，不断推进农业文化遗产保护实践。中方愿同国际社会一道，共同加强农业文化遗产保护，进一步挖掘其经济、社会、文化、生态、科技等方面价值，助力落实联合国 2030 年可持续发展议程，推动构建人类命运共同体。

农业文化遗产保护功在当代，利在千秋。农业文化遗产及其保护研究任重道远，希望我们的研究能为这一项伟大事业的发展与广东潮州单丛茶文化系统的高水平保护和高质量发展贡献绵薄之力。

# 目 录

# 遗产地旅游发展研究

# 遗产地传承与认同研究

茶文化及综述类研究

# 茶类全球重要农业文化遗产对比研究 *

史媛媛　闵庆文

[摘　要] 2002 年，联合国粮食及农业组织发起全球重要农业文化遗产保护计划，旨在确定和保护全球重要农业文化遗产系统及其相关的景观、生物多样性、知识体系和文化。这些传统农业生产系统涵盖了粮食生产、果蔬种植、畜牧与水产养殖等多个类型，形成了丰富的稻作文化、茶文化、竹文化、枣文化等，创造了稻田养鱼、桑基鱼塘等多种生态农业模式。其中，茶类农业文化遗产具有智慧的水土资源管理方式、丰富的生物资源耦合机制、独特的生态景观，是一类兼具自然遗产、文化遗产及文化景观综合价值的、较为特殊的农业文化遗产。作者通过梳理目前所有茶类全球重要农业文化遗产的基本特征，分析了茶类全球重要农业文化遗产所蕴含的重要价值。同时，基于茶类农业文化遗产的特征价值，剖析了"广东潮州单丛茶文化系统"的独特性，以期为"广东潮州单丛茶文化系统"的动态保护与可持续发展提供科学指导。

[关键词] 全球重要农业文化遗产；茶类农业文化遗产；独特性

## 引言

2002 年，联合国粮食及农业组织（Food and Agriculture Organization of the United Nations，FAO）发起了全球重要农业文化遗产系统（Globally Important Agricultural Heritage Systems，GIAHS）保护计划，旨在确定和保护全球重要农业文化遗产系统及其相关景观、农业生物多样性、知识体系和文化。按照联合国粮食及农业组织的定义，全球重要农业文化遗产系统是指"与其所在区域、文化或农业景观或生物物理及更广泛的社会环境处于复杂关系之中的现存且持续发展中的人类社区系统"。截至 2023 年底，联合国粮食及农业组织共认定了 86 项全球重要农业文化遗产，分布在 26 个国家，其中 22 项在中国。

全球重要农业文化遗产涵盖了农田栽培系统、林果栽培系统、经济作物栽培系统、湿地农业系统、畜牧养殖系统等众多类型，其中茶类种植系统拥有重要的文化价值，体

* 本文系"潮州单丛茶文化系统申报全球重要农业文化遗产项目"的阶段性成果。

现出了显著的农业价值与生态价值,保留了丰富的生物多样性和独特的水土管理模式,并呈现出了极具美学价值的垂直分异景观。可以说,茶类农业文化遗产是不可或缺的农业文化遗产类型,其以茶树种植为核心,将茶类的传统民俗与文化贯穿于茶树种植、茶叶加工与消费的整个过程,是支撑人类生计发展的复合农业生产系统;茶类农业文化遗产也是具有智慧的水土资源管理方式、丰富的生物资源耦合机制、独特的生态景观,以及自然遗产、文化遗产及文化景观综合价值的、较为特殊的一类重要农业文化遗产[1]。

截至 2023 年底,在联合国粮食及农业组织认定的 86 项全球重要农业文化遗产地中,茶类重要农业文化遗产共有 5 项,分别是:中国的"云南普洱古茶园与茶文化系统"(2012)、"福建福州茉莉花与茶文化系统"(2014)和"福建安溪铁观音茶文化系统"(2022);日本的"静冈传统茶－草复合系统"(2013)和韩国的"花开传统河东茶农业系统"(2017)。

根据联合国粮食及农业组织发布的全球重要农业文化遗产系统评选标准,共有 5 个全球重要农业文化遗产地突出特性,用以反映传统农业生产系统内部的资源禀赋、产品与服务以及其他价值,分别是:(1)生物多样性和生态系统功能;(2)景观和水土资源管理特征;(3)食物与生计安全性;(4)社会组织与文化;(5)传统知识体系与技术[1]。因此,本文从茶类全球重要农业文化遗产系统的传统茶文化、种茶与制茶技术、传统知识技艺、垂直美学景观、生物多样性及品种资源方面,全方位剖析了茶类农业文化遗产的多功能价值;并基于对其相关特征的分析,解读了"广东潮州单丛茶文化系统"的独特性,以期为其申报全球重要农业文化遗产提供重要科学支撑。

## 1. 茶类全球重要农业文化遗产的特征价值

### 1.1 生物多样性和生态系统功能

#### 1.1.1 茶树资源

在农业文化遗产复合系统中,茶树是重要的农业作物,也是系统生物多样性的重要组成部分。古茶树是一种珍贵的茶树资源,不仅是茶产业历史的见证,更是传统茶文化的载体[2]。古茶树通常指分布于天然林中的野生古茶树及其群落,半驯化的人工栽培型野生茶树和人工栽培的百年以上的古茶园[3]。茶类全球重要农业文化遗产地的古茶树资源非常丰富,古茶园中万木丛生、古木参天,有着数百种珍贵的动植物[4]。古茶树对茶叶种质、遗传基因等有着重要的研究价值,是茶树培育的重要种质资源库[5-6]。

例如,中国"云南普洱古茶园与茶文化系统"的古茶树多为大叶种的高大乔木,包括 15 个品种,涵盖了野生型、栽培型和过渡型三种生态类型,谱系完整。可以说,云南普洱是野生茶树群落和古茶园保存面积最大、古茶树和野生茶树保存数量最多的地区[7-8]。"福建安溪铁观音茶文化系统"的茶树多为台地茶,现有 100 多个茶树品种且100% 实现了无性繁殖。其中,安溪发现并予以利用的茶树品种有 81 种,用以制作乌龙茶的有铁观音、黄旦、本山、毛蟹、梅占、大叶乌龙6个灌木茶树品种，茶树种质资源同样非常多样。

### 1.1.2 茶叶品种

茶叶根据茶多酚不同的氧化程度，可以分为绿茶、青茶（乌龙茶）、黄茶、白茶、红茶和黑茶六大类，不同的茶树品种或资源所适制的茶叶种类也各不相同。

在茶类全球重要农业文化遗产中，"云南普洱古茶园与茶文化系统"属于大叶种黑茶，茶叶在制作过程中进行了完全的发酵。"福建福州茉莉花与茶文化系统"是特种茶类，采用绿茶与茉莉花为原料，将花香与茶坯拌和窨制而成，不进行任何发酵作用。其中单瓣茉莉花是该系统特有的优质种质资源。"福建安溪铁观音茶文化系统"的铁观音，则属于青茶类（乌龙茶），是发酵程度达到10%~20%的半发酵茶，具有独特的"观音韵"和"兰花香"，经过"包揉"工艺后其成品茶外形为颗粒形。而日本的"静冈传统茶–草复合系统"和韩国的"花开传统河东茶农业系统"中的茶叶均属于绿茶类。由此可见，现有的茶类全球重要农业文化遗产涵盖了丰富的茶叶品种，展示了不同茶叶品种特有的形态、香气与韵味。

### 1.1.3 生态系统功能

古茶树是经过长期自然选择和生产实践共同作用下形成的活态遗产，具有遗传多样性和不可替代性。茶树及茶园内部的动植物物种在一定的空间范围中，与生态环境有机结合在一起，共同构成了完整的生态系统。可以说，古茶园野生植物资源多样、丰富，是由植物、动物和微生物群落以及非生物环境共同构成的动态综合体[9-10]。例如，"云南普洱古茶园与茶文化系统"中的乔木多为高大树木，茶树和林下灌木层主要种植了各种经济作物，草本层是自然生长的草本植物，也有茶农种植的粮食作物等。茶园系统中多种寄生植物、菌类等不规则分布于各层之中，家禽牲畜也于林间自由活动，形成了庞大而复杂的茶园生态系统，在生物多样性保护上发挥了重要的作用。

同时，全球重要农业文化遗产的茶园生态系统除了为当地居民提供了基本的物质产品以外，还具有涵养水源、改良土壤、养分循环、调节气候、防止水土流失等多项生态系统服务功能，这些功能使茶园系统的生态环境得以维持并保持着长期的稳定状态。

## 1.2 景观格局和水土资源管理模式

### 1.2.1 景观格局

茶类农业文化遗产的景观格局包括时序变化的自然景观、垂直分异的种植景观和系统复合的生态景观三个部分。时序变化的自然景观，顾名思义是指茶园在时间或季节上具有的景观多样性。茶类农业文化遗产地一般四季分明，具有低温、高湿、多雾的气候特征。茶园内的采摘生产活动和植物发生季相变化，会在春、夏、秋、冬不同时节呈现出显著不同的自然景观。

垂直分异的种植景观是指随着海拔的变化，茶园呈现出不同的景观特征。如"云南普洱古茶园与茶文化系统"中，550~2700 年的野生型古茶树分布在海拔 1830~2600 m 高的山腰，以高大乔木古茶树为主，树高 4.35~45 m；树龄 1000 年以上的过渡型茶树生长在海拔 1900 m 左右的高山，树高 11 m 左右；栽培型森林古茶树种植在 1500~2300 m 高的山区或农作区，树高 5.5~9.8 m，树龄在 181~800 年。不同海拔地区的树高和树种分布，呈现出独具特色的景观特征。

另外，农业文化遗产地农户在长期适应自然环境的生产生活中，通过自己的智慧与勤劳，创造了立体循环茶树种植系统，保障了当地的生计安全和生态环境稳定。在"福建安溪铁观音茶文化系统"中，顶部为水源林，村庄、茶园镶嵌分布在山腰，再往下为村庄、农田，最低处为河流，形成了自上而下"水源林－茶园村庄复合－农田村庄复合－河流"的空间格局。日本的"静冈传统茶－草复合系统"的茶树与半自然草地经过人工修整，以马赛克的方式相间分布，创造了引人注目的茶草混种景观。而韩国的"花开传统河东茶农业系统"与日本、中国茶园呈现的整齐线性景观完全不同，该茶文化系统呈现出一种类似疏于管理的野生植被自由生长状态，茶树与周边的乔木、灌木和森林和谐共生。

### 1.2.2 水土资源管理模式

茶农在与当地自然环境长期协同进化与动态适应调整的过程中，积累了丰富的水土资源管理经验，形成了多种茶园复合种植模式。如通过茶树与其他经济作物混合种植、修建现代台地茶园等方式，结合当地独特的土壤与气候条件，充分利用、开发自然资源、管理茶文化系统，保障了茶类农业生产系统的健康可持续发展以及经济效益最大化。

"福建福州茉莉花与茶文化系统"中荔枝、龙眼和橄榄树与茉莉间作种植，相映成趣，通过果树与茉莉花间作来抵御经济风险。荔枝、龙眼和橄榄树树干较高，遮蔽度低，稀植栽培对茉莉花生长影响较小，同时荔枝、龙眼、橄榄和茉莉花的价格随不同年份的市场需求波动较大。为了抵御这种外在的经济风险，当地农户实行了荔枝－茉莉、龙眼－茉莉、橄榄－茉莉等间作形式，将风险稀释，形成了河流两岸果树与茉莉相间的独特景观。

### 1.3 食物供给与生计安全

### 1.3.1 食物供给

茶类农业文化遗产不仅为人类提供了类别多样、韵味独特的茶叶制品，还提供了包括茶园生态系统中复合种养的其他农副产品，如蔬菜、谷物、水果、畜禽等，其营养价值丰富、品质优良，更是富有文化内涵。同时，由茶叶鲜叶加工制成的各种茶类副产品更是茶类遗产的主要输出产品，如茶含片、茶粉、茶酥糖、茶类饮料、茶酒、茶酥等，为遗产地农户带来了可观的经济收益与生活保障。

例如，"福建安溪铁观音茶文化系统"通过实施"茶－乔（果树、竹子等）－作物和草本（谷物、薯类、油料、蔬菜、食用菌等）"的复合栽培，收获了丰富的谷物、薯类、油籽、蔬菜、水果、食用菌、竹笋、猪肉等农产品、畜禽产品以及鲤鱼等淡水产品等。"云南普洱古茶园与茶文化系统"收获的产品除了茶叶以外，还包括野生和人工种植的菌类、寄生生物（如螃蟹脚）、粮食作物、药材及其他经济作物。这些产品不仅为农户提供了家庭必需的基本口粮，也构成了当地农村家庭的生计基础。同时，古茶园由于乔灌木的遮阴作用获得了更适于茶树生长的湿度和温度，形成特有的小气候，也使古茶树的茶叶品质更为优良，市场竞争力更强。

另外，茶类农业文化系统具有重要的药用价值与保健功能。茶叶中的茶多酚是茶树次生物质代谢的重要成分，也是茶叶药效的主要活性组分，具有防止血管硬化、降血脂、消炎抑菌、防辐射、抗癌、抗突变、抗衰老等多种功效。福建安溪的农户将铁观音茶叶与蜂蜜调和，装在瓶子里待来年食用，可治疗中暑、痢疾和腹胀；用铁观音茶叶和蒲公英制成的茶汤坐浴，可以治疗慢性前列腺炎[11-12]；同样，韩国"花开传统河东茶农业系统"将茶叶作药用，用于治疗皮疹等皮肤不适。

### 1.3.2 生计安全

随着消费者收入水平的提高，其消费观念开始逐渐发生转变，无公害茶、有机茶等农产品已经成为广大消费者的首选。茶类农业文化遗产是独特的茶林混种系统，拒绝农药和化肥等有害化学元素的投入，形成了无污染的自然有机茶园，收获的茶产品深受市场推崇。农业文化遗产地茶产业的发展不仅解决了当地茶农的生计问题，还使农民的生活逐步走向富裕，成为农民就业增收的主要来源。

福建安溪茶农依靠铁观音茶产业发展，从"国定贫困县"转变为"全国百强县"。在安溪县西坪镇，茶叶年收入占当地人均年收入的74.8%，其中以茶为生的农民人均茶叶收入占人均总收入的90%以上。另外，茶产业发展还带动了当地食品加工、交通物流、电子商务、包装印刷、机械制造、文化旅游、餐饮住宿等关联行业的快速发展，吸纳了大量农民就业与创业。

### 1.4 社会组织与文化

茶文化是中华民族宝贵的历史文化遗产，它代表着人类社会历史实践过程中所创造的与茶有关的物质财富及精神财富的总和。茶类农业文化遗产地的婚丧、节庆、祭祀等重大节日和礼仪习俗中，茶常常作为必备饮品、礼品和祭品，与当地居民生活紧密相连。同时，农业文化遗产地还形成了民间斗茶、茶王赛、茶俗、文化传承等一套完整的茶文化体系。可以说，茶对农业文化遗产地各民族的影响已经浸透到了百姓生活、精神等的各个方面。

例如，"云南普洱古茶园与茶文化系统"中79%人口为哈尼族、布朗族、彝族、拉祜族等少数民族，悠久的种茶、制茶历史孕育了风格独异的民族茶道、茶艺、茶礼、茶俗、茶医、茶歌、茶舞、茶膳等茶文化和茶习俗。不同民族对茶的加工和饮用方式更是各具特色。如傣族的"竹筒茶"、哈尼族的"土锅茶"、布朗族的"青竹茶"和"酸茶"、基诺族的"凉拌茶"、佤族的"烧茶"、拉祜族的"烤茶"、彝族的"土罐茶"等已作为传统的饮茶习俗，代代相传。福建省福州市围绕茶文化系统的核心元素茉莉，衍生出了以茉莉为主题的簪饰文化。韩国"花开传统河东茶农业系统"最早由寺庙僧人种植，发展至今的现代茶文化仍然与佛教文化密切相关。茶类农业文化遗产地因系统内深厚的文化底蕴，开展了跨区域的交流与合作，促进了全球茶文化及茶产品的流通与分享。

### 1.5 传统知识体系与关键技术

#### 1.5.1 传统知识体系

传统知识是茶农在与自然环境长期共处过程中逐渐学习、积累的智慧与经验，具有鲜明的地域与民族特色，涵盖了茶树种植、茶叶采摘、茶园管理、茶园加工以及茶汤品茗等各个环节。茶农在长期的生产实践中，发现茶树喜偏酸性的红黄壤，质地利于排水的砂质土壤为佳；茶树对紫外线有特殊嗜好，不能太强也不能太弱；气温日平均需10℃左右，对空气湿度要求较高。基于此，各地茶农结合当地不同的土地利用类型和经济产出情况，最终选择将茶树种植在海拔 200 m 以上的山地、丘陵之上[13-15]。"福建福州茉莉花与茶文化系统"茉莉花种植区位决定了系统的地理位置。当地茶农积累了茉莉花种植及采摘的相关经验，同时结合茉莉花喜水但不宜长期浸没等特点，最终将"福建福州茉莉花与茶文化系统"定址于河边沙地。

#### 1.5.2 关键技术

不同茶类农业文化遗产拥有不同的种植、采摘和制作技艺，成就了茶叶各异的形态、颜色与韵味。普洱茶汤橙黄浓厚，香气高锐持久，茶饼制作过程中的渥堆与蒸压等是其特有环节，以保证茶叶得到充分、完全的发酵。福州茉莉花茶的关键技艺是窨制技术。茶坯制成后，添加含苞欲放的茉莉花花蕾进行拌拼窨制。在水热作用下，茶叶发生理化变化，减退茶坯涩味，茶坯汤色变深变黄，滋味更加鲜醇。福建安溪是乌龙茶制作工艺的起源地。安溪人开创了中国茶树无性繁殖技术"茶树长穗扦插繁殖法"，同时创造出一套铁观音"半发酵"的制茶理论，工序比红茶、绿茶多了 6 道。其中"包揉"是安溪铁观音的特有工序，通过进一步揉破叶细胞组织，使茶叶紧结、卷曲、壮实，呈圆润美观的外形，并增加茶汤浓度。另外，与其他茶类农业文化遗产的炒青不同，日本的"静冈传统茶－草复合系统"的杀青技艺为蒸青，通过高温高压来停止酵素发酵，促进茶叶成形。关键技术是通过砍掉茶园周边半自然草地的草，覆盖到茶树根部进行保护，以缓解降雨和化肥径流对土壤的侵蚀，增加土壤微生物活性和可持续施肥，调节土壤温度，保持土壤湿度，以提高茶叶质量和香味。

## 2. "广东潮州单丛茶文化系统"的独特性

广东潮州单丛茶的种植始于宋代，距今已有 700 多年种植历史，最早由生活在凤凰乌崇山、待诏山一带的先民开始种植和采制，是数量繁多、罕见多香型的栽培型珍稀茶树种质资源，被学者称为"中国的国宝"[16]。特殊的地理位置和气候条件，成就了单丛茶的优良品质。

"广东潮州单丛茶文化系统"位于北纬 23°26′~24°14′，属高温、多湿的亚热带季风海洋性气候。整个单丛茶产区的土壤均为红壤与黄壤，pH 值为 4.5~6.5，土层深厚，富含有机质和几十种微量元素，非常适合茶树生长。相对于平原地区，产于海拔 400~1000 m 高山上的单丛茶，具有云雾多、漫射光多和空气湿度大等特点，有利于茶质合成[17]。依照茶园所处海拔高度，通常将潮州单丛茶分为低山茶（海拔 300~500 m）、中山茶（海拔 500~800 m）和高山茶（海拔 800~1200 m）[18]。无论是品质还是经济价值，均以高山茶居首，中山茶次之，低山茶居末。

基于对茶类全球重要农业文化遗产特征价值的分析，文章围绕生物多样性和生态系统功能、景观格局和水土资源管理模式、食物供给与生计安全、社会组织与文化、传统知识体系与关键技术 5 个方面，对"广东潮州单丛茶文化系统"进行分析，发现潮州单丛茶符合联合国粮食及农业组织关于全球重要农业文化遗产系统的五大价值要求，并在茶树及茶叶品种、单丛种植和制作关键技术以及茶文化传承等方面具有显著独特性，这对科学解读"广东潮州单丛茶文化系统"的内涵与价值、助力其申报全球重要农业文化遗产具有重要意义。

### 2.1 品种资源独特性

同属乌龙茶，不同于福建安溪铁观音的短穗扦插无性繁殖，潮州凤凰水仙是一个有性群体品种，性状复杂，类型繁多。经过异花授粉后不断产生变异，衍生出了众多单丛类型。其中凤凰单丛是经几代茶农长期的观察和培育，从凤凰水仙群体中选育出的品质优异、品味风格迥然不同的单株的总称[19]。"广东潮州单丛茶文化系统"现存百年以上老茶树约 1.7 万株，其中两百年以上茶树 4600 余株。拥有国家级茶树良种两个，省级茶树良种 8 个，是我国茶树品种中花香类型最多样的特种茶类。

单丛茶从属乌龙茶，经过有性繁殖变异出了两百多个品种。当地茶农按照传统感官品评将单丛茶分为了蜜兰香、杏仁香、芝兰香、黄栀香、姜花香、玉兰香、夜来香、桂花香、肉桂香、茉莉花香十大香型[20]。虽与安溪铁观音同属半发酵性乌龙茶，但单丛茶采用独特的加工技艺制作而成，具有多种天然花和特殊韵味品质。而且单丛茶发酵程度为 40%~50%，重于铁观音，介于我国台湾乌龙（台湾冻顶乌龙）、闽南乌龙（安溪铁观音）与闽北乌龙（武夷山大红袍）之间，外形呈条索状，素有"绿叶红镶边"之称。香气显自然花香，汤色金黄或橙黄，回甘醇厚，极耐冲泡，二三十泡后仍色香味犹存。可以说，"广东潮州单丛茶文化系统"是对乌龙茶谱系的重要补充，将不同程度半发酵乌龙的茶色与茶香进行了充分的呈现与完美的融合，是乌龙茶产业发展和市场多样化扩充的重要抓手。

## 2.2 关键技术独特性

潮州茶农在长期生产实践中逐渐积累、探索出了种好茶的方法。单丛茶以品质特异而著称，其采摘、加工均具有显著的特点。一是以丛为单位，单株采摘、单株制茶、单株销售；二是以户为单位，自采、自制、自销[21]。相对于其他传统茶园的平面采摘而言，单丛茶的采摘方式仍为立体采摘，是一种古老、原始的采摘方式[22]。这种方式既保证了单丛茶品质的特异性，形成了一树一品、一品一香的传统，同时这种从上而下、从外及里有规律的采摘方式，也为下一次茶叶的采摘提前做好了留养。

另外，单丛茶的加工制作过程与安溪铁观音较为类似，包括晒青、晾青、做青（浪青）、杀青、揉捻、烘焙、精制等环节。其中，做青是单丛茶色、香、味等品质形成的关键性环节，由碰青、摇青和静置3个过程往返交替数次构成。做青，又被称为浪青，与安溪铁观音茶的制作有着显著不同。茶农双手从筛底抱叶子上下抖动，使茶青相互碰击，起到摩擦叶缘细胞、充分发酵的作用。碰青靠茶农的感官，凭借长期实践经验进行判断，"看青做青"，手力度先轻后重，静置时间由短渐长，叶片摊放先薄后厚。

高档单丛茶品至今仍沿袭使用手工做青的工艺，通过让茶叶得到充分的碰撞与发酵以获得优良的茶叶。品质的保证必定带来高收益的回报，单丛茶产业已成为潮州居民的主要经济来源。2020年，仅凤凰镇茶园年产茶叶已达到1000多万斤，年产值10亿元以上，全镇95%的人口从事茶产业，茶农人均可支配收入达2万元。

## 2.3 传统文化独特性

潮州单丛茶文化是在融合潮州地区民俗文化和历史文化观念等基础上形成并发展起来的，是潮州饮食文化和传统文化的重要组成部分[23]。潮州单丛茶、潮州工夫茶艺和潮州茶器具（如彩瓷、手拉壶、盖瓯等）三者相辅相成、相得益彰，共同建构了独具地域特色和深厚文化内涵的潮州茶文化体系。

首先，凤凰山是全国畲族的发祥地，潮州单丛茶的种植源于畲族先民。畲族后人现多居住于石古坪村，石古坪村以产单丛茶而闻名，逐渐形成了"畲山无园不种茶"的传统。村中家家户户敬奉茶神，采茶时采用"单手骑马式"的采茶法，轻采轻放勤送，保证了单丛茶鲜叶的完整性和茶叶品质。其次，漫长的单丛茶种植历史形成了独特的冲泡方法和相应的泥塑等特色茶文化，推崇"和、敬、精、乐"精神的21式"潮州工夫茶艺"被列入国家级非物质文化遗产代表性项目名录，并作为"中国传统制茶技艺及其相关习俗"成功入选联合国教科文组织人类非物质文化遗产代表作名录。可以说，潮州单丛茶文化是物态茶文化层（如潮州单丛茶、潮州茶器具、品茗空间等）、行为茶文化层（如工夫茶艺21式、饮茶礼俗等）和心态茶文化层（如茶道精神、茶艺美学等）的和谐统一。

## 3. 结语

茶树属于稀缺性资源，茶类农业文化遗产因其突出的全球重要农业文化遗产系统特征与价值，为农业文化遗产地农户和居民提供了生活所必需的物质基础和生计安全，承载了世代祖先传统的智慧与文化，发挥了重要的生态系统服务功能，关系人类福祉，是人类赖以生存和发展的重要基础，也是全球重要农业文化遗产不可或缺的遗产类型。

"广东潮州单丛茶文化系统"拥有垂直分异的高低山茶园景观，是潮州人民重要的生计来源，同时在种质资源、关键技术和传统文化等方面表现出了独特的品质与价值，是重要的农业文化遗产资源。针对系统特有的珍贵古茶树资源、特色畲族少数民族文化等，文章建议：（1）在潮州单丛古茶树资源较为集中的地区，建设古茶树保护区，落实私人养护责任，提高茶农爱树、护树的积极性；（2）潮州单丛茶树品种繁多，但茶农与游客对单丛茶口味的喜好并不相同[24]。建议结合市场喜好，集中种植几个市场接受度高的单丛品种，提高茶产业的组织化和产业化程度，培养龙头企业，打造特色品牌；（3）加快茶旅融合，加大畲族少数民族文化传承与旅游资源挖掘，开发休闲旅游产业，更好推动潮州单丛茶的动态保护与可持续发展。

### 参考文献：

[1] 马楠，闵庆文. 茶类农业文化遗产的保护与发展研究 [J]. 自然与文化遗产研究，2019，4（11）：74-78.

[2] 闵庆文. 全球重要农业文化遗产评选标准解读及其启示 [J]. 资源科学，2010，32（6）：1022-1025.

[3] 王菲，王志超，程小毛，等. 千家寨野生古茶树对不同海拔的生理响应 [J]. 云南农业大学学报（自然科学），2021，36（3）：500-506.

[4] 王玮，张纪伟，赵一帆等. 澜沧江流域部分茶区古茶树资源生化成分多样性的分析 [J]. 分子植物育种，2020，18（2）：665-679.

[5] 王小虎，叶柳健，蒙健宗，等. 凌云白毫古茶树资源现状及保护对策 [J]. 茶叶通讯，2022，49（1）：54-58.

[6] 牛素贞，安红卫，刘文昌，等. 贵州古茶树种质资源的生育期及春梢萌发特性 [J]. 贵州农业科学，2020，48（3）：10-15.

[7] 自海云，姜永雷，程小毛，等. 千家寨不同海拔野生古茶树根际土壤微生物胞外酶活性特征 [J]. 应用与环境生物学报，2020，26（5）：1087-1095.

[8] 沙丽清，郭辉军. 云南古茶资源有效保护与合理利用：循环·整合·和谐——第二届全国复合生态与循环经济学术讨论会论文集 [C]. 北京：中国科学技术出版社，2005.

［9］何露，闵庆文，袁正.澜沧江中下游古茶树资源、价值及农业文化遗产特征［J］.资源科学，2011，33（6）：1060-1065.

［10］李法营，宋琴，石明，等.自然博物馆的生态文明教育功能与发展对策研究——以西南林业大学世界古茶树原产地资源展馆为例［J］.农业考古，2021（2）：250-254.

［11］周艳，骆云中.茶园生态系统服务功能研究［J］.茶业通报，2007（4）：162-164.

［12］蔡建明.蔡建明论文集：研究安溪铁观音专辑［G］.北京：大众文艺出版社，2009.

［13］刘民厚.蒲公英铁观音茶汤坐浴治疗慢性前列腺炎［J］.中国民间疗法，2019，27（8）：85.

［14］闵庆文.重视传统种质资源的保护与利用（议政建言）［N］.人民日报，2022-06-16.

［15］张丹，闵庆文，何露，等.全球重要农业文化遗产地的农业生物多样性特征及其保护与利用［J］.中国生态农业学报，2016，24（4）：451-459.

［16］丁陆彬，何思源，闵庆文.农业文化遗产系统农业生物多样性评价与保护［J］.自然与文化遗产研究，2019，4（11）：44-47.

［17］黄柏梓.中国凤凰茶［M］.香港：华夏文艺出版社，2004：4-14.

［18］唐颢，唐劲驰，操君喜，等.凤凰单丛茶品质的海拔区间差异分析［J］.中国农学通报，2015，31（34）：143-151.

［19］刘晓纯，曹藩荣.综述海拔高度对凤凰单丛茶品质风味的影响［J］.广东茶业，2020（5）：2-5.

［20］萧力争，晏嫦妤，李家贤，等.凤凰单丛古茶树资源的遗传多样性 AFLP 分析［J］.茶叶科学，2007（4）：280-285.

［21］吕世懂，吴远双，姜玉芳，等.不同产区乌龙茶香气特征及差异分析［J］.食品科学，2014，35（2）：146-153.

［22］林凤雏.凤凰单丛茶的品质形成［J］.中国高新科技，2021（13）：126-128.

［23］苏烨.凤凰单丛茶：源自植物界的国宝［J］.中国食品工业，2022（9）：59-61.

［24］蒋敏，章传政.潮州茶文化及产业现状与推进路径［J］.茶叶通讯，2021，48（4）：785-790.

（作者单位：史媛媛，中国科学院地理科学与资源研究所；闵庆文，中国科学院地理科学与资源研究所、中国科学院大学资源与环境学院、北京联合大学旅游学院）

# 潮州凤凰单丛茶史研究*

路侠丽　赵　飞　赖泽冰

[摘　要] 2014 年，广东潮安凤凰单丛茶文化系统入选第二批中国重要农业文化遗产，其核心区位于潮州市潮安区凤凰镇。凤凰山地区产茶历史悠久，明朝嘉靖年间便有缴纳贡茶的记载，到了清代，茶叶生产得以持续发展。民国时期，潮州茶产业发展一度态势良好，此后则一落千丈。直至 20 世纪下半叶，政府采取了一系列措施加大扶持力度、帮助茶农恢复茶叶生产、重视茶树品种的引种和推广、改善茶树栽培技术、改进制茶工具，使得茶区发展逐渐复苏，迈入了一个崭新的阶段。

[关键词] 凤凰单丛；凤凰山；潮州；茶产业；古茶树

## 引言

2014 年，广东潮安凤凰单丛茶文化系统入选第二批中国重要农业文化遗产，其核心区位于潮州市潮安区凤凰镇。凤凰镇，东邻饶平县，北接梅州市大埔县，西连丰顺县。明代以前凤凰镇隶属海阳县，明成化十四年（1478）归属饶平县，1958 年划归潮安县。凤凰镇坐落于凤凰山中，该山是潮汕第一高峰，最高峰海拔可达 1497.8 m，被誉为"潮汕屋脊"。凤凰山既是国家级茶树良种凤凰水仙的原产地，又是畲族发源地，产茶历史悠久。凤凰山地区属南亚热带海洋性气候，年平均气温 21℃左右，降雨量充沛且日照充足。由于山高多云雾，使得漫射光多，直射光少，昼夜温差大。除此之外，山区土壤多为黄壤、红壤、赤红壤，呈弱酸性，富含丰富的有机质，为茶树的生长提供了良好的条件。本文拟在前人研究基础上，整理有关文献资料，进而对以凤凰镇为中心的凤凰山地区的产茶历史做一个梳理和总结。

### 1. 茶史溯源：多种观点

目前，学界关于潮州凤凰茶区产茶起始的具体年代争论不休。根据地方史料记载，

---

* 本文系"潮州单丛茶文化系统申报全球重要农业文化遗产项目"的阶段性成果。

清代凤凰山地区已广泛种植茶叶。但多数学者认为潮州凤凰山种茶的历史理应早于清代，并在此基础上出现了多种观点。

## 1.1 唐代产茶论

有些学者将潮州产茶历史追溯至唐代。程启坤、姚国坤《论唐代茶区与名茶》一文，将潮州列为唐代主要产茶区[1]。潮州凤凰山被公认为畲族的发源地。最迟在7世纪初隋唐之际，畲族便已经聚居在粤、闽、赣一带[2]。又见嘉庆二十一年（1816）《云霄厅志》中就有唐高宗时畲族在此生活过的记载[3]。畲族以狩猎种茶为生，有饮茶习俗，当地还流传着畲族乌龙茶的传说，可见凤凰山产茶史也与畲族有着密切的关联。因此，有学者认为畲族种茶要早于唐代，这也能从侧面反映出该时期凤凰山地区已经产茶[4]。

## 1.2 宋代产茶论

凤凰山地区流传着宋帝赵昺与"宋种"的传说，故而很多人认为茶叶种植始于宋代。但这只是传说，难以作为实证。在今潮州金山南麓的摩崖石刻上，记载了北宋大中祥符五年（1012）知军州事王汉的《金城山诗》[5]。从现存石刻残诗中，依稀能辨认出"茶灶香龛平仙众日"的字样，说明北宋初年潮州地区就有饮茶习俗，这也被公认为潮州茶事的最早记录。清嘉庆年间郑昌时（海阳县人，今潮州市潮安区人）在其著作《韩江闻见录》卷六《凤凰山》一文中，有乌崇鸟喙茶是"宋树"的记载[6]。何国强主编《粤东凤凰山区文化研究调查报告集》亦指出自宋代开始，凤凰山已是产茶区，至今已有900多年的种茶历史[7]。文永超指出"宋种"一茶属实，位于乌崇印草棚。据当地茶农介绍，该茶树有十个分枝，采摘时十人上树，外不见人，且品质极佳，曾引得茶商纷至抢购。由于管理不当，茶树于1928年枯死，现已不存。由于潮汕90%的人口都是宋元年间由中原汉族移民而来，再加上凤凰茶的制作工艺、加工工具以及当地的语言与福建武夷山相似，因此也有说法称凤凰茶是由闽赣地区传入[8]2-3。

## 1.3 元代产茶论

暨南大学教授马明达认为元代潮州修志至少两次，分别是《三阳图志》（修于元代至顺年间）和《三阳志》（修于元代至正年间）[9]。元朝时期，潮州改称潮州路总管府，治海阳县，潮州"三阳"指的是海阳、潮阳、揭阳三县。遗憾的是，元修潮州方志未能流传下来，部分内容散见于其他古籍中。如《潮州三阳图志辑稿》卷三《田赋志》记载："产茶之地出税固宜，无茶之地何缘纳税？潮之为郡，无采茶之户，无贩茶之商，其课钞每责于办盐主首而代纳焉。有司者万一知此，能不思所以革其弊乎！"[10]据此，后人常认为元代当地无茶叶种植。曾楚楠在其著作中反驳了这一观点，他认为该段话是为了抒发对潮州地区茶税制度的不满，且古人常说的"有茶""无茶"一般是指名茶[11]。此外，根据《三阳图志》，至少可以证明元代潮州需要缴纳茶税，这也与文中所述潮州"无采茶之户"相矛盾。

### 1.4 明代产茶论

明代嘉靖二十六年（1547）《潮州府志》有载，饶平县（当时凤凰镇隶属饶平县）每年上贡"叶茶一百五十斤二两，芽茶一百八斤三两"[12]。由此，部分学者认为明代潮州凤凰山地区已经种植茶叶，并且因茶叶品质较佳而被列为贡品。根据明代王圻的《续文献通考》土贡考："记各处贡芽茶共四千二十二觔"[13]，结合明代潮州饶平县需缴纳的茶叶贡品数额来看，表明该地区茶叶占比已非常可观。由此可知，饶平地区的茶叶拥有较高的知名度，并且茶叶生产水平已有相当的规模。

综上，除了明代有地方志记载了饶平需上缴茶叶贡品的数额，可以作为凤凰山地区产茶的佐证，其他产茶年代在史书上未见明确记载。然而，古茶树资源同样是潮州产茶历史的实物见证。2004年，当地人在饶平县双髻娘山海拔约980 m处发现一株"失落"多年的老茶树。该树直径最宽处达1.2 m，最窄处也有近1 m宽，比著名的凤凰山"宋种"（树龄约600年）的直径还要大一倍[14]。笔者认为，从清代《韩江闻见录》、1959年《凤凰山茶叶》等对古茶树的记录，以及当代古茶树留存情况来判断，潮州凤凰单丛茶产区的产茶历史大致可以追溯到宋代，迄今已有900多年的历史。

## 2. 清至民国时期：产业发展与产品外销

### 2.1 清朝时期

清代，凤凰山地区茶叶种植已具有一定的规模。清朝饶平总兵吴六奇对该地茶产业的发展起到了重要的推动作用。据传，吴六奇建了太平寺后，派人在寺庙周边开辟茶园，所产茶叶除了供寺人和士兵饮用外，还在县城等地销售。凤凰山古茶树资源最为集中的大庵古茶园即位于太平寺的后山，可见太平寺的设立对该地茶树栽种的推动。此外，地方志多有记载，如清顺治十八年（1661）《潮州府志》载："今凤山茶佳，亦云待诏山茶，可以清膈消暑，亦名黄茶"[15]。凤山茶，又称待诏山茶、黄茶，具有清热消暑的作用。关于饶平县待诏山的记载，见于康熙二十三年（1684）《潮州府志》："西南十余里，有百花山，亦名待诏山，四时多杂花，土人种茶其上，潮郡以待诏山茶称矣"[16]。又有康熙二十六年（1687）《饶平县志》记载："近于饶中百花、凤凰山多有植之，而其品亦不恶，但采炒不得法，以致苦涩，甚恨事也。茶种地宜风宜露，宜微云，采宜微日，宜去梗叶落病蒂，炒宜缓急火，宜善揉，生气宜净锅，宜密封收贮，兼此者不须借奢邻妇矣"[17]。该资料说明清代饶平县待诏山茶叶种植面积较广，尤其是饶中百花山、凤凰山地区，不但种植面积非常可观，而且茶叶品质较佳。除此之外，还介绍了茶叶的采炒之法，这也从侧面说明清康熙年间已经拥有了茶叶的栽培、采制技术。

清嘉庆十五年（1810），凤凰水仙茶（鸟嘴茶）被誉为全国24种主要名茶之一[18]。至清光绪年间，由于海路贸易发达，凤凰茶大量外销。陈椽在《中国茶叶外销史》指出："19世纪中叶，广州茶叶输出已达出口总量的50%以上，均由广州装运出口，运销欧洲、美洲、非洲及南洋各地。如鹤山的'古劳银针'、饶平的'凤凰单丛'和'线乌龙'、河源的'烟熏河源'都畅销国际市场"[19]。当时，不少潮汕人民前往东南亚谋生，并开设了许多售卖凤凰单丛和凤凰水仙的茶行。凤凰茶叶的外销，致使茶价猛升，不断攀升的价格又促进了凤凰茶区茶产业的发展。清朝末年，饶平一带继续加大茶叶的栽培面积，扩充茶产业。《振华五日大事记》（1907）资料记载："种茶一业，利源甚厚，饶平或官荒或旷土，往往芜秽不治，坐失利权，诚为憾事，去岁上饶陈坑乡詹姓，因辟西岩山地种茶，获利颇厚，现闻一带乡民，争辟山地，倔工栽种，以期扩充而兴实业"[20]。上饶陈坑乡种茶，收益颇丰，起到了良好的示范作用，带动了周围乡镇的茶业发展。可见，清代凤凰茶区茶产业发展态势良好，逐渐兴盛。

### 2.2 民国时期

民国初期，凤凰茶产业发展持续兴盛。民国四年（1915），位于柬埔寨的凤凰春茂茶行选送的凤凰水仙荣获了"万国博览会"银奖。凤凰茶的再次扬名，进一步促进了茶叶的商业贸易。有资料显示，民国十九年（1930），凤凰人民已在东南亚开设了30多间茶铺，包括泰国、柬埔寨、越南等地[21]。随着茶叶出口的不断增加，凤凰当地茶商的数量逐渐增多。民国二十三年（1934），潮安县专营茶叶的茶行就有6家，包括永万昌、亿春、述记、天丰、茂成、顺圃，烟茶兼卖的商铺约45家[22]8。该时期，茶价继续猛升。据《潮州林业志》记载："陈济棠割据广东的时候，由于当时茶叶大量出洋，茶商四起抢购，使茶价猛升，一般水仙茶每个光洋只买一斤，单丛茶每斤可达五至六个光洋"[23]53。据民国二十四年（1935）《饶平县调查报告书》记载，凤凰山乌岽地区所产鸟嘴茶主要运往潮梅和南洋群岛等地，品质多为中下等，每斤价格七八毫至五六元，共值七八万元[24]。此外，民国二十五年（1936）《大公报》记载，潮地气候温和、土壤肥沃、物产丰富，薯粉糖果类多出口海外，并指出："饶平茶山一千三百亩，产三十万斤，以凤凰区著名"[25]。该时期由于凤凰地区常年匪患丛生，外地茶商不敢轻易下乡收购，导致茶叶销路不佳，茶价有所下跌。粤东地区虽然是产茶区，但是对比各地茶产量，唯有潮州、梅州两地数量最为可观，其中，品质最佳的当属凤凰茶。民国二十六年（1937），《中央日报》报道，潮州、梅州地区因种茶法守旧，且销路不畅，导致海外茶叶市场逐渐被印度、日本等国占据，因此，粤农村合作委员会为了恢复我国茶叶的产销业，决定拨款十万元，在试验地饶平、梅州两地开荒种茶，给予茶农贷款，创办茶业产销合作社，改良生产[26]。

1937年，凤凰山茶产业逐渐衰败，主要有三个方面的原因。一是由于战争，港口封闭，导致凤凰茶叶销路停滞，茶价下跌。二是茶商的剥削，剥削方式有如下三种：第一种是"一母一利"的高利贷剥削，比如向茶商贷款一百元，春茶收成后需要还二百元的货；第二种是刻意压低价格，指的是茶商收购春茶时故意降低茶价，转而高价售卖，导致同样的茶叶价格却相差三倍左右；第三种是茶青剥削，即茶商贷款给农户，根据借贷金额，按照春茶最便宜的价格来计算明年所交还的茶叶数量[8]3。三是1943年的霜冻和干旱，农作物歉收，米价大涨，茶商借机以一斗米换茶农六十斤毛茶。据1989年《凤凰镇志》记载，此次旱灾，导致凤凰地区饥荒严重，米商趁机囤积居奇，农户甚至只能食用树叶、草根充饥，逃荒和饿死的人都有三千多人[27]12。该时期，茶农的生活难以为继，茶园或荒废、或被焚烧、或被砍伐，损失惨重。直至1945年，抗日战争取得胜利，凤凰茶叶才得以外销，但是经济较为萧条，茶叶销路和价格依旧低迷。

## 3. 20世纪下半叶：规模提升与技术革新

### 3.1 改粮种茶

中华人民共和国成立后，饶平县为恢复茶叶生产，实行了一系列切实可行的政策，如：废除剥削制度，清除茶农的债务；发放无息粮食贷款、肥料、救济粮等；成立茶叶生产互助组；委派茶叶专家帮助茶农恢复茶叶生产；鼓励凤凰茶农开垦茶园，并发放开垦贷款；推广茶叶栽培技术；帮助茶区建设制茶厂，并推广机械制茶等[8]4。1949年，全县茶园面积共有4045亩。截至1954年，复垦面积1676.2亩，新开垦面积2128.2亩，相比较之前茶园面积扩大了94%[28]。1956年，为提高茶叶品质，当地林业局提出一系列关于茶叶生产技术的具体措施：一是提高茶园单位面积产量，对茶园进行全面施肥，推行茶园盖草，茶园盖草是粤中地区最先发明的茶园增产方式，能有效预防干旱、霜冻，防止水土流失，降低杂草生长，成本低、效益好，腐草还可以给茶树当肥料，延长其寿命；二是改革制茶技术，积极推广先进的加工技术，交流经验，提高茶叶的品质；三是在合作化基础上，开垦新茶园，复垦荒废的茶园，培育茶苗，扩大栽培面积[29]。1958年，凤凰镇划归潮安县管辖。据《人民日报》报道，广东省1959年春茶产量喜获丰收，报道称："潮安县凤凰人民公社有九十多亩茶园，平均亩产达到三百斤，比去年同期增产百分之五十"[30]。1964年，潮安县委号召开荒种茶，提出"一队一山头"，但没有得到很好的执行[31]42。此外，集体化时期政府号召大力发展"农林牧副渔"行业，并且强调"以粮为纲"，各区依旧以种植粮食为主。而高山地区由于环境特殊，农户则以种茶为主，用茶叶换购生活所需的粮食及日用品。该时期，人们认为茶叶属于消耗品，再加上国家实行统购统销政策，所得茶叶需上交国家，茶价也相对固定，难以实现规模化生产。

后来，当地农户意识到种茶产生的收益要远高于水稻，因此逐渐改种茶树。农民种植粮食作物，往往不需要考虑地域因素，因为高山、低山、平原地区均可种植，海拔高度不影响粮食的质量。种茶则与之相反，海拔高度与茶叶的品质息息相关，因此便有了高山茶、中山茶、低山茶的区别。海拔越高，茶叶的品质越好，价格也更高，高山茶农的经济收益比之中山、低山茶区茶农也就更加可观。直到20世纪80年代，才开始大规模种茶。据《人民日报》报道，1980年，广东潮安县所产的凤凰茶春茶喜获丰收，共采摘了 4370 多担，比去年同期增长了 570 担，增产了 15%[32]。改粮种茶是一个循序渐进的过程，强调因地制宜。最初，先将适合种茶的半山区田地改种茶树，随后，逐渐推广到平坝区，先改造平原低产田，后来几乎扩展到全部土地。据《凤凰镇志》记载："从 1981 年至 1986 年，全镇农民把部分低产水田改种茶、果、花生、生姜等经济作物。水稻面积减少 3857 亩，缩小 23.69%"[27]35。1985 年，国家取消农副产品统购统销的政策，开放茶叶市场。种茶所带来的经济效益，也大大刺激了农户的需求，茶园面积迅速增加，甚至农家房前屋后均被种植了茶树。为发展茶叶生产，政府加大政策扶持力度。最初号召种茶，各大生产队会给予茶农粮食补贴。1987 年，凤凰镇政府为了鼓励茶叶生产，调动茶农的积极性，免费为农户提供茶苗。当种茶推广到平坝区后，当时粮食可以自由买卖，便取消了粮食补贴，政府也不再提供免费的茶苗，取而代之建立了农科站，用来培育茶苗，低价出售给农户，为茶农节约了成本，提供了便利。

改粮种茶后，当地的农业生产方式随之发生了系列变化。以前，家家户户种植水稻，也会畜养一些家禽家畜，如鸡、鸭、猪、牛等，后来由于改种茶，导致没有粮食喂养，当地家禽家畜的养殖规模大幅度减小。生产工具也发生了很大的变化，许多传统生活农具几乎被淘汰，诞生了一批新的制茶机器。再加上茶不像水稻一样需要经常被灌溉，水利设施也逐渐荒废，下游田地因得不到灌溉，农户纷纷改种茶树，间接促进了种茶模式的推广和普及。种茶在一定意义上改变了该地区自给自足的小农经济状态。以前的农户种植水稻，仅可以满足日常所需，很少有多余的粮食可以用来换其他日用品。改种茶叶后，不需要像种植粮食一样，需要经常播种、耕地、除草，因为茶树每年均可采摘，且茶农几乎不用打农药，只需偶尔除草、施肥即可。茶农仅在采茶季较忙，一年之中有大半时间是空闲的，不仅有效避免了烦琐的农事活动，还有多余的时间和精力去从事其他活动。采制的茶除了自家饮用外，多余的茶则会出售或者换其他日用品，间接促进了当地商业的发展，有些农户身兼多职，既是农，又当工，还从商。有学者将传统凤凰茶区的茶农概括为四种类型："知识型茶农、技术型茶农、弃农从商型茶农和普通茶农"[33]。与此同时，茶企也发生了显著的变化。1985 年以后，国家开放茶叶市场，从而诞生了许多规模大小不一的茶企。它们为提高茶叶质量，选择在凤凰山建设生产基地，引入先进的制茶技术和设备，收购茶农的茶叶，并且及时提供市场信息，带领全镇居民致富[33]。

### 3.2 茶叶经营制度的变革

民国及以前，茶园为私人经营，经营模式主要有私人雇工经营、产销联合雇工经营、合股经营、农户私人经营四种方式[34]。中华人民共和国成立以后，直至 1954 年，茶园依然属于私人所有。1956 年，茶区各地成立了农村生产合作社，茶园入股，收归合作社所有，生产所得归全体合作社成员，表明了茶园的所有权由私人所有过渡到集体所有[22]11。我国的合作化进程主要分为互助组、初级社、高级社三个阶段。合作化时期主要有两种分配方式："以土地入股为主的按生产资料分配方式；以工分制为特点的按劳分配方式"[31]29。股利分红主要存在于初级社阶段，按劳分配则存在于高级社阶段。劳动报酬取决于"工分"，其表现形式有两种："一是针对一般农业劳动的标准工作日给的报酬；二是针对农忙时节或特殊劳动项目分配的定额报酬"[31]31。1958年，农村成立人民公社，茶园则归人民公社所有，茶园经营也由合作社经营向共有经营迈进。公社组织各生产队统一生产，包括开垦、种植、加工等方面。茶农参加集体劳动，所得上交集体，公社各级茶场按照数量、质量、工时等指标验收报告，并根据劳动工时或产量发放报酬。公社化时期，农户的家庭收入除了依靠工分，还会种植一些粮食、蔬菜等作物，以及通过饲养家禽、养猪、养蜂等方式获取额外收入。1980年，农村经营实行家庭联产承包责任制，将山地、茶园分包给农户，茶场也由私人或多人承包。茶农每年需要向集体缴纳固定的茶叶数额，茶场依照生产责任的完成度付给茶农工资报酬[34]45。至此，茶区的茶叶经营模式完成了私人所有经营、合作化经营、集体共有经营、私人承包经营的转变。

### 3.3 茶树品种的引种和推广

凤凰茶区拥有罕见的茶树良种资源，当地茶农也十分重视茶树品种的培育工作。经过不断发展，茶树品种资源得以丰富、优化，其发展历程可概括为以下四个阶段。第一个阶段是20世纪50年代以前，主要种植凤凰水仙品种，但该品种后代容易产生性状分离，品质不稳定。第二个阶段是20世纪50至60年代，该时期主要以引进福建无性系品种为主。为了改变当地茶叶品种资源较为单一的格局，潮州陆续从福建引入了如梅占、奇兰、铁观音、黄旦等十余种茶树品种。第三个阶段是20世纪70至80年代，茶区大力发展岭头单丛。岭头单丛，又称白叶单丛，原产于饶平县浮滨镇岭头村，是1961年由岭头村民从凤凰水仙品种中培育而来。与凤凰单丛相比，白叶单丛较容易培植、成活率高、早熟、高产、采摘周期长、品质稳定、适应性较高，无论是高山、低山均可种植[35]。此后，白叶单丛逐渐取代了从福建引进的品种。第四个阶段是20世纪80年代以来，主要采用无性繁殖技术培育凤凰单丛，并着力发展凤凰单丛高香型茶树良种资源，陆续从凤凰单丛茶树中分离出了多种自然花香类型，如杏仁香、黄枝香、芝兰香、桂花香等。与此同时，针对不同的花香类型进行工艺改革，既能保持其自身独特的花香个性，又能具有单丛茶的品质和韵味[7]49。此外，潮州市林业局为加快繁育优质名茶，还在潮安赤凤镇建立了200亩高香型茶叶示范场，并创办了"广东省潮州市茶树良种繁育场"，同时健全茶叶科技咨询服务系统，以指导茶叶种植，至1992年，全市已种植十大香型的茶种1000亩，其中农户自育茶苗100万株左右[36]。

### 3.4 茶树栽培技术的发展

自古以来，凤凰茶农都比较重视茶叶栽培技术的运用，不断地在实践中总结经验。中华人民共和国成立以后，潮州地区的茶树种植逐渐从有性繁殖过渡到无性繁殖，茶树栽培技术经历了播种育苗—压条繁殖—短穗插扦育苗—茶树嫁接换种的发展过程，种植技术不断改善。旧时，茶区主要采用种子直播方式。凤凰水仙多采用播种育苗技术，播种育苗属于有性繁殖技术，茶树寿命长，但是后代性状不一，缺少选育，所以很容易出现杂交退化。20 世纪 20 年代初，凤凰茶区乌崀山茶农文混率先采用压条、插枝的方式成功培育出五枝茶苗[23]65。压条繁殖是指将茶树枝条去除表皮，再压入土中，待长出新苗后，将其移植扦插。插枝技术打破了以往茶区种子直播的方式，开创了无性繁殖育苗的新技术。遗憾的是，该技术并未在茶区普及。直到 1955 年，中山大学教授、广东省茶叶专家罗溥鎠在凤凰山地区传授短穗插扦技术。短穗插扦育苗属于无性繁殖技术，能够完好地遗传母本的优良特性，具有育苗简单、生长快、存活率高等特点，因此试验后在茶区被迅速推广[37]。短穗插扦育苗技术通常需要四年可采，投产周期较长，限制了单丛茶产业的发展。因此，凤凰茶区开始搜索茶树嫁接换种技术。早在 1905 年，凤凰乌崀山村民便有嫁接茶树成功的案例。20 世纪 90 年代，凤凰镇开展"嫁接换种"的群众运动，不断改进嫁接技术，并且选择高香型茶树良种作为接穗，嫁接到凤凰水仙茶树砧木上[38]。茶树嫁接换种技术不仅改善了茶树品种，使老劣茶园焕然一新，从而加快了凤凰镇"茶园单丛化""单丛名优化"的进程。

### 3.5 制茶工具的革新

旧时，凤凰茶区普遍采用手工制茶。中华人民共和国成立之后，当地为了改变手工制茶费时、费力、成本较高的不足，改革了茶叶加工工具。制茶工具从传统的人力逐渐过渡到畜力、水力、电力等设施，实现了从手工到半机械化再到机械自动化的发展。制茶环节中，主要涉及晒青工具、做青工具、杀青工具、揉捻工具、干燥工具。

晒青工具依旧以圆形竹筛为主。做青工艺最初是依靠手工摇筛，逐渐诞生了水力摇青筛分两用机，每小时可摇青 600 斤，不仅无伤青现象，还能去除茶叶内的枯枝杂质[8]41。1990 年，凤凰镇制造出竹木材料的滚筒摇青机，该机器依靠电力工作。现在，凤凰茶区普遍使用电力滚筒摇青机。

杀青环节的工具经历了手工炒锅、木爪炒茶灶、四锅式水力炒茶机、电动滚筒杀青机。1956 年，凤西、凤东、西岩、柏峻、饶中等地开始使用木爪炒茶机[22]135。1958 年，凤凰公社政府开展了全面的制茶工具改革运动，凤凰镇凤西村大庵茶厂研制了四锅式水力炒茶机[39]。20 世纪 90 年代，茶区诞生了土制炒青灶，将水力改成电力、木爪改为铁爪。随后，茶区在炒青灶的基础上改进为电动滚筒炒青灶和电动滚筒杀青机。21 世纪，为适应家庭作坊生产，出现了小型滚筒杀青机，但是大型制茶厂依旧使用大型电动滚筒杀青机。

以前，凤凰茶农揉茶普遍采用手、足揉捻，早在民国时期，便已经发明了"茶砻"，即手摇式单桶木制揉茶机。中华人民共和国成立以后，发明了依靠水力运转的双桶式木质揉茶机和四桶式木质揉茶机。此后，水力揉茶机替代了人力揉茶机，在节省人力的同时，也大大提高了效率。由于地域限制，部分缺少水源的地方，则需使用牛力。牛力木质揉捻机适用性较广，更能满足茶户生产的需要。该环节需要对揉捻后的茶叶进行解块，传统的手工解块耗时较长，为了提高效率，又发明了茶叶解块机。传统的茶叶解块机主要由装茶斗、竹片、传动轮、滚筒、震动板五部分组成[8]44。茶叶放入装茶斗，由竹片控制进茶量，再经由滚筒上的竹钉解块，最后通过震动板输出，过程需反复三次。该机器每小时可解茶八百四十斤，较人工解块提高了将近二十倍[8]46。后期，由于电力的普及，茶区逐渐采用电力揉捻机。

在干燥环节，传统的加工方式通常是炭焙，即便在中华人民共和国成立以后，凤凰茶区依然有一部分人使用炭焙。由于炭焙效率较低，难以形成经济效益。20世纪70年代，凤凰茶区东兴大队成功研制了泥木式茶叶烘干机，节省一半以上的人力[39]164。随后，又诞生了土制茶叶烘干机和双井式烘干炉，它们在全区迅速普及并被全省推广。20世纪80年代，家庭联产承包责任制实行，为适应小型家庭作坊生产的需要，凤凰镇研制了"炒焙两用煤灶炉"[39]165。20世纪90年代，诞生了焙茶灶，随后被改进为焙茶橱。焙茶橱不仅节约了燃料成本，还增加了焙茶的产量。

## 4. 结语

综上可见，明代时期潮州凤凰山的茶叶已拥有较高的知名度，并且因茶叶品质较佳而被列为贡品。清朝时期，茶叶种植规模逐渐加大，拥有了较为完备的茶叶栽培和采制技术。民国时期，茶产业逐渐兴盛，茶叶的大量外销进一步促进了茶业贸易。由于战争原因，经济萧条，茶产业逐渐衰败。20世纪下半叶，茶产业得以恢复并实现了跨越式的发展。中国重要农业文化遗产广东潮安凤凰单丛茶文化系统是以凤凰单丛茶的种植与加工为特色的茶文化系统，遗产的保护与发展和当地人民的生活息息相关。近年来，政府部门对该农业文化遗产的保护与传承工作持续加码，全球重要农业文化遗产的申报工作亦在有序推进。此时，我们也需要继续加强对遗产历史的整理与研究，从中汲取宝贵的经验教训，以更好地服务产业发展与文化传承工作。

**参考文献：**

［1］程启坤，姚国坤. 论唐代茶区与名茶［J］. 农业考古，1995（2）：235-244.

［2］《畲族简史》修订本编写组. 畲族简史：修订本［M］. 北京：民族出版社，2008：13.

［3］云霄厅志：第十一卷 官绩［M］. 薛凝度，修. 吴文林，纂. 清嘉庆二十一年修，民国二十四年重印.

［4］石中坚. 畲族与潮州文化研究［M］. 广州：广东省语言音像电子出版社，2006：182.

［5］黄挺，马明达. 潮汕金石文征 宋元卷［M］. 广州：广东人民出版社，1999：10.

［6］郑昌时. 韩江闻见录：卷六 凤凰山［M］. 吴二持，校注. 上海：上海古籍出版社，1995：172.

［7］何国强. 粤东凤凰山区文化研究调查报告集［M］. 香港：国际炎黄文化出版社，2004：53.

［8］文永超. 凤凰山茶叶［M］. 潮安县凤凰茶叶生产指挥部印，1959.

［9］马明达. 元修《三阳图志》和《三阳志》［J］. 文史知识，1997（9）：100-103.

［10］潮州三阳图志辑稿：卷三 田赋志·税课［M］. 陈香白，辑校. 广州：中山大学出版社，1989：126.

［11］曾楚楠，叶汉钟. 潮州工夫茶话［M］. 广州：暨南大学出版社，2011：10.

［12］潮州府志：卷三 田赋志·饶平县［M］. 郭春震，纂修 // 广东省地方志办公室. 广东历代方志集成. 广州：岭南美术出版社，2009：48.

［13］王圻. 续文献通考第1卷：卷三十三 土贡考［M］. 北京：现代出版社，1986：480.

［14］邵建生. 饶平发现白叶单丛茶"始祖"——"老茶王"［N］. 特区晚报，2004-07-02.

［15］潮州府志：卷一 地书部·物产考［M］. 吴颖，纂修 // 广东省地方志办公室. 广东历代方志集成. 广州：岭南美术出版社，2009：178.

［16］潮州府志：卷二 山川·饶平山记［M］. 林杭学，修. 杨钟岳，纂 // 广东省地方志办公室. 广东历代方志集成. 广州：岭南美术出版社，2009：61-62.

［17］刘抃. 饶平县志：卷十一 物产［M］ // 广东省地方志办公室. 广东历代方志集成. 广州：岭南美术出版社，2009：153.

［18］俞寿康. 中国名茶志［M］. 北京：中国农业出版社，1982：15.

［19］陈椽. 中国茶叶外销史［M］. 台北：碧山岩出版公司，1993：302.

［20］莫梓轷. 振华五日大事记：本省大事［J］. 振华排印所，1907（2）：41.

［21］叶汉钟，黄柏梓. 凤凰单丛［M］. 上海：上海文化出版社，2009：13.

［22］邱陶瑞. 潮州茶叶［M］. 广州：广东科技出版社，2009：8.

［23］潮州市林业局林业志编写组. 潮州市林业志［M］. 1988.

［24］陈士光. 饶平县调查报告书［J］. 统计月刊，1936（3）：53-57.

［25］汕头通讯. 各省物产调查：粤东潮梅农产丰富，薯粉糖果类多出口［N］. 大公报（上海版），1936-07-06（6）.

［26］汕头快讯. 粤农村合作会救济潮梅茶业［N］. 中央日报，1937-02-11（2）.

［27］《凤凰镇志》编纂委员会. 凤凰镇志：初稿［M］. 1989.

［28］饶平县农业技术室内茶作组.饶平县茶叶生产总结［A］.饶平县档案馆藏，档号：0022-A12.6-0038-0011，19551111.

［29］饶平县人民委员会农业科.一九五六年茶叶生产技术具体措施［A］.饶平县档案馆藏，档号：0022-A12.7-0052-0005，19560110.

［30］佚名.江西广东春茶上市［N］.人民日报，1959-06-19（2）.

［31］何国强，林跃文.粤东凤凰山区文化研究调查报告续集［M］.昆明：云南大学出版社，2014.

［32］佚名.潮安凤凰春茶丰收［N］.人民日报，1980-06-15（2）.

［33］孙碧玲.潮州传统凤凰单丛茶产区的茶业、茶农与茶企研究（1949—2016）［D］.广州：华南农业大学，2017.

［34］郑荣光，等.饶平县农业局《广东茶业全书》编辑部，等.饶平茶业三百年［M］.广州：广东人民出版社，2010：43.

［35］郑荣兴.饶平岭头单丛茶的特点及其存在问题的探讨［A］.饶平县档案馆藏，档号：0022-A2.24-0024-0007，19801100.

［36］张楚藩，尤小年.我市发展高香型茶种［N］.潮州报，1992-11-10（2）.

［37］饶平县特产技术推广站.饶平茶叶生产经验技术介绍［A］.饶平县档案馆藏，档号：0022-A12.7-0052-0017，19560600.

［38］杨带荣.潮州凤凰茶树资源志［M］.凤凰茶树资源调查课题组编印，2001：9.

［39］邱陶瑞.中国凤凰茶：茶史·茶事·茶人［M］.深圳：深圳报业集团出版社，2015.

（作者单位：路侠丽，华南农业大学广州农业文化遗产研究基地、华南农业大学人文与法学学院；赵飞，华南农业大学广州农业文化遗产研究基地、华南农业大学人文与法学学院；赖泽冰，华南农业大学人文与法学学院）

# 国内茶旅融合研究文献分析 *

## ——基于 CiteSpace 软件

陈虞艳 孙业红

[摘 要] 农业、旅游业是国家重点发展的产业领域，茶旅融合在弘扬中国优秀的传统茶文化的同时还可以带动旅游产业和当地产业的经济增长。我国茶产业发展由此受到更多的关注与支持。本文采用 CiteSpace 软件对茶旅融合研究的发文情况、研究热点和研究前沿三方面进行探讨。从关键词共现图谱得出茶旅融合研究的 5 个研究热点：开发策略、旅游产品、旅游资源、乡村振兴和休闲体育。根据关键词共现时间线图的演变趋势进行研究主题分析，将茶旅融合研究分为 2005~2010 年的初始阶段、2010~2015 年的缓慢发展阶段和 2015~2020 年的蓬勃发展阶段。

[关键词] 茶旅融合；茶文化旅游；CiteSpace；研究热点；研究前沿

## 引言

茶旅融合是以茶叶资源为载体，对茶产业与旅游产业要素进行的深度融合。它既是一种以茶为主题的新兴旅游模式，也是一种创新发展方式。2016 年 10 月，农业部发布《关于抓住机遇做强茶产业的意见》指出茶产业发展迎来难得的机遇。2017 年，中央一号文件明确指出，大力发展乡村休闲旅游产业。2019 年中央一号文件中曾提出要积极发展茶产业。茶旅融合使茶园、企业和茶农的许多资源得以充分利用，在弘扬中国优秀的传统茶文化的同时还可以带动当地经济增长[1]。

本文以 2003~2021 年茶旅融合研究的中文文献为基础，利用 CiteSpace 软件，构建了科学知识图谱，并对其发展状况及发展方向等进行了剖析。首先，在中国知网数据库（CNKI）上输入篇名为"茶旅融合"或者"茶文化旅游"这两个关键词，最终得到中文文献共 864 篇，其中期刊论文 810 篇，硕士及博士论文 54 篇，以此为基础进行了研究。

---

* 本文系"潮州单丛茶文化系统申报全球重要农业文化遗产项目"的阶段性成果。

其次，从知网中得到数据并利用 CiteSpace 软件，进行文献、作者、机构等方面的研究。对该领域的热点、前沿问题进行了探讨。最后，利用相关数据、图表和理论性知识，展开对茶旅融合研究的定性描述。最近几年，伴随着我国经济的持续发展，在 CiteSpace 可视化软件的基础上，对最近二十多年来茶旅融合研究的相关文献进行分析，可以在一定程度上了解茶旅融合研究未来的发展趋势，帮助我们更好地认识当前茶文化与旅游相结合的发展状况，并对未来的发展方向进行探讨。

## 1. 茶旅融合

Jolliffe 认为茶旅游的动机是人们出于对茶叶的历史发展进程、茶叶相关的风俗习惯和茶叶消费的兴趣，茶文化旅游是旅游业及茶产业交叉关系中的话语、网络及影响力方面的一种重要工具[2]。从茶产业与旅游业融合发展来看，国内文献比国外文献更为丰富，但也存在数量较少、定性分析多于定量分析以及样本区较为集中等问题。

茶旅融合是以茶叶资源为载体，对茶产业与旅游产业要素进行的深度融合，它既是一种以茶为主题的新兴旅游模式，也是一种创新发展方式。目前国内学术界对茶旅融合的研究共分为三个阶段：（1）初始期（2005~2015），董琳（2015）在文化传播视角下对我国的茶文化旅游进行研究，提出突出茶文化旅游的文化内涵，加强茶文化旅游新产品开发力度等茶文化旅游提升策略；（2）繁荣期（2016~2017），这个时期关于茶旅融合的理论研究不断深入，各种茶文化研讨会和茶文化旅游节相继举办。许多学者从不同的角度经过对茶文化旅游不断的探索和挖掘，发现并指出我国茶文化旅游产品开发过程中存在的问题，并针对具体情况给出了不同的建议和方法。例如，霍艳霞（2017）指出我国茶文化旅游产品开发中存在的主要问题[3]；（3）2019年至今，李欢和杨亦扬（2021）认为通过建设休闲茶园，发展茶文化旅游，不仅可以美化乡村环境，还可以实现宜游、宜养、宜业、宜居的社会环境[4]。在茶旅融合发展的早期，大部分专家和学者主要集中于在不同视角或背景下对茶旅融合的某个具体地点的研究，如霍山可供开发的茶文化旅游产品体系。但是在茶旅融合研究的总体方面就显得相当薄弱，有且仅有个别的专家、学者对其开展了相关的探讨，然而此类研究内容仅仅局限于某个具体城市或景区，而关于国内茶旅融合研究整体发展的期刊仅有几篇，论文更是稀少。自茶旅融合研究进入繁荣期以来，学界迅速转入对茶旅融合的研究，该时期文章除了在前人的基础上继续对茶旅融合理论的深入研究以外，还衍生出了一些新的研究领域，例如"新媒体背景""生态美学""非物质文化视角""体验视角""全面乡村振兴背景""互联网背景"等。

## 2. 研究方法

共现分析实际上是通过统计词汇在文本中出现的分布特征，获取对词汇语义认识的分析[5]。词频分析是利用能够表达文献核心内容的关键词，在某一研究领域文献中出现的频数，来确定该领域研究热点和发展动向的一种文献计量方法[6]。

CiteSpace 是由陈超美设计并使用的可视化分析软件，也可以被叫作引文空间[7]。本文主要采用的处理和分析数据软件版本为 2022 年 12 月 22 日更新的 CiteSpace6.1.R6（64-bit），本文所用到的 Java 版本为 Java 17.0.2+8-LTS-86（64-bit）。本文选用的 CNKI 数据库，将检索的篇名设定为"茶旅融合"或者"茶文化旅游"，检索时间范围设定为 2003.1.1~2022.1.1，总共得到中文文献 986 篇。通过逐页检查剔除无效文献再分别下载，选取其中论文 810 篇，硕士、博士论文 54 篇作为本文研究分析的初步数据源。基于 CiteSpace 所绘制的机构合作地图及所产生的相关数据，对发表机构的种类、作者发表量、核心作者及合作关系、地理分布及合作关系进行了研究。同时，对茶旅融合的热点和前沿问题进行了分析和分类，进而梳理了热点内容的历史轨迹。

## 3. 总体分析

### 3.1 发文情况分析

#### 3.1.1 发文数量和发文机构分析

具体操作步骤如下：在中国知网数据库（CNKI）的高级检索框中输入篇名"茶旅融合"或者"茶文化旅游"，再进行去重和格式转换。在 Excel 表格中导入发文量，计算总论文发文量，绘制成图表。根据图表中的数据最终生成 2003~2021 年茶旅融合研究论文发文量折线图，如图 1 所示。

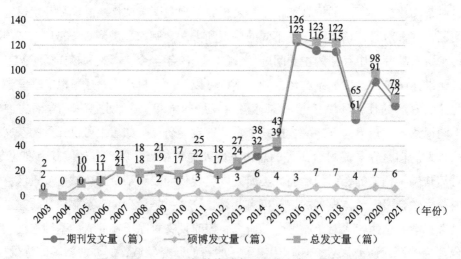

图 1　2003~2021 年茶旅融合研究论文发文量折线图

由图 1 可知 2016 年、2019 年是茶旅融合研究论文发文量变化的两个关键转折点。2016 年中央一号文件明确提出要大力发展休闲农业和乡村旅游，同年茶旅融合研究论文快速增长，可见国内越来越多的研究者开始投入到该领域的研究，茶旅融合研究数量达到高峰。2019 年，受新冠疫情影响，服务业尤其是旅游业受到的打击更为严重，与

"茶旅融合"或者"茶文化旅游"相关的文献也急剧下降。

本文用 CiteSpace 软件绘制出发文机构知识图谱,并将相关数据移到 Excel 表格中,还专门将一些学校的分院划为一个一级机构,统一了所有的机构名称。例如"北京大学城市与环境学院"写成"北京大学"。经过统计 864 篇茶旅融合研究文献共来自 517 个发文机构,本文选取发文量排名前 20 的发文机构,绘制出相关的机构信息统计表(见表 1)。从表 1 可以看出,排名前 20 的发文机构的总发文量为 180 篇,从发文量来看,茶旅融合研究的发文机构主要分布在福建省、江西省和河南省,发文量分别为 54 篇、24 篇、19 篇。从发文的机构类别来看,只有云南大学、南京农业大学、成都理工大学 3 所学校为双一流高校,13 所为普通高校,3 所为公办专科学校,1 所事业单位。这些发文机构虽然大部分不属于双一流高校,但是茶旅融合相关研究人才较多,研究的专业性较强。例如福建农林大学虽然不是双一流高校,发文量排名却是第一,这与福建是中国产茶第一大省密不可分。福建茶园平均单产全国第一,得益于"八山一水一分田"的独特的地理条件,这为茶旅融合研究提供了优越的自然条件,同时也吸引着全国各地想要来此研究茶旅融合的人才。

在这些机构中,发文量在 10~20 篇的单位有 4 所,发文量在 20~30 篇的单位有 0 所,发文量在 30 篇以上的单位有 1 所。可以看出,茶旅融合研究机构的发文数量比较多地分布在 10~20 篇,整体上还需要进一步提升。

表 1  2003~2021 年对茶旅融合研究发文量排名前 20 的机构信息统计表

| 排名 | 发文量（篇） | 发文机构 | 机构类别 | 排名 | 发文量（篇） | 发文机构 | 机构类别 |
|---|---|---|---|---|---|---|---|
| 1 | 38 | 福建农林大学 | 普通高校 | 11 | 7 | 广西师范大学 | 普通高校 |
| 2 | 12 | 湖南农业大学 | 普通高校 | 12 | 7 | 景德镇陶瓷学院 | 普通高校 |
| 3 | 11 | 九江学院 | 普通高校 | 13 | 6 | 桂林理工大学 | 普通高校 |
| 4 | 11 | 郑州旅游职业学院 | 公办专科 | 14 | 6 | 湖北工业职业技术学院 | 公办专科 |
| 5 | 10 | 福建师范大学 | 普通高校 | 15 | 6 | 华侨大学 | 普通高校 |
| 6 | 8 | 海口经济学院 | 普通高校 | 16 | 6 | 江西省社会科学院 | 事业单位 |
| 7 | 8 | 南京农业大学 | 双一流高校 | 17 | 5 | 安徽财经大学 | 普通高校 |
| 8 | 8 | 武汉职业技术学院 | 公办专科 | 18 | 5 | 安徽农业大学 | 普通高校 |
| 9 | 8 | 信阳农林学院 | 普通高校 | 19 | 5 | 安康学院 | 普通高校 |
| 10 | 8 | 云南大学 | 双一流高校 | 20 | 5 | 成都理工大学 | 双一流高校 |

### 3.1.2 发文期刊分析

经统计,810 篇期刊论文分布在 235 家期刊,本文对从中国知网下载的相关期刊进行处理和筛选,得到期刊载文量排名前 20 的期刊,根据"排名""期刊""载文量"制成相关表格(见表 2)。

表2 茶旅融合研究论文载文量前20的期刊

| 排名 | 期刊 | 载文量（篇） | 排名 | 期刊 | 载文量（篇） |
|---|---|---|---|---|---|
| 1 | 福建茶叶 | 317 | 11 | 茶叶科学技术 | 7 |
| 2 | 农业考古 | 37 | 12 | 合作经济与科技 | 6 |
| 3 | 旅游纵览（下半月） | 29 | 13 | 当代贵州 | 5 |
| 4 | 中国茶叶 | 20 | 14 | 中国市场 | 5 |
| 5 | 安徽农业科学 | 13 | 15 | 台湾农业探索 | 4 |
| 6 | 茶叶 | 11 | 16 | 农村经济与科技 | 4 |
| 7 | 茶叶通讯 | 10 | 17 | 四川旅游学院学报 | 4 |
| 8 | 蚕桑茶叶通讯 | 9 | 18 | 商业经济 | 4 |
| 9 | 商场现代化 | 9 | 19 | 中国茶叶加工 | 4 |
| 10 | 茶业通报 | 7 | 20 | 中国农学通报 | 4 |

在本文涉及的茶旅融合研究期刊文献发表的235种期刊中，但是只有1种期刊的发文量超过100篇。本文基于布拉德福定律的布拉德福系数计算方法：$M=(eE\cdot Y)1/3$，其中M为核心期刊数量，E为欧拉系数0.5772，即 eE=1.781，Y为统计数据中最大载文量期刊的载文量。经此法则计算，茶旅融合研究的核心期刊数目应该是：$M=(eE\cdot Y)1/3\approx11.3$，也就是载文量排在前11位的都是在期刊分布的核心区。根据核心区期刊载文量绘制成表，见表3。

表3 茶旅融合研究论文核心区期刊（11种）载文量分布

| 序号 | 期刊 | 载文量（篇） | 占总载文量的百分比（%） |
|---|---|---|---|
| 1 | 福建茶叶 | 317 | 39.14 |
| 2 | 农业考古 | 37 | 4.57 |
| 3 | 旅游纵览（下半月） | 29 | 3.58 |
| 4 | 中国茶叶 | 20 | 2.47 |
| 5 | 安徽农业科学 | 13 | 1.60 |
| 6 | 茶叶 | 11 | 1.36 |
| 7 | 茶叶通讯 | 10 | 1.23 |
| 8 | 蚕桑茶叶通讯 | 9 | 1.11 |
| 9 | 商场现代化 | 9 | 1.11 |
| 10 | 茶业通报 | 7 | 0.86 |
| 11 | 茶叶科学技术 | 7 | 0.86 |
| | 总计 | 469 | 57.89 |

如表 3 所示,《福建茶叶》上发表的茶旅融合研究相关的论文数量最多。在这 11 篇核心区期刊中,《福建茶叶》的核心期刊占了绝大部分,其中《福建茶叶》载文量共 317 篇,北大核心期刊就占了将近一半。《农业考古》37 篇载文量里有 25 篇北大核心,《安徽农业科学》13 篇载文量里有 5 篇北大核心,《茶叶通讯》10 篇载文量里有 4 篇北大核心。

### 3.2 研究热点分析

#### 3.2.1 关键词共现图谱分析

本文使用 CiteSpace,在 Node Types 里,选取 keyword,分析数据的阈值 Top N% 设定为 10。以个人需要和审美为依据,对参数进行调节,最后得到关键词共现图谱,见图 2。

**图2 2003~2021 年茶旅融合研究关键词共现图谱**

从图 2 可以看出,N=126,E=132,这表明在茶旅融合研究文献中所涉及的 126 个关键词形成了 132 个共现网络,密度:0.0168。本文以 CiteSpace 运行后获得的有关数据为基础,将频次大于 10 的关键词以及中介中心性大于等于 0.1 的关键词进行筛选。依次导入 Excel 中,并绘制成表,具体见表 4、表 5。

表 4　2003~2021 年茶旅融合研究词频次大于 10 的关键词统计表

| 排名 | 关键词 | 频次 | 中介中心性 | 年份 |
|---|---|---|---|---|
| 1 | 旅游 | 113 | 0.28 | 2008 |
| 2 | 开发 | 46 | 0.3 | 2008 |
| 3 | 旅游产品 | 27 | 0.34 | 2013 |
| 4 | 开发策略 | 18 | 0.15 | 2010 |
| 5 | 对策 | 17 | 0.17 | 2009 |
| 6 | 乡村振兴 | 15 | 0.08 | 2019 |
| 7 | 发展策略 | 11 | 0.15 | 2017 |
| 8 | 现状 | 10 | 0.1 | 2017 |
| 9 | 研究 | 8 | 0.14 | 2018 |
| 10 | 全域旅游 | 7 | 0.1 | 2017 |
| 11 | 休闲体育 | 6 | 0.14 | 2018 |
| 12 | 休闲农业 | 5 | 0.1 | 2020 |
| 13 | 安溪县 | 4 | 0.29 | 2014 |
| 14 | 融合 | 4 | 0.15 | 2018 |
| 15 | 开发机制 | 2 | 0.19 | 2017 |
| 16 | 价值理念 | 2 | 0.16 | 2017 |
| 17 | 旅游线路 | 2 | 0.13 | 2019 |

表 5　2003~2021 年茶旅融合研究中介中心性大于等于 0.1 的关键词

| 排名 | 关键词 | 中介中心性 | 频次 | 年份 |
|---|---|---|---|---|
| 1 | 旅游产品 | 0.34 | 27 | 2013 |
| 2 | 开发 | 0.3 | 46 | 2008 |
| 3 | 安溪县 | 0.29 | 4 | 2014 |
| 4 | 旅游 | 0.28 | 113 | 2008 |
| 5 | 开发机制 | 0.19 | 2 | 2017 |
| 6 | 对策 | 0.17 | 17 | 2009 |
| 7 | 价值理念 | 0.16 | 2 | 2017 |
| 8 | 开发策略 | 0.15 | 18 | 2010 |
| 9 | 发展策略 | 0.15 | 11 | 2017 |
| 10 | 融合 | 0.15 | 4 | 2018 |

| 排名 | 关键词 | 中介中心性 | 频次 | 年份 |
|------|--------|-----------|------|------|
| 11 | 研究 | 0.14 | 8 | 2018 |
| 12 | 休闲体育 | 0.14 | 6 | 2018 |
| 13 | 旅游线路 | 0.13 | 2 | 2019 |
| 14 | 现状 | 0.1 | 10 | 2017 |
| 15 | 全域旅游 | 0.1 | 7 | 2017 |
| 16 | 休闲农业 | 0.1 | 5 | 2020 |

通过表 4 和表 5 中的数据相结合，筛选出出现频次较高、中介中心性高的关键词，将筛选后的关键词结合相关文献，本文总结出茶旅融合研究的 5 个热点主题，分别是"开发策略""旅游产品""旅游资源""乡村振兴"和"休闲体育"。

### 3.2.2 研究热点内容分析

（1）开发策略。根据图 2 可知"开发策略"的出现频次较高且与其他关键词之间共现次数多，并且联系密切。一个好的开发策略，不仅能推动茶旅融合研究的发展，同时也能带动当地经济增长[8]。

（2）旅游产品。旅游产品包括旅行商集合景点、交通、食宿及娱乐等设施设备、项目及相应服务出售给旅游者的旅游线路类产品，旅游景区与旅游饭店等单个企业提供给旅游者的活动项目类产品[9]。

（3）旅游资源。旅游资源主要包括自然风景旅游资源和人文景观旅游资源[10]。

（4）乡村振兴。乡村振兴的优势是政策支持力度大，环境持续向好，市场规模大、增速快，发展潜力大，受外界影响敏感度低，恢复性增长快，乡村旅游成为文旅消费增长新动能，企业布局和参与度日益深化。但同时也存在一些问题，如：乡村旅游产业管理体制不完善，乡村旅游产业发展水平较低，乡村旅游产品缺乏创意，乡村旅游产业人才紧缺[11]。

（5）休闲体育。休闲体育旅游，指的是现代人为追求自身的身心自由及健康而重回自然，投入各种户外体育运动的旅游形式[12]。

### 3.2.3 研究热点演变趋势分析

本文在 CiteSpace 软件的帮助下，绘制出了茶旅融合研究文献的关键词共现时间线图。在 Layout 的选项中，选中"Timezoneline"，可得共现时间线图。将阈值设置为 0，Fon Size 为 15，Node Size 为 19，然后对其进行了调整，得到了关键词共现时间线图的最终图，见图 3。

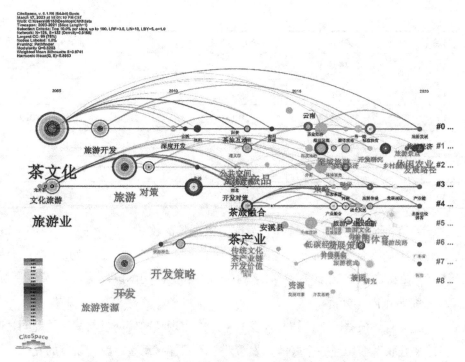

**图 3　2003~2021 年茶旅融合研究关键词共现时间线图**

如图 3 所示，图上方为时间轴，每 5 年为一个时间段，共 3 个时间段，总体上看关键词的联系紧密，分布广泛且集中。通过对关键词的呈现以及相关文献数据的分析，将 2003~2021 年对茶旅融合研究分三个阶段展开论述。第一阶段：2005~2010 年是茶旅融合研究的初始阶段，对该领域的研究才刚刚开始，所取得的研究成果并不多，累计的文献数量只有 99 篇，论文的数量并没有增加多少。但在这一阶段，第一次出现的关键词大多是高频率、高中介中心性的关键词，为后面的研究奠定了一定的基础。在该阶段的热点主题主要是"茶文化""旅游业""旅游开发"。第二阶段：2010~2015 年为茶旅融合研究缓慢发展阶段，该阶段相关研究者有了一定的研究基础和经验，研究成果也有了一定的增加，研究文献的数量为 168 篇，较第一阶段增长了将近 70%。此阶段研究的热点主题包括"旅游产品""茶旅融合""茶旅互动"。第三阶段：2015~2020 年，茶旅融合研究处于一个蓬勃发展的阶段。

### 3.3 研究前沿分析

本文根据 11 个高突现值关键词的突现历史被引折线图，将茶旅融合研究的前沿主题分为渐强型前沿主题、渐弱型前沿主题和最新前沿主题。

#### 3.3.1 渐强型前沿主题

从图 4 中可以看出，在"旅游开发"中出现的频率是 14.17，这个关键词一共出现了 96 次，从 2007 年开始，到 2021 年，这个关键字在 2016 年和 2017 年出现了 14 次的峰值，说明"旅游开发"是茶旅融合研究中的一个前沿主题。

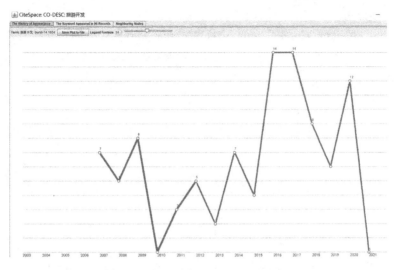

**图 4 "旅游开发"历史被引折线图（突现率 14.17）**

### 3.3.2 渐弱型前沿主题

如图 5 所示，"旅游产品"的突现率为 5.19，频次为 28。关键词突现的时间段为 2013~2021 年，其中 2016 年的出现频次为最高，共计 9 次。虽有下降的趋势，但是整体较为稳定，这就说明该研究主题在较长一段时间具有很大的影响力，是茶旅融合研究过程中的一个前沿主题。

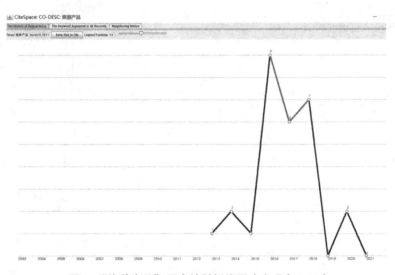

**图 5 "旅游产品"历史被引折线图（突现率 5.19）**

### 3.3.3 最新前沿主题

在本文的最新前沿主题则是自 2018 年以来以"乡村振兴""创新"等为代表的突现的关键词，见图 6、图 7。在图 6 中，"乡村振兴"突现时间较近，并且频次相对较高，由此推测它也是茶旅融合研究过程中的最新前沿主题。

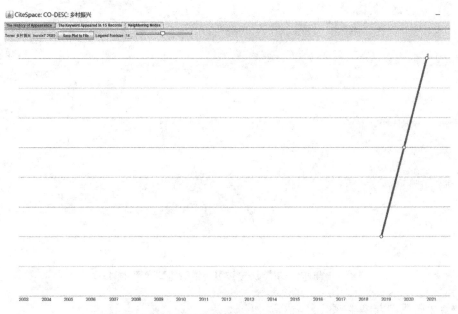

**图 6 "乡村振兴"历史被引折线图（突现率 7.27）**

　　随着人们生活水平的不断提高，人们对旅游的体验感和旅游文化内涵提出了新的要求，旅游的价值功能从单一的观光休闲逐渐向体验旅游和文化旅游转变，而茶文化旅游就是一种集体验性和文化性于一体的乡村旅游形式，从而备受消费者青睐[12]。

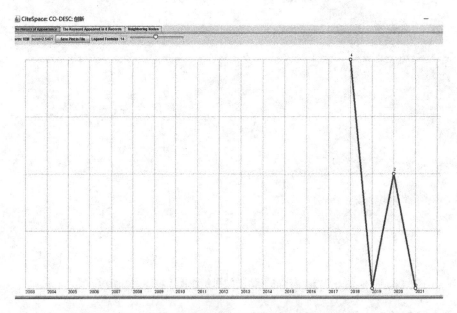

**图 7 "创新"历史被引折线图（突现率 2.55）**

　　茶旅融合是两个产业的结合，其本身就是一种创新，产业融合是产业高质量发展的趋势，推动传统产业的变革和现代化，通过对产业间资源的整合利用，在产业融合的基础上创造新的增长点，推动经济社会发展。

## 4. 结语

本文利用 CiteSpace 软件，对 2003~2021 年中国知网上关于茶旅融合研究领域的 864 篇文章进行了数据统计分析。以相关的数据为依据，构建了茶旅融合研究作者、研究机构、研究热点和研究前沿主题等方面的科学知识图谱。通过对数据和科学知识图谱的分析，对我国茶旅融合的发展历史和现状进行了全面的梳理，并对其今后的发展方向进行了全面的展望。本节将对分析结果进行汇总。

从 2003~2021 年的 864 篇茶旅融合研究文献中可以看出，期刊论文的数量在逐年增加，而硕士、博士论文中博士论文的整体数量很少，仅有 1 篇；剩下的 53 篇都是硕士论文。在研究前期，文献数量增加缓慢，且以期刊文章为主；到了中期，文献数量增加迅速；到了后期趋于平稳。总体而言，茶旅融合研究的文献总发文量并不多，但整体上呈稳步上升的趋势，研究成果的形式也在不断丰富。

本文中选取的有关茶旅融合研究的 864 篇文献，共涉及 517 个发文机构，发文量排名前三的机构分别是福建农林大学、湖南农业大学、九江学院。虽然这些发文机构大部分不属于双一流高校，但是茶旅融合相关研究人才较多，研究的专业性较强。将这 517 个机构按照地理位置进行分类，共分布在 29 个地域，其中发文量排名前三的地区分别是福建、江西、河南，茶叶产量高的省份，对于茶旅融合研究的研究力度却并不完全一致。

通过对"茶旅融合"关键词的共现图谱提取高频次、高中介中心性的关键词，并通过对"茶旅融合"关键词的统计，发现"开发策略""旅游产品""旅游资源""乡村振兴""休闲体育"是"茶旅融合"相关主题词。以茶旅融合研究关键词共现时间线图为依据，将茶旅融合研究划分为三个阶段：2005~2010 年的初始阶段、2010~2015 年的缓慢发展阶段，以及 2015~2020 年的繁荣发展阶段。在初期，"茶文化""旅游业""旅游开发"是人们关注的焦点。在"缓慢发展"时期，"旅游产品""茶旅融合""茶旅互动"三个方面成了关注的热点。其中，"全域旅游""休闲农业""乡村振兴"等与新时期发展、新变革紧密相连的关键词成为蓬勃发展阶段的热点。按照关键字的涌现轨迹，可以茶旅融合的前沿主题划分为三种：渐强型前沿主题（"旅游开发"）、渐弱型前沿主题（"旅游产品"）和最新型前沿主题（"乡村振兴"和"创新"）三种类型。

### 参考文献：

［1］刘黎，张吉昌，张锡友，黎钊，张蕊．汉中市茶旅融合发展现状、存在问题与对策［J］.茶叶，2020，46（3）：170-172.

［2］JOLLIFFE L. Tea and tourism：tourists，traditions and transformations［M］.

Buffalo，New York：Channel View Publications，2007.

［3］霍艳霞.浅析新形势下茶文化旅游产品的开发路径［J］.福建茶叶，2017，39（1）：136-137.

［4］李欢，杨亦扬.乡村振兴背景下江苏茶文化旅游的休闲农业发展策略［J］.江苏农业科学，2021，49（16）：8-13.

［5］陈悦，陈超美，胡志刚，等.引文空间分析原理与应用CiteSpace实用指南［M］.北京：科学出版社，2014.

［6］宋爽.共现分析在文本知识挖掘中的应用研究［D］.南京：南京理工大学，2006.

［7］陈超美.科学前沿图谱知识可视化的探索［M］.陈悦，王贤文，胡志刚，等，译.北京：科学出版社，2014.

［8］文南薰.茶文化旅游产品组合性开发研究——以普洱茶文化旅游产品开发为例［J］.云南财经大学学报，2007（2）：81-85.

［9］朱世桂，房婉萍，张彩丽.我国茶文化旅游资源现状、特性及开发思路［J］.安徽农业大学学报（社会科学版），2008（3）：36-41.

［10］黄义强.乡村振兴战略视角下乡村旅游发展现状与创新模式分析［J］.旅游与摄影，2022（24）：35-37.

［11］宋韬.休闲体育旅游视域下的茶文化旅游发展路径研究［J］.福建茶叶，2016，38（6）：301.

［12］喻寒莉.赤壁市羊楼洞古镇茶文化旅游促进乡村振兴研究［D］.武汉：武汉轻工大学，2022.

（作者单位：北京联合大学旅游学院）

单丛茶自然与生态研究

# 潮州凤凰单丛高山茶系统生态系统服务复合增益研究 *

刘某承　苏伯儒

[摘　要] 传统农业景观具备丰富的景观要素，景观要素的耦合会对景观整体的生态系统服务供应产生影响。本文研究构建了多景观要素的"生态系统服务复合增益"理论框架，评估了潮州凤凰单丛高山茶系统和中低山台地茶园的生态系统服务，研究结果显示：（1）潮州凤凰单丛高山茶系统单位面积产水服务为 0.46 m³/m²，固碳服务为 0.0054 Mg/m²；（2）中低山台地茶园单位面积产水服务为 0.34 m³/m²，固碳服务为 0.0051 Mg/m²。研究表明，"山顶水保林－高山古茶园－中低山台地茶园－低山传统居民区"四素同构的独特景观格局可提高景观整体的生态系统服务，从而产生生态系统服务复合增益。

[关键词] 农业文化遗产；景观格局；生态系统服务；复合增益

## 引言

现代农业生产以作物产量和经济效益为主要目标，通过扩大耕地面积、消除非作物生境，使得农业集约化发展，农业景观的异质性下降[1]，然而这种单纯注重经济价值的集约化农业并不能满足人们对可持续发展的需求。研究显示，传统农业景观中的半自然生境对花粉传播[2]、小气候调节[3]、养分迁移[4]等生态过程有较大影响，进而影响农业景观的生态系统服务供应。传统农业景观其内部景观要素的排列使得其具备空间异质性、斑块间的相互作用，如热量、水分、养分在斑块间的运动势必会对景观整体的生态系统服务造成影响。

单丛茶种植模式主要分为高山古茶园与中低山台地茶园，高山古茶园大部分位于海拔 800~1200 m，园内以古茶树为主，并伴生有其他乔木树种。中低山台地茶园大部分位于海拔 800 m 以下，园内以灌木类台地茶为主，并修筑有石墙。千百年来，当地茶农

---

＊ 本文系"潮州单丛茶文化系统申报全球重要农业文化遗产项目"的阶段性成果。

顺应水土，因地制宜，将两种种植模式有机结合，逐步构建出潮州凤凰单丛高山茶系统（后文简称高山茶系统），该传统农业景观根据海拔变化，自上而下形成了"山顶水保林－高山古茶园－中低山台地茶园－低山传统居民区"四要素同构的独特景观格局。

本文构建了生态系统服务复合增益理论框架，评估并对比了高山茶系统与中低山台地茶园生态系统服务物质量，探讨了高山茶系统生态系统服务复合增益的产生机制。

## 1. 生态系统服务复合增益理论框架

### 1.1 景观格局对生态系统服务的影响机制

景观由相互作用的生态系统镶嵌构成，景观格局可分为景观组成与景观构型。景观格局对生态系统服务影响研究主要从区域景观与样地景观两个角度开展。区域景观方面主要研究景观组成与景观构型的"动态"演变对区域生态系统服务的影响，如李屹峰等的研究表明，林地面积的增加以及草地、农田面积的减少导致 1990~2009 年密云水库流域的产水服务增加[5]。样地景观方面的研究主要反映"静态"的景观构型对生态系统服务的影响，侧重分析景观构型对生态系统服务的影响，例如咖啡种植园附近的森林斑块能增加传粉昆虫的数量，增强传粉服务，有助于提高咖啡产量[6]。

景观组成对景观生态系统服务的影响路径有两条，一是通过改变景观要素生态系统服务供给水平，如林地水源涵养服务的供给能力要强于耕地，因此退耕还林可提升景观水源涵养服务供给[7]。二是通过生态系统服务权衡 / 协同效应影响景观生态系统服务，如林地面积的增加增强了土壤保持与产水服务间权衡效应[8]，使得景观生态系统服务供给降低。而景观构型也可通过两种方式影响景观生态系统服务，一是"源－汇"景观要素的分布格局，如土壤侵蚀"源"斑块位于坡脚时，坡面土壤侵蚀程度要高于该斑块位于坡顶的情况[9]。二是通过种间互促效应影响景观生态系统服务，如农作物之间的生态位互补、根际效应和化感作用等均可提高景观供给服务[10]。具体见图 1。

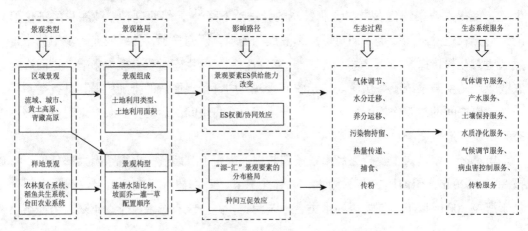

**图 1　景观格局对生态系统服务的影响机制**

### 1.2 生态系统服务复合增益

按照系统科学理论，在系统结构合理的情况下，系统内各组分间的非线性相互作用，将使得系统的整体功能大于各组分功能之和[11]。景观是一个有机整体，遵循系统的整体性原理，景观要素间相互关联、相互作用，因此在景观格局合理的情况下，景观整体的生态系统服务将大于各景观要素生态系统服务的线性叠加。众多农业文化遗产如湖州桑基鱼塘系统、青田稻鱼共生系统等属于小尺度农业景观，它们由多种景观要素（水域生态系统、桑园生态系统等）耦合形成，在人类长期实践下逐渐形成了较为合理的景观格局，这种格局改变了景观内部热量传递、水分输送等生态过程，最终导致景观整体的生态系统服务要大于各景观要素的生态系统服务之和。

综合上文关于系统科学和景观生态学的分析，本研究认为，多个相互作用的景观要素（生态系统 / 土地覆被）耦合形成了一个新的景观，由于新景观的景观格局对生态过程产生影响，使得新景观提供的生态系统服务要大于各景观要素提供的生态系统服务之和，新景观产生的生态系统服务增量被称为"生态系统服务复合增益"（见图 2）。

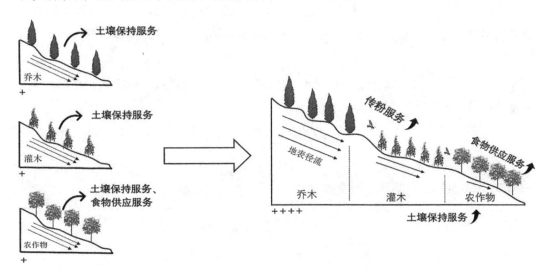

**图 2　生态系统服务复合增益**

## 2. 数据来源与研究方法

高山古茶园主要分布在凤凰镇内，因此该地区形成了面积较大的高山茶系统；而浮滨镇内主要为中低山台地茶园，景观要素较为单一。在凤凰镇和浮滨镇范围内分别随机生成 100 个点，提取每个点的生态系统服务量，通过 100 个随机点所在像元的平均像元值估算高山茶系统与中低山台地茶园的单位面积生态系统服务。

### 2.1 数据来源

本研究数据来源如表 1 所示。

表 1　数据来源

| 数据清单 | 数据精度 | 数据来源 |
|---|---|---|
| 2010~2020 年土地利用数据 | 30 m × 30 m | Global 30 |
| 年平均降雨 | 1 km | 中国科学院资源环境科学与数据中心 |
| 年平均蒸散量 | 1 km | 中国科学院资源环境科学与数据中心 |
| 植物可利用水量 | 1 km | 世界土壤数据库 |
| 土壤最大根系埋深 | 1 km | 世界土壤数据库 |
| 土壤可蚀性因子 | 1 km | 国家青藏高原科学数据中心 |
| 降雨侵蚀力因子 | 1 km | 国家青藏高原科学数据中心 |
| 碳库数据 | — | 基于 InVest-PLUS 模型的广东省碳预储量空间关联性及预测 |
| DEM | 90 m | SRTM-3 V4.1 DEM |

### 2.2 产水服务模型

生态系统通过水循环为人类供给水量，从而形成产水服务。本文采用 InVest 模型中的"水量提供"模块评估产水服务。模型将每一个栅格单元的降雨量减去实际蒸散量得到该栅格单元的产水量，不做地表水、地下水与基流的区分，具体步骤如下：

$$WY_i = PRE_i - AET_i \tag{1}$$

式中，$WY_i$ 为栅格单元 $i$ 的产水量，$PRE_i$ 为栅格单元 $i$ 的降雨量，$AET_i$ 为栅格单元 $i$ 的实际蒸散量。公式（1）可表示为：

$$WY_i = \left(1 - \frac{AET_i}{PRE_i}\right) \cdot PRE_i \tag{2}$$

采用 Budyko 提出的水热耦合平衡假设公式计算 $\dfrac{AET_i}{PRE_i}$，公式如下：

$$\frac{AET_i}{PRE_i} = 1 + \frac{PET_i}{PRE_i} - \left[1 + \left(\frac{PET_i}{PRE_i}\right)^{w_i}\right]^{\frac{1}{w_i}} \tag{3}$$

式中，$PRE_i$ 为栅格单元 $i$ 的潜在蒸散量，$w_i$ 为经验参数，二者的计算公式分别如下：

$$PET_i = K_c\left(l_i\right) \cdot ET_{0i} \tag{4}$$

$$w_i = Z \cdot \frac{AWC_i}{PET_i} + 1.25 \tag{5}$$

式中，$ET_{0i}$ 表示栅格单元 $i$ 的参考作物蒸散，$K_c\left(l_i\right)$ 表示栅格单元 $i$ 中特定土地利用/覆被类型的植物（植被）蒸散系数，$Z$ 为季节常数，$AWC_i$ 为栅格单元 $i$ 的土壤有效含水量，通过下式计算：

$$AWC_i = Min\left(soil \cdot depth, root \cdot depth\right) \cdot PAWC \tag{6}$$

式中，$soil \cdot depth$ 为土壤根系最大埋藏深度，$root \cdot depth$ 为根系长度，$PAWC$ 为植物可利用水量。

### 2.3 固碳服务模型

陆地生态系统对二氧化碳浓度具有重要影响，本文采用 InVest 模型中的"碳储存和固持"模块评估固碳服务。地上生物量、地下生物量、土壤和凋落物为不同土地利用类型的四个主要碳库，InVest 模型将这四个碳库的固碳量加总求得每种土地利用类型的固碳量，再将不同土地利用类型的固碳量加总求得景观固碳总量。

## 3. 研究结果

### 3.1 凤凰镇、浮滨镇生态系统服务评估与对比

凤凰镇产水服务最高值为 927.4 $m^3$，产水服务高值基本覆盖全镇，低值主要位于镇中心；浮滨镇产水服务最高值为 700.2 $m^3$，全镇基本为产水服务低值，北部产水服务略高于南部。凤凰镇和浮滨镇固碳服务如图 3 所示，两镇固碳服务最高值均为 20.8 $Mg/m^2$，凤凰镇周边地区固碳服务较高，中心地区固碳服务较低；浮滨镇固碳服务高值分布范围大于凤凰镇，西部与南部固碳服务较低。

### 3.2 高山茶系统、中低山台地茶园生态系统服务评估与对比

高山茶系统单位面积产水服务为 0.46 $m^3/m^2$，固碳服务为 0.0054 $Mg/m^2$。中低山台地茶园单位面积产水服务为 0.34 $m^3/m^2$，固碳服务为 0.0051 $Mg/m^2$。

## 4. 高山茶系统生态系统服务复合增益产生机制

相较于中低山台地茶园，单位面积高山茶系统能提供较高的产水服务与固碳服务，表明其存在生态系统服务复合增益，主要原因可能有如下两点。一是高山茶系统的景观组成具有更高的生态系统服务供给能力。高山茶系统的土地利用类型主要为林地、灌木地和建筑用地，而中低山台地茶园土地利用类型主要为灌木地，林地根系层对土壤有网结、固持作用，在合理布局情况下，还能吸收由林外进入林内的坡面径流，因此林地的产水服务的供给能力可能要高于灌木地。林地相较于灌木地具有更高的地上生物量、地下生物量与凋落物，而且众多研究表明，林地土壤具有更高的碳汇，因此林地的固碳服务要高于灌木地。二是高山茶系统景观构型提高了景观整体的生态系统服务供给能力。高山茶系统坡面植被组合提高了其供水服务，根据"源－汇"理论，"源"斑块位于坡面下端时，往往会产生较高的生态系统服务[9]，而居民区的土地利用类型为不透水表面，为产水服务的"源"斑块，使得该景观的供水服务高于中低山台地茶园。同时，山顶水保林－高山古茶园－中低山台地茶园－低山传统居民区四素同构的景观格局改变了该景观的降水格局，高海拔处的乔木（山顶水保林－高山古茶园）植被具有较高的生物量与郁闭度，使得高海拔处植被水源涵养能力更强，蒸散量较大，水蒸气被重新分配至低海拔，增加了低海拔处的降雨，从而提高供水服务。具体见图 3。

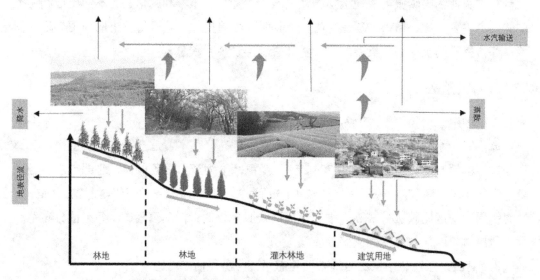

**图3　高山茶系统生态系统服务复合增益产生机制**

部分农业文化遗产生态系统服务评估研究也证明了复合增益的存在，如湖州桑基鱼塘系统整体的生态系统服务价值为桑园和鱼塘生态系统服务价值之和的 11 倍[12]，浙江瑞安滨海塘河台田系统生态系统服务价值为农田和水域生态系统服务价值之和的 12 倍[13]。根据生态系统结构 – 过程 – 服务联级模式，本研究认为生态过程的改变是导致复合增益产生的直接因素，生态系统服务复合增益的产生机制可分为以下两种。一是生态过程的新增，例如在浙江青田稻田养鱼景观中田鱼会捕食落入水中的稻飞虱，捕食过程的出现提高了该景观的病虫害防治服务[14]。二是生态过程的增强 / 减弱，例如间套种植景观能增强农作物对光热资源、养分资源吸收过程，提高了景观的供给服务[10]；农田中的树篱构成了对地表水与地下水的屏障，增加了地表粗糙度，抑制地表径流，减弱土壤侵蚀过程，提高了景观的土壤保持服务[15]。

受数据所限，本文尚未精确评估高山茶系统及其景观要素的生态系统服务，因此尚不能准确得出其生态系统服务复合增益，后续应划分高山茶系统及其景观要素的准确范围。同时，合理的景观格局可以提高景观生态系统服务，不合理的景观格局可能降低景观生态系统服务，即产生"复合减益"，如林下养殖会带来林地生物多样性降低[16]、土壤侵蚀风险增大[17]等负面作用，因此今后应当加强景观格局对景观生态系统服务影响的机理研究。

## 5. 结论

要素的合理配置能优化景观内的生态过程，为景观带来更高的生态服务价值，研究结果表明高山茶系统供水服务与固碳服务均高于中低山台地茶园。本研究在系统科学原理和景观生态学原理的指导下，从景观结构—生态过程—生态系统服务的角度构建了"生态系统服务复合增益"理论框架，评估并对比了高山茶系统与中低山台地茶园的生态系统服务，并分析了高山茶系统生态服务复合增益的产生机制。

## 参考文献：

［1］BIANCHI F，BOOIJ C，TSCHARNTKE T. Sustainable pest regulation in agricultural landscapes：a review on landscape composition，biodiversity and natural pest control［J］. Proceedings of the Royal Society B：Biological Sciences，2006，273（1595）：1715-1727.

［2］BOSCOLO D，TOKUMOTO P M，FERREIRA P A，RIBEIRO J W. Positive responses of flower visiting bees to landscape heterogeneity depend on functional connectivity levels［J］. Perspectives in Ecology and Conservation，2017，15（1）：18-24.

［3］WU J G. Effects of changing scale on landscape pattern analysis：scaling relations［J］. Landscape Ecology，2004，19（2）：125-138.

［4］YIN C Q，ZHAO M，JIN W G，LAN Z W. A multi-pond system as a protective zone for the management of lakes in China［J］. Hydrobiologia，1993，251（1）：321-329.

［5］李屹峰，罗跃初，刘纲，等. 土地利用变化对生态系统服务功能的影响——以密云水库流域为例［J］. 生态学报，2013，33（3）：726-736.

［6］PRIESS J A，MIMLER M，KLEIN A M，et al. Linking deforestation scenarios to pollination services and economic returns in coffee agroforestry systems［J］. Ecological Applications，2007，17（2）：407-417.

［7］黄麟，祝萍，曹巍. 中国退耕还林还草对生态系统服务权衡与协同的影响［J］. 生态学报，2021，41（3）：1178-1188.

［8］FENG Q，ZHAO W W，HU X P，LIU Y，DARYANTO S，Trading-off ecosystem services for better ecological restoration：a case study in the Loess Plateau of China［J］. Journal of Cleaner Production，2020，257：120469.

［9］陈利顶，贾福岩，汪亚峰. 黄土丘陵区坡面形态和植被组合的土壤侵蚀效应研究［J］. 地理科学，2015，35（9）：1176-1182.

［10］李小飞，韩迎春，王国平，等. 棉田间套复合体系提升生态系统服务功能研

究进展 [J]. 棉花学报，2020，32（5）：472-482.

[11] BERTALANFFY L V. General system theory：foundations，development，application [M]. New York：George Braziller，1969：30-32.

[12] 王静禹，周逸斌，孟留伟，等. 湖州桑基鱼塘生态系统的服务价值评估 [J]. 蚕业科学，2018，44（4）：9.

[13] 苏伯儒，刘某承，李志东. 农业文化遗产生态系统服务的复合增益——以浙江瑞安滨海塘河台田系统为例 [J]. 生态学报，2023，43（3）：12.

[14] XIE J，HU L，TANG J，et al. Ecological mechanisms underlying the sustainability of the agricultural heritage rice-fish coculture system [J]. Proceedings of the National Academy of Sciences of the United States of America，2011，108（50）：19851-19852.

[15] BUNCE R G H，PAOLETTI M G，Ryszkowski L. Landscape ecology and agroecosystems [M]. Boca Raton：Lewis Publishers，1993：18-23.

[16] 邬枭楠，缪金莉，郑颖，等. 林下养鸡对生物多样性的影响 [J]. 浙江农林大学学报，2013，30（5）：689-697.

[17] 张海明，乔富强，张鸿雁，等. 不同养殖密度的林下养鸡对林地植被及环境质量影响 [J]. 北京农学院学报，2016，31（4）：98-102.

（作者单位：刘某承，中国科学院地理科学与资源研究所；苏伯儒，中国科学院地理科学与资源研究所、中国科学院大学）

# 潮州单丛茶生长气候适宜性分析与品质气候评价 *

张小瑞　　闵庆文　　谭凯炎

[摘　要] 为探究潮州单丛茶种植的气候优势，以潮州单丛茶为研究对象，以潮州站与饶平站 1991~2020 年气候观测资料为基础，利用 2019~2021 年区域内不同高度自动气象观测站气温、湿度、降雨量等要素观测值和南方丘陵山区气象要素随高度变化规律，推算气象要素气候平均值随海拔高度的变化；应用柯西型分布模式阐释气候要素对茶树的影响，采用模糊数学方法计算不同海拔高度茶树生长的气候适宜度；利用气候品质评价方法评估不同高度茶园与不同采摘季节的茶叶气候品质。研究结果表明：总体而言，潮州单丛茶种植区域的综合适宜度都比较高，该地区普遍适宜种植茶树，尤以 300~900 m 高度层最为适宜；潮州单丛茶不同采摘季的气候品质排序为春 1 茶、春 2 茶、秋茶、夏茶；同时，中高山茶品质好于低山与平地茶叶。该研究较好揭示了潮州单丛茶栽培的气候优势和茶叶品质的气候背景，可为这一重要农业文化遗产的保护和可持续利用提供科学依据。

[关键词] 潮州单丛茶；气候品质；气候适宜性；广东潮州单丛茶文化系统；中国重要农业文化遗产；全球重要农业文化遗产

## 引言

茶是中国传统的特色经济作物，种植范围非常广泛。气象条件是影响茶树分布和生长的主要环境条件，它不仅制约着茶叶的产量，也深刻影响其品质[1]。关于茶树生长及茶叶品质与气象条件的关系、茶树生长气候适宜性评价已有很多研究成果[2-9]，其中关于茶树生长气候适宜性和气候品质的研究主要侧重于分析大范围区域的水平差异性[4-8]，而针对特定种植范围立体茶园的研究相对较少。

* 本文发表于《中国农学通报》2024 年第 4 期，系"潮州单丛茶文化系统申报全球重要农业文化遗产项目"的阶段性成果。

据《潮州府志》记载，潮州单丛茶的种植始于南宋末年。2010年被原国家质量监督检验检疫总局列为"地理标志产品"。2014年，以潮安为核心区域的"广东潮安凤凰单丛茶文化系统"，因悠久的历史、独特的生态地理条件、种植与制茶方式，被列为第二批中国重要农业文化遗产。2023年，同样位于该地区并具有相似发展历史和生态地理条件及种植与加工技艺的"广东饶平单丛茶文化系统"入选第七批中国重要农业文化遗产。目前两地正以"广东潮州单丛茶文化系统"的名称联合申报全球重要农业文化遗产。分析评价气候适宜性有助于为农业文化遗产的保护和合理利用提供科学依据[10]。潮州单丛茶集中分布于潮州市潮安区东北部和饶平县西北部的凤凰山地区，自低海拔坪地至海拔1200 m的山坡均有种植。虽然种植区域南北跨度很小，且茶园多位于阳坡，纬度和坡向不同带来的局地小气候差异相对较小，但茶园海拔高度的不同造成了显著的垂直气候差异。笔者以潮州站与饶平站1991~2020年的气候观测资料（从中国气象局科研数据共享网获得）为基础，利用2019~2021年区域内自动气象观测站（从中国气象科学研究院数据中心获得）气温、湿度、降雨量等要素观测值，结合前人对南方丘陵山区气象要素垂直变化规律研究成果，推算主要气象要素气候平均值随海拔高度的变化，并据此应用柯西型分布模式描述茶树受气候要素影响的变化，采用模糊数学分析方法计算不同海拔高度茶园茶树生长气候适宜度，同时利用气候品质评价方法定量评估不同高度茶园不同茶叶采摘季节的茶叶气候品质，以揭示其栽培的气候优势和茶叶品质的气候背景，为潮州单丛茶这一重要农业文化遗产的保护和可持续利用提供科学依据。

## 1. 潮州单丛茶种植区气候特征及其垂直变化

### 1.1 研究地气候特征

潮州单丛茶种植区位于南亚热带海洋性季风气候区。气候温暖，全年无冬，雨量充沛，常年空气湿润，光照充足。根据潮州站与饶平站1991~2020年，历年各月平均气象观测统计（见表1），年平均气温22.1℃，最热月为7月，平均温度28.5℃，各月空气湿度均在70%以上，年均77.4%，最冷月平均温度14.3℃，≥10℃活动积温8035℃·d，年降雨量1533 mm，平均年日照时数约2100 h。但降雨量各月分配不均，主要集中在夏季，同时降雨量年际变率非常高。因此出现干旱的概率较大，在近30年里，年降雨量少于1500 mm的年份有16年，最少年降雨量不到800 mm。此外，饶平每年出现的≥35℃高温日数不多，但近30年来有增加趋势，潮州站的数据表明高温日数增加速度更加显著（见图1）。其他气象要素值都没有明显的年际变化趋势（图略）。

**表 1　潮州站与饶平站 1991~2020 年历年各月气温、降雨量、空气湿度和日照百分率气候平均值及其年际变化率**

| 要素 | 项目 | 1 月 | 2 月 | 3 月 | 4 月 | 5 月 | 6 月 | 7 月 | 8 月 | 9 月 | 10 月 | 11 月 | 12 月 |
|------|------|------|------|------|------|------|------|------|------|------|-------|-------|-------|
| 气温 | 平均值（℃） | 14.3 | 15.0 | 17.2 | 21.1 | 24.7 | 27.3 | 28.5 | 28.3 | 27.3 | 24.4 | 20.6 | 16.3 |
| | 变异系数（%） | 7.0 | 9.9 | 6.6 | 5.6 | 3.8 | 2.6 | 2.2 | 1.9 | 2.6 | 3.7 | 4.7 | 6.6 |
| 降雨量 | 平均值（mm） | 39.0 | 49.2 | 97.3 | 138.7 | 194.8 | 270.4 | 215.2 | 271.1 | 144.6 | 32.3 | 39.2 | 41.4 |
| | 变异系数（%） | 124.7 | 100.8 | 78.4 | 60.1 | 73.1 | 47.0 | 61.8 | 60.1 | 81.1 | 201.5 | 142.3 | 87.7 |
| 空气湿度 | 平均值（%） | 73.3 | 77.0 | 78.2 | 79.7 | 81.5 | 84.7 | 82.3 | 82.2 | 77.4 | 70.5 | 71.3 | 70.3 |
| | 变异系数（%） | 5.8 | 6.0 | 6.2 | 5.8 | 5.0 | 3.7 | 3.6 | 3.7 | 4.7 | 6.0 | 6.9 | 7.4 |
| 日照时数 | 平均值（h） | 47.1 | 38.7 | 33.4 | 36.1 | 39.4 | 45.7 | 62.1 | 57.3 | 58.5 | 62.8 | 57.3 | 53.1 |
| | 变异系数（%） | 22.9 | 33.0 | 28.8 | 31.0 | 25.5 | 20.8 | 14.7 | 17.5 | 15.6 | 15.0 | 19.0 | 18.3 |

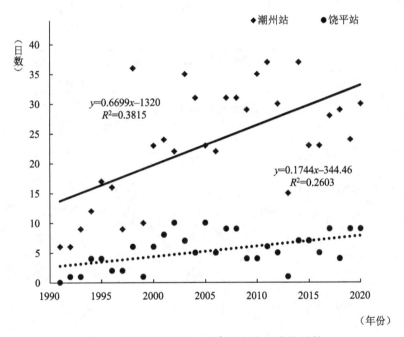

**图 1　潮州最高气温 ≥ 35℃日数年际变化趋势**

## 1.2 气候要素的垂直变化

潮州单丛茶分布于几十至 1200 m 的高度上，而潮州站和饶平站皆位于低海拔的平坦地区，其气象观测值并不完全反映不同高度茶园所处的气候环境。根据茶叶种植区内几个不同海拔高度处的区域自动气象观测站观测数据，分析了年平均气温、≥ 10℃ 活动积温、年平均相对湿度和年降雨量随海拔高度变化的规律，见图 2 至图 5。海拔高度每升高 100 m，年平均气温降低 0.52℃，≥ 10℃ 活动积温减少约 200℃·d，年平均相对湿度增加 1.6%，年降雨量随海拔高度升高也表现出增加趋势。600 m 以上高度缺少观测数据，但据前人对山区小气候的观测研究结果，年平均气温、≥10℃活动积温、年平均相对湿度和年降雨量随高度的变化仍然具有相似的规律性[11-12]。同时，一般情况下，由于山上雨雾增多，山区随高度增加，日照时数和日照百分率减少，散射辐射增加[13-14]。

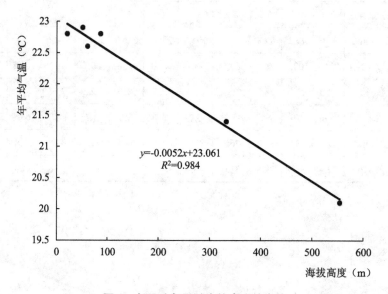

$$y=-0.0052x+23.061$$
$$R^2=0.984$$

图2  年平均气温随海拔高度的变化

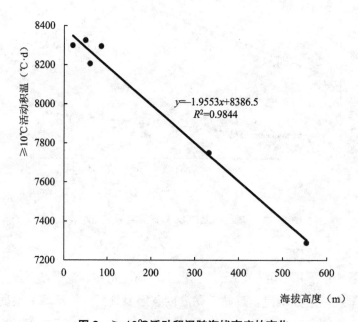

$$y=-1.9553x+8386.5$$
$$R^2=0.9844$$

图3  ≥10℃活动积温随海拔高度的变化

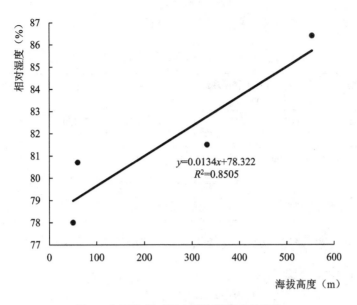

**图4 年平均相对湿度随海拔高度的变化**

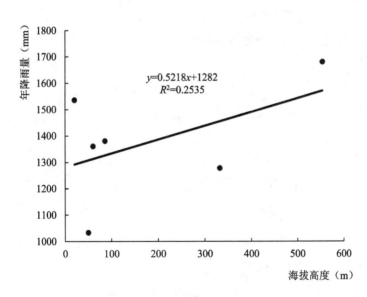

**图5 年降雨量随海拔高度的变化**

# 2. 茶树生长适宜性评价

## 2.1 评价思路与方法

茶树是典型的亚热带多年生常绿木本植物，喜酸性土壤，喜欢温暖湿润和弱光，怕寒冷、渍水和炎热干旱。光照、温度、水分条件及其组合直接影响着茶树的生长和品质。研究表明，茶树生长适宜性主要取决于年平均气温、全年≥10℃活动积温、极端最低气温、降雨量、空气湿度和日照百分率。据此，可以将茶树生长的农业气候指标划分为适宜、可生和不利 3 个等级[4]（见表 2）。

表 2　茶树生长的农业气候指标

| 条件 | 年平均气温（℃） | ≥10℃活动积温（℃·d） | 小叶种极端最低气温（℃） | 中叶种极端最低气温（℃） | 年降雨量（mm） | 相对湿度（%） | 日照百分率（%） |
|---|---|---|---|---|---|---|---|
| 适宜 | 15≤x<25 | x≥5000 | x≥-8 | x≥-6 | x≥1500 | x≥78 | x<45 |
| 可生 | 13≤x<15 或 25≤x<35 | 3000≤x<5000 | -10≤x<-8 | -8≤x<-6 | 1000≤x<1500 | 60≤x<78 | 45≤x<60 |
| 不利 | x<13 或 x≥35 | x<3000 | x<-10 | x<-8 | x<1000 | x<60 | x≥60 |

茶树生长适宜度受气候要素影响变化的柯西型分布模型如式（1）~（6）[4]。

$$\mu_T = \begin{cases} \frac{1}{1+0.04(T-25)^2} & T>25.0 \\ 1 & 15.0\leq T\leq 25.0 \\ \frac{1}{1+0.25(T-15)^2} & T<15.0 \end{cases} \tag{1}$$

$$\mu_{\sum T} = \begin{cases} 1 & \sum T\geq 5000 \\ \frac{1}{1+0.04(\frac{\sum T}{50}-50)^2} & \sum T<5000 \end{cases} \tag{2}$$

$$\mu_{T_m} = \begin{cases} 1 & T_m\geq -8 \\ \frac{1}{1+0.11(T_m+8)^2} & T_m<-8 \end{cases} \tag{3}$$

$$\mu_P = \begin{cases} 1 & P\geq 1500 \\ \frac{1}{1+0.01(\frac{P}{100}-15)^2} & P<1500 \end{cases} \tag{4}$$

$$\mu_H = \begin{cases} 1 & H\geq 78 \\ \frac{1}{1+0.028(H-78)^2} & H<78 \end{cases} \tag{5}$$

$$\mu_S = \begin{cases} 1 & S<45 \\ \frac{1}{1+0.01(S-45)^2} & S\geq 45 \end{cases} \tag{6}$$

式中，$\mu_T$、$\mu_{\sum T}$、$\mu_{T_m}$、$\mu_P$、$\mu_H$、$\mu_S$ 分别为多年平均气温、≥10℃年活动积温、极端最低气温、年降雨量、年平均相对湿度、年平均日照百分率的适宜度隶属函数；$T$、$\sum T$、$T_m$、$P$、$H$、$S$ 分别为多年平均气温、≥10℃年活动积温、极端最低气温、年降雨量、年平均相对湿度、年平均日照百分率。

应用模糊数学分析方法，可以在上述单要素适宜度基础上计算茶树最适生长相对距离模糊度和综合气候适宜度，如式（7）~（8）。

$$R = \sqrt{\frac{1}{n}\sum_{i=1}^{n}(1-\mu_i)^2} \tag{7}$$

$$M=1-R \tag{8}$$

式中，$R$ 为最适生长相对距离模糊度，$M$ 为综合气候适宜度，$\mu_i$ 为第 $i$ 个气候要素的适宜隶属度，$n$ 为气候要素数量。$M$ 的定义域为 [0，1]，数值越接近 1，表示条件越适宜；反之，数值越接近 0，表示气候条件越不适宜于茶树生长。

### 2.2 潮州单丛茶生长气候适宜性

根据气象要素随高度变化规律推算出不同海拔高度处茶园的年平均气温、≥10℃年活动积温、年均降雨量、年平均相对湿度、年平均日照百分率和极端最低气温的30年平均值，由隶属度计算式（1）~（6）分别计算各要素的隶属度，再由式（7）~（8）计算综合适宜度。

由表3可见，潮州单丛茶种植地区从平台茶园到高山古茶树分布的山顶，热量和降雨条件都完全满足茶树生长需要。但是平台地的日照百分率较高，对茶树生长具有一定的制约，不利于茶叶品质[2]，而1100 m以上高度的极端最低气温较低，可能出现茶树冻害现象[15]。但总的来说，潮州单丛茶种植区域的综合适宜度都比较高，表明该地区非常适宜于种植茶树，尤其在300~900 m高度层。

**表3 潮州单丛茶种植区不同海拔高度气候要素值及茶树生长气候适宜度**

| 项目 | 要素 | 50 m | 300 m | 500 m | 700 m | 900 m | 1100 m |
|---|---|---|---|---|---|---|---|
| 气候要素值 | 平均气温（℃） | 22.1 | 20.8 | 19.8 | 18.7 | 17.7 | 16.6 |
| | ≥10℃活动积温（℃·d） | 8035 | 7535 | 7135 | 6735 | 6335 | 5935 |
| | 相对湿度（%） | 77.4 | 81.5 | 84.8 | 88 | 91.3 | 94.5 |
| | 降雨量（mm） | 1533 | 1665 | 1770 | 1875 | 1980 | 2085 |
| | 日照百分率（%） | 49.2 | 48.1 | 47.1 | 46.2 | 45.2 | 44.3 |
| | 极端最低气温（℃） | 0.3 | −3.9 | −4.1 | −5.0 | −6.0 | −8.5 |
| 要素适宜度 | 平均气温 | 1 | 1 | 1 | 1 | 1 | 1 |
| | 积温 | 1 | 1 | 1 | 1 | 1 | 1 |
| | 湿度 | 0.99 | 1 | 1 | 1 | 1 | 1 |
| | 降雨量 | 1 | 1 | 1 | 1 | 1 | 1 |
| | 日照 | 0.858 | 0.925 | 0.968 | 0.99 | 1 | 1 |
| | 极端最低 | 1 | 1 | 1 | 1 | 0.97 | 0.69 |
| 综合适宜度 | | 0.94 | 0.97 | 0.98 | 0.99 | 0.99 | 0.87 |

## 3. 茶叶气候品质评价

### 3.1 评价思路与方法

气候对茶叶品质的影响是多方面的，既影响着鲜叶的色泽、大小、厚薄和嫩度，又影响着其内含物质的形成与积累，从而决定了鲜叶品质优劣和适制性，进一步影响成茶品质。根据气象行业标准《茶叶气候品质评价》（QX/T 411-2017），按照茶叶采摘特点，采摘前 15~20 d 的平均温度、平均相对湿度、平均日照时数对鲜叶品质影响最大，气象指标被划分为 4 个等级，分别赋值 3、2、1、0（见表 4）。

表 4　茶叶气候品质的气象评价指标

| $Q$ | $T_m$（℃） | $H$（%） | $S$（h） |
|---|---|---|---|
| 3 | $12.0 \leq T_m \leq 18.0$ | $H \geq 80$ | $3.0 \leq S \leq 6.0$ |
| 2 | $11.0 \leq T_m < 12.0$ 或 $18.0 < T_m \leq 20.0$ | $70 \leq H < 80$ | $1.5 \leq S < 3.0$ 或 $6.0 < S \leq 8.0$ |
| 1 | $10.0 \leq T_m < 11.0$ 或 $20.0 < T_m \leq 25.0$ | $60 \leq H < 70$ | $0 \leq S < 1.5$ 或 $8.0 < S \leq 10.0$ |
| 0 | $T_m < 10.0$ 或 $T_m > 25.0$ | $H < 60$ | $S=0$ 或 $S > 10.0$ |

注：$Q$ 为气象指标等级，$T_m$ 为平均气温，$H$ 为平均相对湿度，$S$ 为平均日照时数。

应用加权指数求和法建立茶叶气候品质评定模型，如式（9）。

$$I_{ACQ} = \sum_{i=1}^{n} a_i Q_i \qquad (9)$$

式中，$I_{ACQ}$ 为气候品质评价指数；$Q_i$ 为影响茶叶品质的气象指标评价等级；$a_i$ 为气象指标的权重系数，由最小二乘法迭代运算得到，温度、水分、光照的权重系数分别为 0.6、0.2、0.2。

茶叶气候品质评定以气候品质指数为依据，分成 1 级（特优）、2 级（优）、3 级（良）和 4 级（一般）共 4 级（见表 5）。

表 5　茶叶气候品质等级

| 气候品质等级 | 气候品质评价指数 $I_{ACQ}$ |
|---|---|
| 1 级（特优） | $I_{ACQ} \geq 2.5$ |
| 2 级（优） | $1.5 \leq I_{ACQ} < 2.5$ |
| 3 级（良） | $0.5 \leq I_{ACQ} < 1.5$ |
| 4 级（一般） | $I_{ACQ} < 0.5$ |

### 3.2 潮州单丛茶叶气候品质评价

根据茶叶气候品质评价标准，以茶叶采收前 20 d 的平均气温、平均相对湿度、平均日照时数为评价指标，基于茶叶气候品质评价模型，得到潮州单丛茶种植区不同海拔高度茶园春茶、夏茶和秋茶气候品质评价结果（见表 6）。

表 6　潮州单丛茶种植区不同高度茶园不同采摘季节茶叶气候品质

| 采茶季节 | 茶园高度（m） | 气象要素平均值 | | | 气象要素评价等级 | | | 品质评价 | |
|---|---|---|---|---|---|---|---|---|---|
| | | 气温（℃） | 湿度（%） | 日照（h） | 气温 | 湿度 | 日照 | 数值 | 等级 |
| 春 1 茶（3.21~4.10） | 50 | 18.90 | 78.40 | 4.10 | 2 | 2 | 3 | 2.20 | 优 |
| | 300 | 17.90 | 83.20 | 4.00 | 3 | 3 | 3 | 3.00 | 特优 |

续表

| 采茶季节 | 茶园高度（m） | 气象要素平均值 | | | 气象要素评价等级 | | | 品质评价 | |
|---|---|---|---|---|---|---|---|---|---|
| | | 气温（℃） | 湿度（%） | 日照（h） | 气温 | 湿度 | 日照 | 数值 | 等级 |
| 春1茶<br>（3.21~4.10） | 500 | 17.10 | 87.00 | 3.80 | 3 | 3 | 3 | 3.00 | 特优 |
| | 700 | 16.20 | 90.80 | 3.70 | 3 | 3 | 3 | 3.00 | 特优 |
| | 900 | 15.40 | 92.00 | 3.60 | 3 | 3 | 3 | 3.00 | 特优 |
| | 1100 | 14.60 | 94.00 | 3.50 | 3 | 3 | 3 | 3.00 | 特优 |
| 春2茶<br>（5.21~6.10） | 50 | 26.10 | 82.50 | 5.40 | 0 | 3 | 3 | 1.20 | 良 |
| | 300 | 24.60 | 85.50 | 5.30 | 1 | 3 | 3 | 1.80 | 优 |
| | 500 | 23.40 | 87.90 | 5.10 | 1 | 3 | 3 | 1.80 | 优 |
| | 700 | 22.30 | 90.30 | 5.00 | 1 | 3 | 3 | 1.80 | 优 |
| | 900 | 21.10 | 92.00 | 4.90 | 1 | 3 | 3 | 1.80 | 优 |
| | 1100 | 19.90 | 95.00 | 4.80 | 2 | 3 | 3 | 2.40 | 优 |
| 夏茶<br>（7.21–8.10） | 50 | 28.60 | 81.70 | 7.90 | 0 | 3 | 2 | 1.00 | 良 |
| | 300 | 27.00 | 84.70 | 7.60 | 0 | 3 | 2 | 1.00 | 良 |
| | 500 | 25.80 | 87.10 | 7.40 | 0 | 3 | 2 | 1.00 | 良 |
| | 700 | 24.50 | 89.50 | 7.20 | 1 | 3 | 2 | 1.60 | 优 |
| | 900 | 23.20 | 92.00 | 6.90 | 1 | 3 | 2 | 1.60 | 优 |
| | 1100 | 22.00 | 95.00 | 6.70 | 1 | 3 | 2 | 1.60 | 优 |
| 秋茶<br>（8.21~9.10） | 50 | 28.00 | 81.30 | 7.10 | 0 | 3 | 2 | 1.00 | 良 |
| | 300 | 26.30 | 86.80 | 6.80 | 0 | 3 | 2 | 1.00 | 良 |
| | 500 | 24.90 | 91.20 | 6.50 | 1 | 3 | 2 | 1.60 | 优 |
| | 700 | 23.60 | 95.60 | 6.20 | 1 | 3 | 2 | 1.60 | 优 |
| | 900 | 22.20 | 97.00 | 5.90 | 1 | 3 | 3 | 1.80 | 优 |
| | 1100 | 20.90 | 98.00 | 5.70 | 1 | 3 | 3 | 1.80 | 优 |

　　潮州单丛茶的春1茶生长期除平地茶园温度稍高、湿度稍低外，山坡上的温度湿度和日照条件都非常适宜，茶叶品质均为特优等级；春2茶生长期各层高度的气温已比较高，但空气湿度和日照百分率仍然非常符合高品质茶叶的需要，山地茶叶的春2茶品质也属于优等；夏茶和秋茶由于生长期气温较高，日照时数较长，茶叶品质明显降低。各季茶叶鲜叶品质表现为春1茶＞春2茶＞秋茶＞夏茶。同时，各采摘季中高山茶园气象条件均好于平地和低山茶园，这使其茶叶品质优于平地和低山茶叶品质。图6直观显示了茶叶气候品质随采摘季节和茶园高度变化的情况。

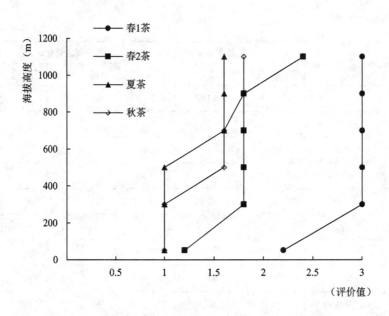

**图 6　各采摘季茶叶气候品质评价指数随海拔高度的变化**

## 4. 结论与讨论

### 4.1 主要结论

（1）潮州单丛茶生长于南亚热带海洋性季风气候区的丘陵山区，区域气候背景加上山区立体气候特征形成了茶树生长的优越自然气候条件。全年光热水资源丰富，冬春无严寒，盛夏无酷暑，高山日照短，云雾多，湿度大，极适合茶树生长[16]。

（2）从茶树生长气候适宜度来看，潮州单丛茶种植地区从平台茶园到高山古茶树分布的山顶热量和降雨条件都完全满足茶树生长需要，尤其在 300~900 m 高度层。但平台地的日照百分率较高，对茶树生长和茶叶品质都会有一定影响；1100 m 以上高度可能出现茶树冻害现象。

（3）从茶叶气候品质来看，潮州单丛茶各季茶叶鲜叶品质表现为，春 1 茶好于春 2 茶、春 2 茶好于秋茶、秋茶好于夏茶。各采摘季中高山茶园气象条件均好于平地和低山茶园，其茶叶品质优于平地和低山茶叶品质。

### 4.2 讨论

（1）本研究在分析气候要素值的垂直变化时只考虑了海拔高度的差异，实际上不同高度处茶园气候条件还受坡向、坡度和局部地形的影响。鉴于采用的是分级方法，气候要素值的细微差异并不影响评价结果。

（2）对作物全生育期分时段根据气象要素三基点指标，分析气候条件的适宜性，再综合得出全生育期的适宜度，以便更准确地评价作物生长气候适宜性[17]。由于缺少当地茶树品种各生长阶段主要气候要素的三基点指标，本文采用了相对简单一些的生长适宜性评价方法。同时，虽然茶叶品质明显受气象条件的影响，但土壤性质和肥力也显著制约着茶叶品质优劣，要更全面准确地评价潮州单丛茶生长与品质的自然禀赋，还需要开展更多针对性的研究工作。

## 参考文献：

［1］黄寿波.我国主要高山名茶产地生态气候的研究［J］.地理科学，1986（2）：125-132.

［2］李倬.茶与气象［M］.北京：气象出版社，2005：103-119.

［3］娄伟平，孙科.浙江茶叶气象［M］.北京：气象出版社，2014：25-40.

［4］李湘阁，闵庆文，余卫东.南京地区茶树生长气候适应性研究［J］.南京气象学院学报，1995（4）：572-577.

［5］罗京义，晏理华，徐大红，等.铜仁地区茶树生长的气候适应性分析及优质绿茶种植区划［J］.茶叶科学，2011，31（2）：136-142.

［6］金志凤，叶建刚，杨再强，等.浙江省茶叶生长的气候适宜性［J］.应用生态学报，2014，25（4）：967-973.

［7］余会康.闽东茶叶气候适宜度变化特征［J］.山地学报，2016，34（4）：415-424.

［8］唐俊贤，王培娟，俄有浩，等.中国大陆茶树种植气候适宜性区划［J］.应用气象学报，2021，32（4）：397-407.

［9］黄梅丽，廖雪萍，罗燕英，等.基于GIS的广西金花茶气候生态适宜性区划［J］.中国农学通报，2014，30（1）：163-168.

［10］谭凯炎，闵庆文，邬定荣.从土壤气候视角解析农业文化遗产地的自然禀赋——以宽城传统板栗栽培系统为例［J］.中国农学通报，2021，37（7）：88-94.

［11］沈国权，陈遵勠，吴崇浩，等.我国亚热带东部丘陵山区农业气候资源垂直分布特征分析［C］//亚热带丘陵山区农业气候资源研究论文集.北京：气象出版社，1988：16-43.

［12］吕从中，鲁渊.热带、亚热带西部丘陵山区水分资源及其合理利用［C］//中国热带、亚热带西部丘陵山区农业气候资源研究.北京：气象出版社，1994：39-61.

［13］王宇.云南山区日照时数的垂直分布［J］.山地研究，1993（1）：1-8.

［14］李军，黄敬峰.基于DEM的山区太阳散射辐射的空间分布模型［J］.科技通报，2006（4）：450-455.

［15］娄伟平.茶树气象灾害风险管理［M］.北京：气象出版社，2021：125-136.

［16］唐颢，唐劲驰，操君喜，等.凤凰单丛茶品质的海拔区间差异分析［J］.中国农学通报，2015，31（34）：143-151.

［17］魏瑞江，王鑫. 气候适宜度国内外研究进展及展望［J］. 地球科学进展，2019，34（6）：584-595.

（作者单位：张小瑞，北京联合大学旅游学院；闵庆文，中国科学院地理科学与资源研究所、中国科学院大学资源与环境学院、北京联合大学旅游学院；谭凯炎，中国气象科学研究院）

# Carbon Footprints of Tea Production in Smallholder Plantations: A Case Study of Fenghuang Dancong Tea in China[*]

Zhounan Yu  Wenjun Jiao  Qingwen Min

**Abstract:** The high fertilizer application in tea planting and the large energy consumption in tea processing have raised concerns about greenhouse gas (GHG) emissions of tea production. China is the world's largest tea producing country, but its tea production is dominated by smallholder farmers. Therefore, when it comes to GHG emission reduction in tea production, specific measures need to be developed for the smallholder mode. The purpose of this study is to reveal the characteristics and influencing factors of GHG emissions of smallholder tea plantations, as well as to develop GHG emission reduction measures suitable for the smallholder mode. Here, we focus on Fenghuang Dancong tea and two types of smallholder tea plantations, the high-altitude tea plantation (HTP[①]) and the mid-low-altitude tea plantation (MLP), in Fenghuang Town, Chaozhou City, China. The carbon footprint (CF) method is employed, which is a widely used method for estimating GHG emissions and expressed in $CO_2$ emission equivalent ($CO_2$-eq). The assessment on the CF of the Fenghuang Dancong tea production and a comparative analysis between the HTP and the MLP have been made. Results show that (1) at the tea planting stage, fertilizer input is the main contributor to the $CF_{planting}$, electricity input is the primary component of the $CF_{processing}$ at the tea processing stage; (2) considering both stages of tea planting and processing, the $CF_{tea}$ of the MLP is more than twice that of the HTP; (3) the production and management measures adopted by tea farmers have a significant impact on the $CF_{tea}$, which are mainly driven by economic interests. In view of these findings, we emphasize the importance of balancing

---

\* This research was published in Ecological Indicators, Volume 158, 2024, and was supported by the Beautiful China Ecological Civilization Construction Science and Technology Project (grant number XDA23100203).

① HTP: the high-altitude tea plantation; MLP: the mid-low-altitude tea plantation; CF: carbon footprint; GHG: greenhouse gas; $CO_2$-eq: $CO_2$ emission equivalent; LCA: life cycle assessment.

GHG emission reduction with economic benefits and propose GHG emission reduction measures such as formulating subsidy policies for organic fertilizers, promoting green and organic product certification, improving the energy input structure and strengthening scientific guidance. We submit that this study will not only help local managers formulate efficient GHG emission reduction measures, but also provide references for other studies on GHG emissions of tea production in the smallholder mode.

**Keywords:** Carbon footprint; Tea production; Smallholder production mode; Greenhouse gas (GHG) emission reduction; Tea plantations; Fenghuang Dancong tea

## 1. Introduction

Since excessive greenhouse gas (GHG) emissions can cause extreme events such as melting ice caps, droughts and floods, reducing GHG emissions has become an inevitable choice for humanity. According to the sixth assessment report of IPCC, global GHG emissions need to peak by 2025 and reduce nearly half by 2030 to avoid extreme climate impacts; otherwise, the world could face disastrous consequences [1]. Therefore, all industries need to take actions to reduce GHG emissions, including agriculture that is a significant industry for achieving global GHG reduction goals. Tea is an important agricultural product worldwide, and the total planting area and yield of tea have been increasing in recent decades [2]. In 2021, the world's tea planting area reached $5.25 \times 10^6$ ha and yielded $2.82 \times 10^7$ tonnes[3]. Although tea production is not an agricultural sector with highly-intensive GHG emissions, the high fertilizer application during the tea planting stage and the large energy consumption during the tea processing stage have raised concerns about GHG emissions in tea production.

Nitrogen fertilizer application can lead to the release of $N_2O$ gas, with a contribution rate of about 80% to the direct emission of $N_2O$ gas from agricultural soil [4]. As tea is a leaf-harvested plant, it requires a large amount of nitrogen inputs. For instance, high amounts of nitrogen have been applied in Japanese green tea plantations with an average of over 800 kg·ha$^{-1}$, with about 11% of the surveyed tea plantations exceeding 2,000 kg·ha$^{-1}$ [5]. The average nitrogen input among Chinese tea plantations is 491 kg·ha$^{-1}$, while in some provinces, the nitrogen input in tea plantations exceeds 700 kg·ha$^{-1}$[6-7]. In contrast, global crop planting systems have an average nitrogen application amount of 81~117 kg·ha$^{-1}$[8], which is significantly lower than that in tea plantations. The processing of tea requires a variety of energy inputs such as electricity, diesel, biomass fuel, and coal. The consumption of energy can directly cause GHG emissions. Studies have shown that in China, the processing of 1 kg dry tea requires an energy consumption of 0.7~11 kWh of electricity [9], leading to an average emission of 3.8 kg $CO_2$-eq [10]. In other countries, energy input during tea processing has also caused large amounts of GHG emissions. In Iran's tea factories, processing 1 kg black tea involves the consumption of 0.50 kWh of electricity, 0.52 $m^3$ of natural gas and 0.16 liters of diesel fuel, resulting in GHG emissions of 1.13 kg $CO_2$-eq [11]. In the Republic of Korea, the energy consumption for processing 1 cup of green tea generates GHG emissions of 0.0065 kg $CO_2$-eq, which is equivalent to 3.03 kg $CO_2$-eq·$kg^{-1}$ green tea[12].

The carbon footprint (CF) method has been commonly used in the assessment of GHG emissions of tea production, which is defined as the total direct and indirect GHG emissions caused by an activity or accumulated within the life cycle of a product, expressed in $CO_2$ emission equivalent ($CO_2$-eq)[13]. Besides, approaches for assessing GHG emissions of tea production also include the experimental method and comprehensive assessment method. The experimental method mainly employs field experiments to quantify GHG emissions from a certain stage. For example, some studies conducted field experiments to calculate $N_2O$ emissions from nitrogen fertilizer input in tea planting[14-15]. The comprehensive assessment method often utilizes models to evaluate other aspects of a certain stage besides GHG emissions. For instance, some studies developed energy flow models to estimate energy efficiency and GHG emissions in tea processing[16-17]. In contrast, the CF method has more advantages, as it is usually applied in a combination with the life cycle assessment (LCA) and considers different kinds of GHG emissions produced in the life cycle of a product, which provides a rounded basis for the identification of emission hotspots across the entire lifecycle and the formulation of policy decisions on GHG emission reduction measures[18]. As a result, the CF method has been widely used in the assessment of the GHG emissions from agricultural production [9, 10, 19-21], not only from tea production.

China is the world's largest tea producing country, with a tea planting area and tea yield accounting for approximately 64.4% and 48.7% of the global total, respectively[10]. Tea production in China is dominated by the smallholder mode, with a tea yield accounting for 60%~85% of the total in China[22]. Therefore, when it comes to the GHG emission reduction in the tea production of China, the smallholder production mode must be taken into consideration. However, smallholder tea plantations and their emissions vary dramatically by tea type, region, and farmer across the country. Even if the same type of tea is produced in the same region, different farmers will adopt different production and management measures, resulting in significant differences in emissions. For example, due to variations in cognition and habits, different tea farmers often apply different amounts of nitrogen fertilizers[23], and the types, structures, and volumes of energy inputs also differ among different tea farmers, which brings individual differences in GHG emissions. As a result, it is not easy to formulate unified GHG emission reduction measures for the smallholder production mode, but requires to conduct research and make policies specific to tea types, regions, and farmers. Current research mainly focuses on the GHG emissions in tea companies[9, 17, 24-25], whereas GHG emissions in the smallholder production mode and their reduction measures have not received much attention.

Fenghuang Dancong tea, a type of oolong tea, has the longest planting history in Fenghuang Town, Chaozhou City, Guangdong Province. There are two types of smallholder tea plantations in Fenghuang Town: the high-altitude tea plantation and the mid-low-altitude tea plantation. Farmers in the two types of tea plantations have adopted different production and management measures, resulting in different GHG emission characteristics. In this study, we chose Fenghuang Town as the study area and employed the LCA-based CF method to evaluate the GHG emissions of tea production in the two types of tea plantations. The results reveal the characteristics of GHG emissions of Fenghuang Dancong tea production and their differences in different tea plantations. We submit that this study will help local managers formulate efficient GHG emission reduction measures and provide references for other studies on GHG emissions of tea production in the smallholder mode.

## 2. Materials and Methods

### 2.1 Study Area

Fenghuang Town, located in the northwestern mountainous region of Chaozhou City, covers an area of 230 km$^2$ with a registered population of 44,421. It belongs to the subtropical oceanic climate, which brings suitable temperatures and abundant rainfall for mountains. The high mountains with frequent fog, combined with acidic red loam and yellow loam, have created an ideal environment for the growth of tea trees and fostered the world-famous tea, Fenghuang Dancong tea. According to the degree of oxidation, tea is divided into six categories: green tea, black tea, dark tea, oolong tea, white tea, and yellow tea. Fenghuang Dancong tea belongs to the oolong tea category, which requires a moderate level of oxidation. The production of Fenghuang Dancong tea in Fenghuang Town is dominated by the smallholder mode. Tea production is the main economic revenue of local farmers, and the tea industry is the pillar of local agriculture.

In the 1980s and 1990s, the brand of Fenghuang Dancong tea gradually formed and developed, which brought a relatively higher economic income for tea production. Driven by economic interests, a large amount of cropland in Fenghuang Town was converted into tea plantations. The tea planting area increased by 200 ha from 1991 to 1992. In 1992, the tea planting area in Fenghuang Town reached 2,373 ha. At the same time, the distribution of tea plantations expanded from the initial high-altitude area (800~1,200 m) to the mid-altitude area (500~800 m) and low-altitude area (below 500 m). Therefore, two types of tea plantations were formed and the locals refer to them as high-altitude tea plantations (HTP) and mid-low-altitude tea plantations (MLP). The tea trees in the HTP have long growth periods, and many of them are old tea trees ranging from 100 to 600 years old. According to the statistics, there were more than 15,000 tea trees over 100 years old and 4,682 tea trees over 200 years old in the HTP in 2022. The tea trees in the HTP grow in a natural state and the average height is about 2 m, while when it comes to the tea trees over 100 years old, the height ranges between 2.5 m and 6 m. The tea trees in the MLP are relatively young, about 10~30 years old, and are pruned into neat shrubs with an average height of about 1 m. With the continuous development of the economy, the tea planting area further expanded in Fenghuang Town. According to the statistics, as of 2022, the tea planting area in Fenghuang Town has reached 4,667 ha, with an annual yield of over $5.00 \times 10^6$ kg.

Studies have found that tea at high altitudes generally has a higher quality than that at low altitudes[11, 26-30]. It is also true for Fenghuang Dancong tea. Due to the different natural conditions of the HTP and MLP, the quality of the HTP tea is better than the MLP tea. The price of tea is closely related to its quality. Thus, in pursuit of economic benefits, farmers adopt different production and management measures in the HTP and the MLP. Generally, tea trees in the MLP are harvested five times a year, namely spring tea, second spring tea, summer tea, autumn tea, and winter tea (Figure 1). Farmers in the MLP usually prune the tea trees and apply high amounts of chemical fertilizers and pesticides to promote the growth of tea trees to meet the demand for multiple harvests. In contrast, farmers in the HTP focus on the maintenance of tea trees and usually harvest only one season of spring tea in a year. They do not prune the tea trees throughout the year and they adopt eco-friendly management measures such as using organic fertilizers (like sheep manure), weeding manually, and using insect traps for pest control. It should be noted that the number of tea harvests is not absolute and varies depending on the number of family labor or the characteristics of tea varieties. In some MLP, for example, the tea is harvested four times a year, and either the second spring tea or the winter tea is skipped. In some HTP, an additional season of winter tea is harvested. Late-ripening tea varieties do not have second spring tea, and early-dormant tea varieties do not have winter tea.

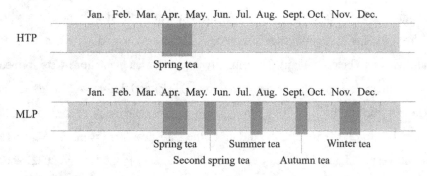

Figure 1　Harvest time of Fenghuang Dancong tea in the study area

After harvesting, the fresh tea leaves need to be processed promptly. In the study area, tea is mainly processed by farmers themselves in their own small family workshops. The processing steps of the two types of tea are basically the same, which are, respectively, withering, cooling, rolling and shaking, oxidation, stir-frying, twisting and drying. Then the first-made dry tea is obtained, and through the secondary processing steps, including sorting and baking, the finished dry tea is finally acquired (Figure 2). The purpose of withering and cooling is to dry the fresh tea leaves; rolling and shaking is used to prepare for the subsequent oxidation step; and twisting is employed to twist the fresh tea leaves into the shape of dry tea. The tea processing steps, except for withering, cooling, and oxidation, all need energy inputs, but the type and amount of energy used vary among different family workshops.

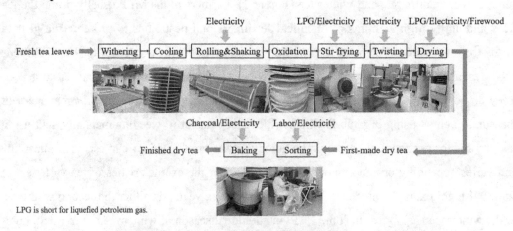

Figure 2　Processing steps of Fenghuang Dancong tea in the study area

## 2.2 CF Accounting Method

### 2.2.1 Accounting Boundary of Carbon Footprint (CF)

We use the CF method based on LCA to calculate the GHG emissions of tea plantations within the life cycle of Fenghuang Dancong tea production in the smallholder mode. The first step is to determine the accounting boundary. The entire life cycle of tea includes five stages, that are respectively planting, processing, transportation and storage, consumption, and disposal[9, 31-32]. The life cycle of Fenghuang Dancong tea production in the smallholder mode mainly involves two stages: planting and processing. Therefore, the accounting boundary is defined from the beginning of the tea tree planting to the completion of the dry tea processing (Figure 3).

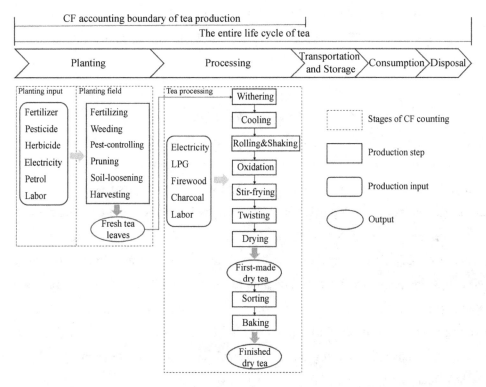

Figure 3   The accounting boundary for CF of Fenghuang Dancong tea production

### 2.2.2 CF of Tea Planting

The carbon footprint of tea planting ($CF_{planting}$) consists of two parts: the carbon footprint of planting input ($CF_{input}$) and the carbon footprint of planting field ($CF_{field}$).

The planting input for Fenghuang Dancong tea mainly includes fertilizers, insecticides, herbicides and energy in the study area. Fertilizers include organic fertilizers and NPK compound fertilizers. Energy inputs include petrol and electricity required by the use of weed trimmers, tea trees pruning machines and motorcycles. At the tea planting stage, farmers in the study area need to employ a lot of labor who consume energy, so the labor factor is also considered in the calculation. The calculation formula of $CF_{input}$ is as follow:

$$CF_{input} = \sum (M_i \times EF_i) \tag{1}$$

In formula (1), $CF_{input}$ represents the carbon footprint of planting input (kg $CO_2$-eq·ha$^{-1}$); $M_i$ is the amount of the planting input $i$ (kg·ha$^{-1}$, kWh·ha$^{-1}$ or d·ha$^{-1}$); $EF_i$ is the emission factor of the planting input $i$ (kg $CO_2$-eq·kg$^{-1}$, kg $CO_2$-eq·kWh$^{-1}$ or kg $CO_2$-eq·d$^{-1}$).

In this study, the $CF_{field}$ only considers the CF caused by $N_2O$ emission, which includes direct $N_2O$ emission caused by fertilizer inputs and indirect $N_2O$ emission caused by soil $NH_3$ volatilization and $NO_3^-$ leaching. In addition, it is believed that the $CO_2$ stored in tea trees will eventually be emitted again, so the carbon sink of tea trees is not included in the calculation. The calculation formula of $CF_{field}$ is as follows:

$$CF_{field}=(CF_{N_2Odirect} + CF_{N_2Oindirect}) \times \frac{44}{28} \times 273 \tag{2}$$

$$CF_{N_2Odirect}=N \times 0.0178 \tag{3}$$

$$CF_{N_2Oindirect}=N (10\% \times 0.01+20\% \times 0.0075) \tag{4}$$

In formula (2), $CF_{field}$ represents the carbon footprint of planting field (kg $CO_2$-eq·ha$^{-1}$); $CF_{N_2Odirect}$ is the direct $N_2O$ emission caused by fertilization (kg $N_2$O-N); $CF_{N_2Oindirect}$ is the indirect $N_2O$ emission (kg $N_2$O-N) caused by $NH_3$ volatilization and $NO_3^-$ leaching; 44/28 is the conversion factors of $N_2$O-N to $N_2O$; 273 is the GWP of $N_2O$ on a 100-yr time frame according to IPCC [33]. In formula (3) and (4), $N$ represents the pure amount of nitrogen in applied NPK compound fertilizers and organic fertilizers (kg N); 0.0178 is the emission factor of $N_2$O-N (kg $N_2$O-N(kg N)$^{-1}$); 10% and 20% are the volatilization rate and leaching rate of soil nitrogen, respectively [34]; 0.01 and 0.0075 are the $N_2$O-N emission factor (kg $N_2$O-N(kg N)$^{-1}$) caused by atmospheric nitrogen deposition and leaching runoff, respectively [35].

The calculation formula of $CF_{planting}$ is as follow:

$$CF_{planting}=CF_{input} + CF_{field} \tag{5}$$

In formula (5), $CF_{planting}$ represents the carbon footprint of tea planting (kg $CO_2$-eq·ha$^{-1}$); $CF_{input}$ represents the carbon footprint of planting input (kg $CO_2$-eq·ha$^{-1}$); $CF_{field}$ represents the carbon footprint of planting field (kg $CO_2$-eq·ha$^{-1}$).

### 2.2.3 CF of Tea Processing

The processing input for Fenghuang Dancong tea mainly include energy and labor. The energy types used in the study area include electricity, liquefied petroleum gas (LPG), firewood and charcoal. The calculation formula of $CF_{processing}$ is as follow:

$$CF_{processing}=\sum(P_i \times EF_i) \times Y \tag{6}$$

In formula (6), $CF_{processing}$ represents the carbon footprint of tea processing (kg $CO_2$-eq·ha$^{-1}$); $P_i$ is the amount of the processing input $i$ (kg·kg$^{-1}$ dry tea, kWh·kg$^{-1}$ dry tea, m$^3$·kg$^{-1}$ dry tea, or

$d \cdot kg^{-1}$ dry tea); $EF_i$ is the emission factor of the processing input $i$ (kg $CO_2$-eq$\cdot kg^{-1}$, kg $CO_2$-eq$\cdot kWh^{-1}$, kg $CO_2$-eq$\cdot m^{-3}$ or kg $CO_2$-eq$\cdot d^{-1}$); $Y$ is the conversion factor of CF per unit quality dry tea to CF per unit area (kg dry tea$\cdot ha^{-1}$).

The measuring unit of the CF at the tea processing stage is usually different from that at the tea planting stage. At the tea planting stage, the CF is usually quantified with the $CO_2$-eq per unit area, while it is usually quantified with the $CO_2$-eq per unit quality dry tea at the tea processing stage. To calculate the total CF of tea production, we use the conversion factor ($Y$) to convert the CF per unit quality dry tea into CF per unit area. Based on the field survey, the average yield of fresh tea leaves in the HTP is 6,000 kg$\cdot ha^{-1}$, while the average yield in the MLP is 13,860 kg$\cdot ha^{-1}$. The input-output ratio of fresh tea leaves to dry tea of Fenghuang Dancong tea is 4 : 1. Therefore, the values of $Y$ for the HTP and the MLP are 1,500 kg dry tea$\cdot ha^{-1}$ and 3,465 kg dry tea$\cdot ha^{-1}$, respectively.

### 2.2.4 CF of Tea Production

The carbon footprint of tea production ($CF_{tea}$) consists of the carbon footprint of tea planting ($CF_{planting}$) and the carbon footprint of tea processing ($CF_{processing}$). The calculation formula is as follow:

$$CF_{tea} = CF_{planting} + CF_{processing} \tag{7}$$

In formula (7), $CF_{tea}$ represents the carbon footprint of tea production (kg $CO_2$-eq$\cdot ha^{-1}$); $CF_{planting}$ represents the carbon footprint of tea planting (kg $CO_2$-eq$\cdot ha^{-1}$); $CF_{processing}$ represents the carbon footprint of tea processing (kg $CO_2$-eq$\cdot ha^{-1}$).

### 2.2.5 CF per Unit Output Value

In order to comprehensively evaluate the economic and ecological benefits, the carbon footprint per unit output value ($CFUOV$) is calculated, and the calculation formula is as follow:

$$CFUOV = CF_{tea} / OV \tag{8}$$

In formula (8), $CFUOV$ represents the carbon footprint per unit output value (kg $CO_2$-eq$\cdot yuan^{-1}$); $CF_{tea}$ represents the carbon footprint of tea production (kg $CO_2$-eq$\cdot ha^{-1}$); $OV$ represents the output value of tea per unit area (yuan$\cdot ha^{-1}$).

### 2.3 Data Collection

We conducted a field survey in Fenghuang Town, Chaozhou City, Guangdong Province from late July to early August 2022. A questionnaire survey and in-depth interviews with farmers were carried out in 4 villages with the HTP (Shitoujiao Village, Lizaiping Village, Zhongxinyan Village and Da'an Village) and 4 villages with the MLP (Peiyinshan Village, Guanmushi Village, Guishantang Village and Xuzhai Village). The questionnaire used a closed structure, mainly covering tea production methods, production inputs and outputs, costs and selling prices. A total of 58 questionnaires were distributed, and all of them were retrieved, of which 56 were valid. Among the valid questionnaires, 34 were from the HTP and 22 were from the MLP.

We use the average of the questionnaire data to represent the input-output and cost-benefit characteristics of the HTP and the MLP. Table 1 shows the average input and output of tea planting in the HTP and the MLP, where the average input data is used as Mi in the formula (1) to calculate the $CF_{input}$. Table 2 shows the average input and output of tea processing of the HTP and the MLP, where the average input data is used as Pi in the formula (6) to calculate the $CF_{processing}$. Table 3 shows the average cost and benefit of tea production in the HTP and the MLP, where the average profit data is used as $OV$ in the formula (8) to calculate the $CFUOV$.

Table 1　Average input and output of tea planting in the HTP and the MLP

| | Item | Unit | HTP | MLP |
|---|---|---|---|---|
| Input | NPK Compound fertilizer | kg · ha$^{-1}$ | 316.43 | 3,172.05 |
| | Organic fertilizer | kg · ha$^{-1}$ | 851.80 | 682.53 |
| | Insecticide | kg · ha$^{-1}$ | 0.14 | 10.96 |
| | Herbicide | kg · ha$^{-1}$ | 0.10 | 8.06 |
| | Electricity | kWh · ha$^{-1}$ | 153.67 | 29.24 |
| | Petrol | kg · ha$^{-1}$ | 112.56 | 366.65 |
| | Labor | d · ha$^{-1}$ | 1,541.01 | 1,716.54 |
| Output | Fresh tea leaf | kg · ha$^{-1}$ | 6,000.00 | 13,860.00 |

Table 2　Average input and output of tea processing of the HTP and the MLP

| | Item | Unit | HTP | MLP |
|---|---|---|---|---|
| Input | Fresh tea leaf | kg | 4 | 4 |
| | Labor | d · kg$^{-1}$ dry tea | 0.29 | 0.12 |
| | Electricity | kWh · kg$^{-1}$ dry tea | 4.79 | 3.12 |
| | LPG | m$^3$ · kg$^{-1}$ dry tea | 0.15 | 0.22 |
| | Firewood | kg · kg$^{-1}$ dry tea | 1.63 | 1.97 |
| | Charcoal | kg · kg$^{-1}$ dry tea | 0.47 | – |
| Output | Dry tea | kg | 1 | 1 |

Table 3　Average cost and benefit of tea production in the HTP and the MLP

| | Item | Unit | HTP | MLP |
|---|---|---|---|---|
| Cost | Labor | yuan · ha$^{-1}$ | 372,233.97 | 168,388.99 |
| | NPK compound fertilizer | yuan · ha$^{-1}$ | 1,886.23 | 17,217.40 |
| | Organic fertilizer | yuan · ha$^{-1}$ | 3,966.58 | 3,805.74 |
| | Insecticide | yuan · ha$^{-1}$ | 91.32 | 3,364.00 |
| | Herbicide | yuan · ha$^{-1}$ | 6.15 | 1,298.31 |
| | Electricity | yuan · ha$^{-1}$ | 5,721.72 | 7,167.86 |
| | LPG | yuan · ha$^{-1}$ | 4,432.22 | 13,121.88 |
| | Petrol | yuan · ha$^{-1}$ | 955.35 | 1,956.19, |
| | Firewood | yuan · ha$^{-1}$ | 2,095.14 | 4,074.94 |
| | Charcoal | yuan · ha$^{-1}$ | 5,681.09 | – |
| | Total | yuan · ha$^{-1}$ | 397,069.77 | 220,395.31 |
| Benefit | Price | yuan · kg$^{-1}$ dry tea | 1,181.50 | 167.54 |
| | Total | yuan · ha$^{-1}$ | 1,772,245.99 | 580,524.84 |
| Profit | | yuan · ha$^{-1}$ | 1,375,176.22 | 360,129.53 |

The emission factors of various inputs in the production of Fenghuang Dancong tea are shown in Table 4. The factors mainly come from relevant research papers and reports. According to the data provided by GDEE, firewood and charcoal belong to biomass fuels. The overall balance of production and consumption of biomass fuels means that the $CO_2$ produced by combustion and the carbon absorbed by photosynthesis during growth basically offset each other, therefore only $CH_4$ and $N_2O$ emissions are reported[12, 21].

Table 4　Emission factors of production inputs of Fenghuang Dancong tea

| Item | Emissions factor | Data source |
|---|---|---|
| Labor | 0.86 kg $CO_2$–eq · d$^{-1}$ | Chen, et al. (2022)[36] |
| LPG | 1.75 kg $CO_2$–eq · m$^{-3}$ | Xu, et al. (2019)[9] |
| Petrol | 0.776 kg $CO_2$–eq · kg$^{-1}$ | Xu, et al. (2019)[9] |
| Electricity (in South China) | 0.739 kg $CO_2$–eq · kWh$^{-1}$ | Xu, et al. (2019)[9] |
| Firewood | 2.7 g $CH_4$ · kg$^{-1}$<br>0.08 g $N_2O$ · kg–1 | GDEE (2020)[34] |
| Charcoal | 10.8 g $CH_4$ · kg$^{-1}$<br>0.32 g $N_2O$ · kg–1 | GDEE (2020)[34] |
| NPK compound fertilizer | 0.958 kg $CO_2$–eq · kg$^{-1}$ | Jiang, et al. (2022)[37] |
| Organic fertilizer | 0.089 kg $CO_2$–eq · kg$^{-1}$ | Jiang, et al. (2022)[37] |
| Insecticide | 16.61 kg $CO_2$–eq · kg$^{-1}$ | Xu, et al. (2019)[38] |
| Herbicide | 10.15 kg $CO_2$–eq · kg$^{-1}$ | Xu, et al. (2019)[38] |

## 3. Results

### 3.1 Analysis of CF of Tea Planting

From Table 1, we can see that there are significant differences in planting inputs between the HTP and the MLP. Organic fertilizers are mainly used in the HTP, while NPK compound fertilizers are the main fertilizer type in the MLP. Farmers in the HTP barely apply pesticides (insecticides and herbicides), whereas those in the MLP apply pesticides regularly, with the insecticide input of 10.96 kg·ha$^{-1}$ and the herbicide input of 8.06 kg·ha$^{-1}$. Moreover, the MLP has more petrol input but less electricity input compared with the HTP. The more petrol input in the MLP results from the use of petrol-powered pruning machines for tea tree pruning, whereas tea trees in the HTP are managed to grow naturally. The less electricity input results from the use of electric-powered weeding machines for manual weed cutting in the HTP, whereas in the MLP, farmers usually use herbicides for weed control.

Using formula (1), the $CF_{input}$ was calculated. According to Table 5, the $CF_{input}$ of the MLP is 5,145.73 kg $CO_2$-eq·ha$^{-1}$, while that of the HTP is 1,908.49 kg $CO_2$-eq·ha$^{-1}$. In the MLP, the CF of the NPK compound fertilizers is the main component of the $CF_{input}$, accounting for 59.1%. In the HTP, the CF of the labor input is the main component of the $CF_{input}$, accounting for 69.4%, followed by the NPK compound fertilizer input 15.9%.

Table 5　The CF of tea planting ($CF_{planting}$) in the HTP and the MLP (kg $CO_2$-eq · ha$^{-1}$)

| | Item | HTP | MLP |
|---|---|---|---|
| $CF_{input}$ | NPK compound fertilizer | 303.14 | 3,038.83 |
| | Organic fertilizer | 75.81 | 60.74 |
| | Insecticide | 2.34 | 182.03 |
| | Herbicide | 1.04 | 81.78 |
| | Electricity | 113.56 | 21.61 |
| | Petrol | 87.34 | 284.52 |
| | Labor | 1,325.26 | 1,476.22 |
| | Total | 1,908.49 | 5,145.73 |
| $CF_{field}$ | $CF_{N_2Odirect}$ | 631.79 | 3,564.30 |
| | $CF_{N_2Oindirect}$ | 88.73 | 500.60 |
| | Total | 720.52 | 4,064.90 |
| $CF_{planting}$ | | 2,629.01 | 9,210.63 |

Using formulas (2), (3) and (4), the $CF_{field}$ was calculated. As shown in Table 5, the $CF_{field}$ of the MLP is 4,064.90 kg $CO_2$-eq·ha$^{-1}$, while that of the HTP is 720.52 kg $CO_2$-eq·ha$^{-1}$, which is only one-fifth of that of the MLP. The direct emission of $N_2O$, caused by fertilizer input, is the main source of the $CF_{field}$, accounting for 87.7% in both the HTP and the MLP.

Using formula (5), the $CF_{planting}$ was calculated. As shown in Table 5, the $CF_{planting}$ of HTP is 2,629.01 kg $CO_2$-eq·ha$^{-1}$, while that of the MLP is 9,210.63 kg $CO_2$-eq·ha$^{-1}$. Since the $CF_{input}$ and $CF_{field}$ of the HTP are both lower than those of the MLP, the $CF_{planting}$ of the HTP is also lower than that of the MLP. In the HTP, the $CF_{field}$ accounts for 27.4% of the $CF_{planting}$, whereas in the MLP, it makes up 44.1% (Figure 4).

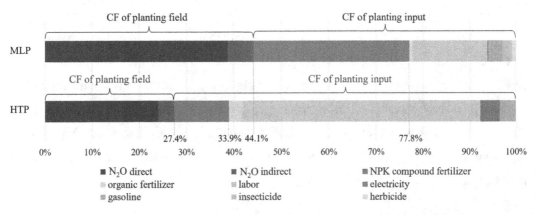

Figure 4    The composition of the $CF_{planting}$ in the HTP and the MLP

### 3.2 Analysis of CF of Tea Processing

As shown in Table 2, the labor input in processing the HTP tea is about 2.4 times that of the MLP tea. The structure of energy inputs during the processing of the two types of tea is similar. Electricity input is the major input of processing both types of tea, but the processing of the MLP tea requires slightly less electricity compared to the processing of the HTP tea, which is 3.12 kWh·kg$^{-1}$ MLP tea and 4.79 kWh·kg$^{-1}$ HTP tea. This difference in electricity consumption is primarily due to the large quantity of tea leaves harvested in a short period in the HTP, which requires the continuous use of air conditioners to maintain freshness. In addition, the processing of the MLP tea, mainly uses machine baking powered by electricity, so there is no input of charcoals.

Using the conversion factor, the $CF_{processing}$ of the HTP and the MLP was obtained. As shown in Table 6, the $CF_{processing}$ of the HTP is 6,495.82 kg $CO_2$-eq·ha$^{-1}$, while that of the MLP is 10,550.43 kg $CO_2$-eq·ha$^{-1}$. The CF of the electricity input in the HTP is 5,309.71 kg $CO_2$-eq·ha$^{-1}$, whereas for the MLP, it stands at 7,976.38 kg $CO_2$-eq·ha$^{-1}$.

Table 6　The CF of tea processing ($CF_{processing}$) in the HTP and the MLP (kg $CO_2$–eq $\cdot$ $ha^{-1}$)

| Item | HTP | MLP |
|---|---|---|
| Labor | 377.32 | 365.04 |
| Electricity | 5,309.71 | 7,976.38 |
| LPG | 381.72 | 1,287.25 |
| Firewood | 331.46 | 921.76 |
| Charcoal | 95.61 | 0.00 |
| $CF_{processing}$ | 6,495.82 | 10,550.43 |

In both the HTP and the MLP, the CF of electricity input serves as the primary component of the $CF_{processing}$, accounting for 81.8% in the HTP and 75.6% in the MLP, respectively (Figure 5). The higher proportion that the CF of electricity input accounts in the HTP is due to the higher absolute value of the electricity input compared with other inputs in the HTP. The contribution of the CF of the labor input to the $CF_{processing}$ is similar of both types of tea plantations, while the proportions of the LPG input and firewood input in the $CF_{processing}$ of the MLP are larger than those of the HTP.

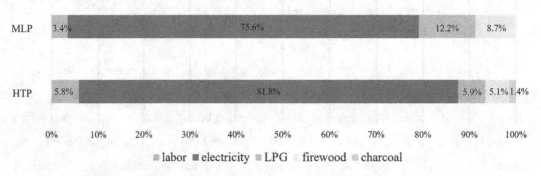

Figure 5　The composition of the $CF_{processing}$ in the HTP and the MLP

### 3.3 Analysis of CF of Tea Production

Using equation (7), we calculated the $CF_{tea}$ and showed the results in Table 7. The $CF_{tea}$ of the HTP and the MLP is 9,124.83 kg $CO_2$-eq$\cdot ha^{-1}$ and 19,761.06 kg $CO_2$-eq$\cdot ha^{-1}$, respectively. The $CF_{tea}$ of the MLP are more than twice of that of the HTP. This means that the tea production in the MLP has a greater environmental impact in terms of GHG emissions compared to the HTP.

Using equation (8), the $CFUOV$ was calculated, which is 0.0066 kg $CO_2$-eq$\cdot yuan^{-1}$ for the HTP and 0.055 kg $CO_2$-eq$\cdot yuan^{-1}$ for the MLP (Table 7). Although the output of the HTP is lower than that of the MLP, due to the much higher selling price of the HTP tea (Table 3), the output value of the HTP is still higher than that of the MLP. Additionally, the $CF_{tea}$ of the

HTP is lower than that of the MLP, resulting in that the *CFUOV* of the MLP is 8.3 times that of the HTP. This indicates that, for the same economic benefits, there will be a much lower GHG emissions of the HTP than the MLP. Therefore, compared with the MLP, the HTP has much better ecological and economic benefits.

Table 7　The CF of tea production (*CF*$_{tea}$) and the CF per unit output value (*CFUOV*)in the HTP and the MLP

| Item | $CF_{planting}$ (kg $CO_2$-eq·ha$^{-1}$) | $CF_{processing}$ (kg $CO_2$-eq·ha$^{-1}$) | $CF_{tea}$ (kg $CO_2$-eq·ha$^{-1}$) | $OV$ (yuan·ha$^{-1}$) | $CFUOV$ (kg $CO_2$-eq·yuan$^{-1}$) |
|---|---|---|---|---|---|
| HTP | 2,629.01 | 6,495.82 | 9,124.83 | 1,375,176.22 | 0.0066 |
| MLP | 9,210.63 | 10,550.43 | 19,761.06 | 360,129.53 | 0.055 |

## 4. Discussion

### 4.1 Adopting Eco-friendly Management Measures to Reduce GHG Emissions in Tea Planting

During the tea planting stage, the GHG emissions in the MLP are 6,581.62 kg $CO_2$-eq·ha$^{-1}$, more than those in the HTP (Table 5). This difference is mainly attributed to the large fertilizer input by farmers in the MLP. As depicted in Figure 5, the CFs of fertilizer input and planting field together contribute to 77.8% of the $CF_{planting}$ in the MLP. Specifically, the CF of fertilizer input in the MLP mainly stems from the application of chemical fertilizers (NPK compound fertilizers), while the CF of organic fertilizer input is almost negligible. The CF of planting field mainly arises from the direct and indirect release of $N_2O$ which closely correlates with the amounts of chemical fertilizers applied [15]. Therefore, it can be concluded that the heavy use of chemical fertilizers is the primary factor of the higher $CF_{planting}$ in the MLP. Furthermore, the CF related to chemical fertilizers in the HTP also occupies a high proportion of the $CF_{planting}$, indicating that the chemical fertilizer application is also the main contributor to GHG emissions from tea planting in the HTP.

Since the HTP tea is of high quality and high selling price, farmers of the HTP have a strong consciousness of ecological conservation in tea planting. In order to ensure tea quality and sustainable growth of tea trees, they mainly use organic fertilizers and almost no chemical fertilizers. As a result, the $CF_{planting}$ of the HTP is comparatively low. In contrast, the selling price of the MLP tea is low. Farmers in the MLP have little concern for ecological conservation and using a lot of chemical fertilizers to achieve high yields for greater income, which brings a high $CF_{planting}$ in the MLP. For the same reason, farmers in the MLP also use high amount of pesticides. Although the CF of pesticides accounts for less than 5% of the $CF_{planting}$ (Figure 5), the high amount of pesticides may have a significant impact on the environment. In contrast, farmers in the HTP mainly adopt eco-friendly management measures, such as cutting weeds manually and setting up sticky boards and insect lamps for physical pest control instead of using pesticides.

Studies have found that eco-friendly management measures, especially the predominant use of organic fertilizers and less use of chemical fertilizers, could lead to less GHG emissions in tea planting. Liang, et al. pointed out that reducing chemical fertilizer input could reduce GHG emissions of tea planting in China from 12,010 kg $CO_2$-eq·ha$^{-1}$ to 5,050 kg $CO_2$-eq·ha$^{-1}$[27]. Similarly, Cichorowski, et al. reported that substituting chemical fertilizers with organic fertilizers could reduce GHG emissions from 9.6 kg $CO_2$-eq·ha$^{-1}$ to 3.3 kg $CO_2$-eq·ha$^{-1}$ of planting Darjeeling tea in India[6]. Thus, reducing the input of chemical fertilizers and using more organic fertilizers could be a good way to reduce the GHG emissions of Fenghuang Dancong tea planting. It could also enhance the quality of Fenghuang Dancong tea, especially in the MLP, leading to higher selling prices and increased profits. Someone may question that the increased use of organic fertilizers may cause the increase in both capital and labor investment. However, the transition to eco-friendly management measures still represents a win-win solution for both economic benefits and environmental sustainability, as the incremental revenue from the improved tea quality may be able to cover the cost increase.

### 4.2 Improving Energy Input Structure to Reduce GHG Emission in Tea Processing

In terms of the $CF_{processing}$, the CF of electricity input is the emission hotspot, accounting for 81.8% and 75.6% of the $CF_{processing}$ in the HTP and the MLP, respectively (Figure 5). Based on the field survey, there are two reasons why electricity consumption is the GHG emission hotspot in the processing stage of Fenghuang Dancong tea. Firstly, electricity is heavily used in tea processing, as electricity is the primary energy source for the tea processing machines. In Fenghuang Town, most machines can be run on electricity, while only a few can use firewood or LPG as substitutes. Secondly, a large amount of electricity is wasted due to the limited processing capacity of small family workshops. For the limited processing capacity, fresh tea leaves harvested from tea plantations cannot be processed immediately. To keep tea leaves fresh, farmers usually keep air conditioners running all day long, resulting in significant electricity consumption. This reason may also explain why the electricity consumption in the MLP is lower than that in the HTP. Given that the tea trees in the MLP are harvested several times a year, the amount of tea leaves harvested for once is not large. So tea leaves of the MLP can be processed in a shorter time, resulting in the less use of air conditioning, which saves electricity.

To reduce GHG emissions in the processing of Fenghuang Dancong tea, the main approach is reducing the GHG emissions related to electricity consumption. Firstly, other cooling methods could be used to reduce the duration of air conditioning use, such as carrying out the processing in a cool basement. Secondly, large-scale processing of tea could be implemented in some steps. For example, some tea farmers of the MLP send first-made dry tea to tea factories for machine baking, which requires less electricity compared with the baking in family workshops. However, the transportation of tea from family workshops to tea factories may bring additional energy consumption and GHG emissions. This will need more in-depth investigation and analysis.

Thirdly, studies have found that increasing the use of biomass fuels is closely related to the reduction in GHG emissions. Liang, et al. proposed substituting coal with biomass as an energy source during tea processing, which may reduce the GHG emissions of tea produced from 10.76 to 4.53 kg dry tea$^{-1[27]}$. Xu, et al. emphasized that the GHG emissions of tea processing using energy input methods involving biomass pellets were only 0.8 kg $CO_2$-eq·kg dry tea$^{-1}$, significantly lower compared to the range of 2.8 to 9.7 kg $CO_2$-eq·kg dry tea$^{-1}$ associated with other methods without biomass pellets. The biomass fuel used in Fenghuang Dancong tea process is firewood. Tea farmers in the HTP usually obtain firewood through purchases, while some tea farmers in the MLP obtain firewood by cutting trees themselves to save costs. Therefore, substituting firewood with biomass pellets made from materials such as straw, cotton pellets or tea seeds could be an option for local people. This approach not only helps to reduce GHG emissions but also protects the environment around the tea plantations by reducing tree cutting. Certainly, more in-depth investigations and analyses will be needed to take economic costs into consideration.

### 4.3 Balancing GHG Emission Reduction with Economic Benefits

Due to significant economic benefits, the tea planting area in China has continuously expanded, increasing from $1.69 \times 10^5$ ha in 1950 to $3.165 \times 10^6$ ha in 2020[39]. The expansion of tea planting area has caused significant adjustments to land use structures in many regions where arable land and forest land have been transformed into tea plantations[22]. The expansion also happened in Fenghuang Town, forming the HTP and the MLP. The tea produced from the MLP is sold at an average price of only 167.54 yuan·kg$^{-1}$ dry tea, while tea produced from the HTP has an average selling price of 1,181.50 yuan·kg$^{-1}$ dry tea, which is 7.1 times that of the MLP (Table 3). Due to the high selling price, the profit of the HTP is also higher than that of the MLP, despite its high production cost (Table 3).

The huge difference in the profit leads to different production and management measures of the HTP and the MLP. Tea farmers in the HTP pay attention to the quality of tea and harvest tea leaves only once a year. In contrast, tea farmers in the MLP harvest multiple times a year to increase the annual yield of tea plantations for more income. The annual yield of the MLP is about 2.3 times that in the HTP. This reduces the gap between the profits of the MLP and the HTP to 3.8 times, despite the 7.1 times difference in the tea selling price. However, in the short term, the high yield of the MLP needs the support of high fertilizer input, which has caused a large amount of GHG emissions. In addition, since tea farmers of the HTP own high-quality tea trees, they have received high attention from the government. Some tea farmers with century-old tea plantations have maintained the long-term cooperation with scientific research institutions, which guide them in fertilizer use and pest control. There are government-installed pest control lights in the HTP. In contrast, less attention has been paid to the MLP so that tea farmers of the MLP generally lack of scientific guidance. As a results, the $CF_{tea}$ in the HTP is higher than that in the MLP.

The high $CF_{tea}$ in the MLP is to a large degree driven by farmers' pursuit of economic benefits, although some choices made by farmers are also restricted by the conditions of the tea plantations themselves. Therefore, when formulating GHG emission reduction measures, we cannot ignore the economic interests of the MLP farmers. The reduction measures that harm the economic benefits of the MLP farmers are not sustainable; in other words, the reduction of GHG emissions from tea production needs to balance economic benefits with ecological protection. This requires the coordination of various forces and corresponding policy support. For instance, the subsidy policies for organic fertilizers should be developed to guide the fertilizer application of MLP farmers. The certification of green or organic products may also be promoted, thus enhancing the quality and price of the MLP tea, as well as the farmers' ecological conservation awareness. The local farmer cooperatives could also play an active role in improving energy input structure of tea processing, such as organizing the machine baking in a unified way. In addition, technical guidance and training should be provided for the MLP farmers, such as guiding the biological control of pests.

### 4.4 Strengths and Limitations

This study utilizes the CF method based on LCA to assess the GHG emissions of Fenghuang Dancong tea production in the smallholder mode. The first strength of this study is that the LCA-based CF method allows us to consider different kinds of GHG emissions from the production of Fenghuang Dancong tea and identify emission hotspots across the planting and processing stages, thus being able to propose a set of targeted measures to reduce the GHG emissions in these hotspots. The second strength of this study is that we conducted a questionnaire survey and in-depth interviews with farmers to get first-hand data for the CF accounting, which allows us to specifically analyze how their production and management measures influence the GHG emissions and propose specific suggestions for them to adjust production and management measures to reduce the GHG emissions.

There are also some limitations in this study. The first limitation relates to the source of emission factors we use. Although we employed emission factors based on the most recent available data, we encountered challenges in accessing the latest and more region-specific emission factor data, which has affected the accuracy of the CF calculations. If the emission factor data is available on the town level and up to date in the future, the precision of our calculation results will be greatly improved. The second limitation may lie in that we employed average data to represent the characteristics of the HTP and the MLP. While this approach is valuable for identifying general attributes of farmers' behavior in the same type of tea plantations, it may not fully account for individual variations among farmers of one type of tea plantation, such as different processing techniques of different farmers. For future studies, to combine the CF-based analysis with an analysis based on individual decision-making units would enable more accurate results.

## 5. Conclusions

In this study, the LCA-based CF method is used to calculate the GHG emissions of Fenghuang Dancong tea production in the smallholder production mode, and a comparative analysis is made between the HTP and the MLP. Results show that: firstly, at the tea planting stage, fertilizer input is the main contributor to the $CF_{planting}$, while at the tea processing stage, electricity input is the primary component of the $CF_{processing}$; secondly, considering the two stages of tea planting and processing, the $CF_{tea}$ of the MLP is more than twice that of the HTP; thirdly, the production and management measures adopted by tea farmers have a significant impact on the $CF_{tea}$, and different choices of the production and management measures are mainly driven by economic interests. In view of these findings, we emphasize the importance of balancing GHG emission reduction with economic benefits and propose GHG emission reduction measures such as formulating subsidy policies for organic fertilizers, promoting green and organic product certification, improving the energy input structure and strengthening scientific guidance. We propose that this study will not only help local managers formulate efficient GHG emission reduction measures for Fenghuang Dancong tea production, but also provide references for studies on GHG emissions of tea production in the smallholder mode.

## References

[1] IPCC. Climate change 2022: mitigation of climate change. contribution of working group III to the sixth assessment report of the intergovernmental panel on climate change [EB/OL]. [2023-04-20]. https://www.ipcc.ch/report/ar6/wg3/.

[2] LIANG L, RIDOUTT B G, WANG L, et al. China's tea industry: net greenhouse gas emissions and mitigation potential[J]. Agriculture, 2021, 11(4): 363.

[3] FAOSTAT, Crops and livestock products[EB/OL]. [2023-04-20]. https://www.fao.org/faostat/en/#data/QCL.

[4] SYAKILA A, KROEZE C. The global nitrous oxide budget revisited [J]. Greenhouse Gas Measurement Management, 2011, 1(1): 17-26.

[5] TOKUDA S I, HAYATSU M. Nitrous oxide flux from a tea field amended with a large amount of nitrogen fertilizer and soil environmental factors controlling the flux[J]. Soil Science & Plant Nutrition, 2004, 50(3):365-374.

[6] NI K, LIAO W, YI X, et al. Fertilization status and reduction potential in tea gardens of China[J]. Journal of Plant Nutrition and Fertilizers, 2019, 25 (3): 421-432.

[7] WANG Y, YAO Z, PAN Z, et al. Tea-planted soils as global hotspots for $N_2O$ emissions from croplands[J]. Environmental Research Letters, 2020, 15(10): 104018.

[8] GERBER J S, CARLSON K M, MAKOWSKI D, et al. Spatially explicit estimates of $N_2O$ emissions from croplands suggest climate mitigation opportunities from improved fertilizer management[J]. Global Change Biology, 2016, 22(10): 3383-3394.

[9] XU Q, HU K, WANG X, et al. Carbon footprint and primary energy demand of organic tea in China using a life cycle assessment approach[J].Journal of Cleaner Production, 2019, 233(10):782-792.

[10] HE M B, ZONG S X, LI Y C, et al. Carbon footprint and carbon neutrality pathway of green tea in China [J]. Advances in Climate Change Research, 2022, 13(3): 443-453.

[11] FARSHAD S F, HAMED K P, MAHMOUD G, et al. Cradle to grave environmental-economic analysis of tea life cycle in Iran[J]. Journal of Cleaner Production, 2018, 196: 953-960.

[12] LIM N, LEE Y, LEE J, et al. Carbon footprint study of Korean green tea industry using the methods of the life cycle assessment and calculating carbon absorption in agricultural land[J]. Advances in Environmental and Engineering Research, 2022, 3(4): 1-22.

[13] PETERS G P. Carbon footprints and embodied carbon at multiple scales[J].Current Opinion in Environmental Sustainability, 2010, 2(4):245-250.

[14] HOU M, OHKAMA-OHTSU N, SUZUKI S, et al. Nitrous oxide emission from tea soil under different fertilizer managements in Japan[J]. Catena, 2015, 135: 304-312.

[15] YAO Z, WEI Y, LIU C, et al. Organically fertilized tea plantation stimulates $N_2O$ emissions and lowers NO fluxes in subtropical China[J]. Biogeosciences Discussions, 2015, 12(14):5915-5928.

[16] PELVAN E, ÖZILGEN Mustafa. Assessment of energy and exergy efficiencies and renewability of black tea, instant tea and ice tea production and waste valorization processes[J]. Sustainable Production & Consumption, 2017:59-77.

[17] TAULO J L, SEBITOSI A B. Material and energy flow analysis of the malawian tea industry[J]. Renewable and Sustainable Energy Reviews, 2016, 56: 1337-1350.

[18] CHEN G, MARASENI T N, YANG Z.Life cycle energy and carbon footprint assessments: agricultural and food products[J]. Taylor & Francis, 2010.

[19] HUANG X, CHEN C, QIAN H, et al. Quantification for carbon footprint of agricultural inputs of grains cultivation in China since 1978[J]. Journal of Cleaner Production, 2016, 142:1629-1637.

[20] CLAVREUL J, BUTNAR I, RUBIO V, et al. Intra- and inter-year variability of agricultural carbon footprints: a case study on field-grown tomatoes[J]. Journal of Cleaner Production, 2017, 158: 156-164.

[21] SAH D, Devakumar A S. The carbon footprint of agricultural crop cultivation in India[J]. Carbon management, 2018, 9(3):213-225.

[22] SU S, WAN C, LI J, et al. Economic benefit and ecological cost of enlarging tea cultivation in subtropical China: characterizing the trade-off for policy implications[J]. Land Use Policy, 2017, 66: 183-195.

[23] HAN W, XU J, WEI K, et al. Estimation of $N_2O$ emission from tea garden soils, their adjacent vegetable garden and forest soils in eastern China[J]. Environmental Earth Sciences, 2013, 70: 2495-2500.

[24] CICHOROWSKI G, JOA B, HOTTENROTH H, et al. Scenario analysis of life cycle greenhouse gas emissions of Darjeeling tea[J]. The International Journal of Life Cycle Assessment, 2015, 20: 426-439.

[25] HU A, CHEN C, HUANG L, et al. Environmental impact and carbon footprint assessment of agricultural products: a case study on Dongshan Tea in Taiwan Province[J]. Energies, 2019, 12(1): 138.

[26] OWUOR P, OBAGA S, OTHIENO C. The effects of altitude on the chemical composition of black tea[J]. Journal of the Science of Food and Agriculture, 1990, 50(1):9-17.

[27] BHATTACHARYA S, SEN-MANDI S.Variation in antioxidant and aroma compounds at different altitude: a study on tea clones of Darjeeling and Assam, India[J]. African Journal of Biochemistry Research, 2011, 5(5):148-159.

[28] MUTHUMANI T, VERMA D P, VENKATESAN S, et al.Influence of altitude of planting on quality of South Indian black teas[J]. International Journal of medical Research & Health Sciences, 2013(1).

[29] JAYASEKERA S, KAUR L, MOLAN A L, et al.Effects of season and plantation on phenolic content of unfermented and fermented Sri Lankan tea[J]. Food Chemistry, 2014, 152(6):546-551.

[30] HAN W, HUANG J, LI X, et al. Altitudinal effects on the quality of green tea in east China: a climate change perspective[J]. European Food Research and Technology, 2017, 243:323-330.

[31] CHEN G, YANG C, LEE S, et al. Catechin content and the degree of its galloylation in oolong tea are inversely correlated with cultivation altitude[J]. Journal of Food & Drug Analysis, 2014, 22(3):303-309.

[32] MUNASINGHE M, DERANIYAGALA Y. DASSANAYAKE N, et al.Economic, social and environmental impacts and overall sustainability of the tea sector in Sri Lanka[J]. Sustainable Production and Consumption, 2017, 12: 155-169.

[33] IPCC. Climate change 2021: the physical science basis. contribution of working group I to the IPCC sixth assessment report[EB/OL]. [2023-04-20].https://www.ipcc.ch/report/ar6/wg1/.

[34] GDEE, City, county (district) level greenhouse gas inventories of Guangdong Province[EB/OL].[2023-04-20]. http://gdee.gd.gov.cn/attachment /0/505/505999/3019513.pdf.

[35] IPCC, 2006. Agriculture, forestry and other land use (chapter 11) [EB/OL]. [2023-04-20]. https://www.ipcc-nggip.iges.or.jp/public/2006gl/vol4.html.

[36] CHEN Y, CHEN X, ZHENG P, et al. Value compensation of net carbon sequestration alleviates the trend of abandoned farmland: a quantification of paddy field system in China based on perspectives of grain security and carbon neutrality[J]. Ecological Indicators, 2022, 138.

[37] JIANG R, XU Q, LI J, et al. Sensitivity and uncertainty analysis of carbon footprint evaluation: a case study of rice-crayfish coculture in China[J]. Chinese Journal of Eco-Agriculture, 2022, 30(10): 1577-1587.

[38] XU C, CHEN Z, JI L, LU J, et al. Carbon and nitrogen footprints of major cereal crop production in China: a study based on farm management surveys[J]. Rice Science, 2022,

29(3): 288-298.

[39] ITC, 2021. Credible, accurate tea statistics[EB/OL]. [2023-04-20]. https://www.
inttea.com.

(Zhounan Yu，Institute of Geographic Sciences and Natural Resources Research, Chinese
Academy of Sciences；University of Chinese Academy of Sciences. Wenjun Jiao, Institute
of Geographic Sciences and Natural Resources Research, Chinese Academy of Sciences.
Qingwen Min, Institute of Geographic Sciences and Natural Resources Research, CAS;
College of Resources and Environment, University of Chinese Academy of Sciences;
Beijing Union University)

# Analysis of Landscape Patterns Changes and Driving Factors of the Guangdong Chao'an Fenghuang Dancong Tea Cultural System in China[*]

Xuan Guo  Qingwen Min

**Abstract:** Guangdong Chao'an Fenghuang Dancong Tea (GCFDT) Cultural System is the second batch of China's Nationally Important Agricultural Heritage Systems (China-NIAHS), identified by the Ministry of Agriculture in 2014 as having rich biodiversity, valuable knowledge of indigenous technology, and unique ecological and cultural landscape. Under the dual background of rapid urbanization and agricultural industry structure transformation, China-NIAHS-GCFDT is facing the reality of structural changes in land use/cover and landscape patterns. Therefore, it is important to systematically portray land use/land cover (LULC) changes in China-NIAHS-GCFDT sites and clarify the spatial pattern differences due to the impact of China-NIAHS-GCFDT recognition on tea garden areas and the tea industry. This study was conducted in Chaozhou City, Guangdong Province, where GCFDT is located, to compare and analyze the LULC characteristics of the core area of the heritage site (Chao'an, Chaozhou) and the control area (Raoping, Chaozhou) before and after recognition. We assessed the spatial variation in tea garden area and the intrinsic driving mechanisms of the change by integrating social factors, such as China-NIAHS-GCFDT recognition, and natural factors, such as elevation, precipitation, and temperature. The results show that: (1) Around 2010, the change in LULC of the core and control areas progressed from slight changes to dramatic

* This research published in Sustainability, Issue 6, 2023, and was funded by Strategic Priority Research Program of the Chinese Academy of Sciences (grant number XDA23100203). The APC was funded by XDA23100203.

changes, mainly shifting from natural to anthropogenic landscapes. The decrease in the
cropland and grassland and the increase in built-up land in the core area were obviously larger
than those in the control area. (2) Before and after GCFDT was recognized as China-NIAHS
in 2014, the changing pattern of tea garden shifts from "basically stable and small growth" to
a trend of "substantial expansion". Specifically, the recognition brought about tea garden area
expansion and tea industry development in the core area, especially Fenghuang. Meanwhile, a
radiating effect extends to the control area, especially the townships adjacent to Fenghuang. (3)
Similar natural climatic conditions of temperature and precipitation in the two regions provide
a basic growing environment for tea trees; however, elevation was the key natural resource
condition affecting the distribution of tea gardens. The elevation conditions of the core area are
more suitable for growth of tea trees compared to the control area.

**Keywords:** China Nationally Important Agricultural Heritage System (China-NIAHS); Land
use and landscape pattern; Tea garden area; DEM; Dynamic change and driving mechanism

## 1. Introduction

The Guangdong Chao'an Fenghuang Dancong Tea (GCFDT) Cultural System is located
in the northern mountains of Chaozhou. It is the second batch of China Nationally Important
Agricultural Heritage Systems (China-NIAHS) identified by the Ministry of Agriculture in
2014, as having rich biodiversity, valuable knowledge of indigenous technology systems, and
unique ecological and cultural landscape [1]. Among them, land use and landscape structure are
not only key carriers for local characteristic agricultural production activities and biodiversity [2],
but also important for maintaining the ecosystem service functions and promoting harmonious
human-land relations. In recent years, the government has adjusted the industrial structure by
changing the land use/cover according to tea tree resources. At the same time, the accelerated
social process and rapid urbanization have promoted the expansion of built-up land, further
bringing about structural changes in land use/cover types. Therefore, systematically portraying
land use/land cover change (LULC) in China-NIAHS-GCFDT sites and clarifying the spatial
pattern differences due to the impact of China-NIAHS-GCFDT recognition on tea garden
area and tea industry are key measures to reveal the development changes of land use and
production style in these sites to protect and preserve them scientifically for future generations.

LULC is one of the most direct results of human activities and climate change on the
Earth's surface [3], profoundly affecting not only land surface energy balance and biodiversity [4-7],
but also having close links to local ecosystem services, food security, and socio-economic
development. In the 1990s, the International Geosphere-Biosphere Programme (IGBP) and the

International Human Dimensions Programme (IHDP) on Global Environmental Change jointly initiated the LULC core research project [8]. Meanwhile, the Food and Agriculture Organization (FAO) of the United Nations launched the Globally Important Agricultural Heritage System (GIAHS) conservation initiative in 2002, proposing land use and landscape structure as one of the core criteria for assessment, and comprehensively characterizing the evolutionary outcomes and change processes of human-land relationships in GIAHS sites. Research on LULC has already received much attention from scholars [9-10]. Currently, related scholars have explored the spatio-temporal patterns, change monitoring, driving mechanisms, and influencing factors of land use at different spatial scales, such as national [11], provincial [12], local [13-15], and urban [16], using various models (Markov-PLUS, LSTM-CA, CLUE-S, etc.) [17-19] and methods (land use transfer matrix, land use dynamic attitude change) [20]. Li assessed the land use dynamics of the China-Mongolia-Russia Economic Corridor from 1992 to 2019 based on remote sensing data and fieldwork to reveal the main drivers affecting land use change with the help of geodetector [21]. Li explored the dominant drivers of the spatio-temporal evolution pattern of urban built-up land in 13 cities in the Beijing-Tianjin-Hebei region from 1985 to 2015 through multiple linear regression, path analysis, and geodetector [22]. Most of these studies focus on the ecologically fragile areas in northern and western China [23, 24], and the important urban clusters along the southeast coast of China, such as Shanghai, Nanjing, Guangzhou, and Shenzhen [25-26], where human-land relations are more tense. The unique China-NIAHS, with complex land use/cover and agricultural landscape, is under the double threat of rapid urbanization and transformation of agricultural industrial structure. Related LULC and landscape structure studies are relatively few, focusing only on areas such as Deqing Traditional Freshwater Pearl Culture and Utilization System [2], Honghe Hani Terrace [27-29], Shexian dryland stone-ridge Terraces [30], and Chongyi Hakka Terraces [31]. Even fewer studies focus on the areas where characteristic industries are rapidly developing, especially those rely on natural resources for development.

China-NIAHS is a natural-social-economic complex ecosystem. Its sustainable production functions and non-production functions, such as ecological conservation and cultural heritage, not only support the multiple needs of local socio-economic and cultural development, but also are important for global human issues such as addressing global climate change and protecting biological and cultural diversity [32]. With the emphasis on China-NIAHS and its own interdisciplinary characteristics, scientists have conducted considerable research on the tourism resource value [33], rural revitalization [34], industrial development paths, aesthetic value, and ecosystem services of agricultural heritage [35] from multiple professional perspectives. Among them, China-NIAHS recognition promotes regional economic growth by improving the brand effect of heritage sites and agricultural products, and then further changes land use and landscape structure to meet the needs of industrial structure adjustment and industrial development, which is one of the hottest topics of agricultural heritage research.

GCFDT is a tea culture system that originated in the Southern Song Dynasty and gradually developed into a locally characteristic industry in the 1970s and 1980s. Agricultural production activities are closely related to the natural resources and environmental conditions [36]. The local tea tree resources endowment and subtropical monsoon climate conditions bring abundant rainfall and high mountain clouds, which provide natural resources and environmental conditions for development of the tea industry. More importantly, GCFDT was recognized as China-NIAHS in 2014, which not only radiates the upgrading of the local tea industry structure and socio-economic progress, but also further affects the local land use/cover and landscape structure. At present, GCFDT has been identified as China-NIAHS for nearly 10 years and is applying for GIAHS on this basis. Therefore, clarifying the impact of GCFDT recognition on LULC and the differences in its spatial characteristics, and quantitatively evaluating the impact of China-NIAHS-GCFDT recognition on local tea garden area changes are essential for a deep understanding of the interaction between heritage site development and land use patterns, as well as future GIAHS recognitions.

This study takes Chaozhou City, Guangdong Province, where China-NIAHS-GCFDT is located, as the study area, and analyzes the LULC characteristics before and after China-NIAHS-GCFDT recognition. The study attempts to elucidate the intrinsic driving mechanisms of the change in tea garden area by integrating social factors such as China-NIAHS-GCFDT recognition and natural factors such as elevation and climate. This study contributes to a quantitative understanding of the impact of China-NIAHS-GCFDT recognition on land use and landscape pattern conservation. While promoting the sustainable development of agricultural heritage, it provides a scientific basis for rational planning of resource utilization and industrial development in agricultural heritage sites.

## 2. Materials and Methods

### 2.1 Study Area

Chaozhou is in the northeast of Guangdong Province. It is adjacent to Zhangzhou, Fujian Province in the east; adjacent to the South China Sea and connected to Shantou in the south; connected to Jiedong of Jieyang in the west; and adjacent to Meizhou in the north. Chaozhou has two districts and one county, namely Chao'an District, Xiangqiao District, and Raoping County. Chao'an is in the west of Chaozhou and has a land area of 1064 km$^2$; Raoping is in the east of Chaozhou and has a land area of 1,694 km². The climate is mild with abundant rainfall, the terrain is high in the north (highest elevation is 1,497.8 m) and low in the south (sea level), and mountains and hills account for 65% of the city's total area, mainly distributed in Raoping and northern Chao'an.

GCFDT has developed the characteristic model of "single plant picking, single plant production, individual sales", adopting the ecological management method of no chemical fertilizer and physical prevention, forming a product-ecology-knowledge-landscape-culture composite tea culture system. According to the differences in the strains and ages of tea, as well as the climate of the origin, the time of tea harvesting and the management of tea trees, the production process of Dancong tea is adjusted accordingly in different regions to ensure the uniqueness of its fragrance. The complex and elaborate processing techniques have resulted in a Dancong tea with good shape, color, aroma, flavor, and rhythm, which can also reflect the characteristics of different species. Dancong tea constitutes the core of Chaoshan tea culture, accumulating the rich beauty of spirit and material, becoming an important lineage of Lingnan culture, and at the same time is an important part of Chinese tea culture. Overall, GCFDT not only maintains the stability of the agricultural system, but also maintains the biodiversity of the local ecosystem, and promotes ecosystem service functions. Additionally, Fenghuang Town is the core protection area of GCFDT system, with a long history of tea industry development and outstanding natural resource conditions.

Chao'an and Raoping have similar socio-economic levels and natural resource environments, such as water and heat conditions, and both of them have tea pillar industry development (Table 1). The biggest difference between the two regions is that one is a recognized agricultural heritage site. Therefore, it is meaningful to compare and analyze the influence of China-NIAHS-GCFDT recognition on the regional landscape structure and tea industry development, taking Chao'an as the core area and Raoping as the control area.

Table 1    Tea industry development in the study area

| Year | Production (tons) | Output Value (CNY Billion) |
|------|------|------|
| 2011 | 9,470 | 3.58 |
| 2012 | 10,691 | 4.21 |
| 2013 | 12,696 | 4.50 |
| 2014 | 13,094 | 12.90 |
| 2015 | 13,883 | 14.39 |
| 2016 | 14,840 | 16.23 |
| 2017 | 15,711 | 17.56 |

continued

| Year | Production (tons) | Output Value (CNY Billion) |
|------|-------------------|----------------------------|
| 2018 | 16,717 | 22.10 |
| 2019 | 18,092 | 42.52 |
| 2020 | 20,667 | 47.98 |

## 2.2 Materials

The datasets used in this study include land use/cover data, local statistical data, and remote sensing data reflecting natural resource characteristics, such as elevation and climate.

Global land cover product, GlobeLand30, in 2000, 2010, and 2020, with 30 m resolution is from http://www.globallandcover.com (accessed on 5 February 2023). The overall accuracy of this dataset is 80.3%, and the overall accuracy within China reaches 82.39% [37-38]. GlobeLand30 includes 10 land cover types, including cropland, forest, grassland, shrub, water bodies, wetland, tundra, artificial surface, bare land, glacier and permanent snow. This data product has been used in many studies on land cover change trends at home and abroad, and the 30 m resolution can meet the needs of urban-scale land use/cover change research. Due to the limited time resolution of GlobeLand30, this study regards 2000–2010 and 2010–2020 as two periods: before and after China-NIAHS-GCFDT recognition (for Section 3.1). The local statistical data refers to the tea garden area data of each town in Chao'an and Raoping from 2011 to 2020, which is derived from the statistical compilation data provided by the local statistical bureau. We regard 2011~2014 and 2015~2020 as the two periods before and after China-NIAHS-GCFDT recognition, respectively (for Section 3.2). Time-series climate data, including annual precipitation and mean annual temperature from 2011 to 2020 were derived from National Earth System Science Data Center, National Science & Technology Infrastructure of China and National Tibetan Plateau/Third Pole Environment Data Center [39-42] (https://data.tpdc.ac.cn/, accessed on 5 February 2023), respectively. They are generated by Delta spatial downscaling scheme based on the global 0.5° climate dataset published by Climatic Research Unit (CRU) and the global high-resolution climate dataset published by WorldClim. The DEM data with a spatial resolution of 90 m used in our research are derived from https://www.resdc.cn/ (accessed on 5 February 2023). This dataset was generated based on the Shuttle Radar Topography Mission (SRTM) data of the U.S. space shuttle Endeavour, which has the advantages of being realistic and freely available and has been used in many applied studies worldwide for environmental analyses.

## 2.3 Methods

### 2.3.1 Land Use Transition Matrix

Land use transfer analysis is a two-dimensional matrix based on the analysis of land cover state for the same region in different time periods. The transfer matrix can be used to obtain the inter-conversion between different land use types in two periods, which describes the land use types and the area of change of different land use types in different years [20]. In this paper, we measured the changes of each land use type in the study area from 2000 to 2010 and from 2010 to 2020. These processes were conducted by ArcGIS 10.2.

### 2.3.2 Trend Analysis

The simple regression model was employed to calculate the interannual variations of tea garden area, temperature, and precipitation. The least-squares method, based on linear regression, was applied to quantify trends of the above variables:

$$Slope = \frac{n \times \sum_{i=1}^{n} i \times X_i - \sum_{i=1}^{n} i \sum_{i=1}^{n} X_i}{n \times \sum_{i=1}^{n} t^2 - (\sum_{i=1}^{n} i)^2}$$

Where the slope is the regression coefficient, representing the trend of a variable. $i$ refers to the number of years, and $X_i$ represents the value of different variables in the $i$-th year. Slope > 0 indicates an upward trend, while Slope < 0 indicates a downward trend.

## 3. Results

### 3.1 Land Use/Cover in the Core Area and Control Area

The main land use types in Chao'an and Raoping are cropland, forest, and built-up land, with grassland, shrub, wetland, and water bodies scattered. Spatially, forest has the largest distribution area, accounting for about 55.18% and 52.23% of the total area in Chao'an and Raoping, respectively. Forest is mainly in the northern part of Chao'an (Fenghuang, Dengtang, Guihu, and Wenci, etc.) and the western part of Raoping (Fubin, Jianrao, and Zhangxi, etc.). The areas of cropland and built-up land are the second and third largest. Specifically, the proportions of cropland in Chao'an and Raoping are 14.28% and 26.75%, respectively, and are mainly distributed in the southern part of Chao'an (Jiangdong, Dongfeng, Longhu, and Fuyang, etc.) and central and southern Raoping (Sanrao, Xinfeng, Lianrao, Fushan, and Gaotang, etc.). The area of built-up land in Chao'an and Raoping account for 20.71% and 6.26%, respectively, and is scattered in various townships, mainly in the central part of Chao'an (Fengxi, Guxiang, Fengtang, and Jinshi, etc.) and the southern and northern parts of Raoping (Raoyang, Sanrao, Huanggang, and Qiandong, etc.).

From 2000 to 2010, the changes in land use/cover of both Chao'an and Raoping were generally insignificant (Figure 1). The area of four land use/cover types in Chao'an increased, among which the area of water body increased the most (7.77%). The area of grassland, cropland, and forest increased by less than 1 km², and the increases were 0.75%, 0.68% and 0.05%, respectively. The area of wetland, built-up land, and shrub decreased, among which the area of wetland decreased most obviously (−85.01%), and the area of built-up land and shrub fluctuated slightly, with a decrease of 0.47% and 1.10%, respectively. Although the trend of LULC in Raoping is similar to that of Chao'an, the degree of area fluctuation is higher than that of Chao'an. The area of water bodies and cropland increased by 6% and 2%, respectively, and forest remains almost unchanged, while the area of wetland, built-up land, grassland, and shrub showed a decreasing trend with −83%、−7%、−2% and −1%, respectively. From 2010 to 2020, the land use/cover of both Chao'an and Raoping changed obviously (Figure 1). Only the area of the built-up land in Chao'an increased (95 km², 74.43% increase), while the area of all other land types showed a decreasing trend, with the largest decreases in wetlands (−64.76%) and cropland (−32.86%), followed by water bodies, shrub, grasslands, and forest. The area of built-up land in Raoping increased by about 52 km² (100%), and the area of water bodies still maintained an increasing trend of 14%. Similarly, the areas of wetland, cropland, shrub, grassland, and forest all showed a decreasing trend, and the degree was smaller than that of Chao'an.

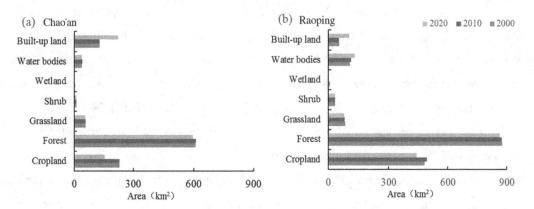

Figure 1   Area of different land use types in Chao'an (a) and Raoping (b)

From the comparison between the core area (Chao'an) and the control area (Raoping): the intensity of LULC in the study area differed obviously between the two periods (i.e., before and after the successful recognition of China-NIAHS-GCFDT), and the LULC in the core area and the control area diverged. In the period of 2000~2010, when the heritage site was in the preparatory stage for China-NIAHS-GCFDT recognition, the core and control areas (that is, Chao'an and Raoping, respectively) experienced slow land use/cover change, and the degree of change was very similar. LULC change was very active in both the core of the heritage site and the control area during 2010~2020. However, these two regions showed different patterns of LULC, with the core area showing a relatively more complex land use transformation. For example, the change ratio of cropland and built-up land in the two regions differs obviously (32.86% decrease in cropland and 74% increase in built-up land in the core area; 10% decrease in cropland and 100% increase in built-up land in the control area), and the conversion rate of cropland in the core area is higher than that in the control area, with the main conversion going to built-up land (87.7% in core area; 51.3% in control area). Although the rate of forest conversion in the core area is similar to that of the control area, the proportion of conversion to grassland and built-up land is higher than that of the control are. That is, during the development and promotion period after the successful recognition of China-NIAHS-GCFDT, the land use/cover of the core area in the heritage site has changed more than that of the control area, mainly in the form of natural landscape transformation to anthropogenic landscape.

## 3.2 The Impact of China–NIAHS–GCFDT Recognition on Tea Garden Area and Its Spatial Difference

In the GCFDT heritage site, in addition to the six primary land use/cover types mentioned above, tea garden, under the forest type, also is the more important secondary land use type with a relatively large area.

The study found that tea gardens in the core (Chao'an) are mainly distributed in the northern townships of the district, such as Fenghuang, Chifeng, Guihu, Wenci, Wanfeng, and Dengtang. As of 2020, the total tea garden area in the core is 50.33 km$^2$, among which, Fenghuang has the largest area (42.92 km$^2$), accounting for about 86% of total tea garden in the core, followed by Guihu (2.62 km$^2$), Chifeng (1.93 km$^2$), and Wenci (1.24 km$^2$). In terms of the proportion of tea garden area to the total area of the township, Fenghuang's tea garden area accounted for nearly 20% of the administrative area, which is much higher than other townships (0.7%~2.2%). From 2011 to 2014, except for Dengtang and Wanfeng, the tea garden area in Fenghuang, Chifeng, Guihu, and Wenci all showed a small expansion trend, increasing from 30.91 km$^2$ to 32.25 km$^2$ (4.3%), 1.68 km$^2$ to 1.73 km$^2$ (3%), 1.07 km$^2$ to 1.31 km$^2$ (22.4%), and 0.88 km$^2$ to 1.21 km$^2$ (37.5%), respectively (Table 2). In comparison, from 2014 to 2020, except for the decrease of tea garden area in Wanfeng (−14.8%), all other townships showed a great increase of tea garden area, and the largest expansion was in Fenghuang (+10.67 km$^2$, 33.1%), followed by Guihu (+1.31 km$^2$, 100%), and Dengtang (+0.64 km$^2$, 123.1%), while Chifeng (+0.20 km$^2$, 11.6%) and Wenci (+0.03 km$^2$, 2.5%) had a smaller increase (Table 2).

Table 2    Tea garden area and its changing situation in the study area

| County | Townships | Tea Garden Area (km²) | | | The Proportion of Tea Garden Area to Administrative Area | Change of Tea Garden Area | |
|---|---|---|---|---|---|---|---|
| | | 2011 | 2014 | 2020 | | 2011–2014 | 2015–2020 |
| Chao'an | Fenghuang | 30.91 | 32.25 | 42.92 | (2020) 18.9% | 4.3% | 33.1% |
| | Chifeng | 1.68 | 1.73 | 1.93 | 2.2% | 3.0% | 11.6% |
| | Guihu | 1.07 | 1.31 | 2.62 | 2.0% | 22.4% | 100.0% |
| | Wenci | 0.88 | 1.21 | 1.24 | 1.7% | 37.5% | 2.5% |
| | Wanfeng | 0.54 | 0.54 | 0.46 | 1.6% | 0.0% | −14.8% |
| | Dengtang | 0.52 | 0.52 | 1.16 | 0.7% | 0.0% | 123.1% |
| Raoping | Fubin | 18.89 | 24.12 | 25.46 | 16.0% | 27.7% | 5.6% |
| | Xintang | 1.63 | 3.6 | 12.6 | 15.8% | 120.9% | 250.0% |
| | Jianrao | 3.08 | 6.0 | 7.75 | 10.6% | 94.8% | 29.2% |
| | Dongshan | 2.22 | 3.04 | 4.56 | 6.1% | 36.9% | 50.0% |
| | Raoyang | 1.17 | 3.46 | 3.92 | 4.6% | 195.7% | 13.3% |
| | Zhangxi | 1.68 | 0.93 | 3.15 | 2.9% | −44.6% | 238.7% |
| | Shangrao | 2.22 | 2.22 | 2.42 | 2.4% | 0.0% | 9.0% |
| | Tangxi | 0.98 | 0.99 | 1.75 | 2.2% | 1.0% | 76.8% |
| | Sanrao | 0 | 0 | 1.68 | 1.1% | 0.0% | 0.0% |
| | Xinfeng | 3.35 | 3.35 | 1.34 | 1.1% | 0.0% | −60.0% |
| | Qiandong | 0.27 | 0.27 | 0.27 | 0.2% | 0.0% | 0.0% |
| | Hanjiang | 0.27 | 0.27 | 0 | 0.0% | 0.0% | −100.0% |
| | Xinxu | 0.04 | 0.04 | 0 | 0.0% | 0.0% | −100.0% |
| | Fushan | 0.02 | 0.06 | 0 | 0.0% | 200% | −100.0% |

The tea gardens in the control area (Raoping) cover about 64.91 km² (in 2020) and are mainly distributed in the inland townships in the west and north of Raoping, such as Fubin, Shangrao, Raoyang, Xinfeng, Jianrao, Xintang, Tangxi, Dongshan, Zhangxi, Qiandong, Sanrao. Among them, the tea garden in Fubin, located in the southeast of Fenghuang (core area), is the largest. In 2020, the tea gardens of Fubin reached 25.46 km², accounting for about 40% of the total tea garden area of the control area, followed by Xintang (12.60 km²), Jianrao (7.75 km²), Dongshan (4.56 km²), and Raoyang (3.92 km²), with other townships having a relatively small scale. It is worth noting that from the proportion of tea garden area to the township total area, development momentum of the tea industry in Fubin and Xintang is similar. Their tea garden area accounted for about 16% of total township area, and Jianrao is slightly lower (10.6%), which is much higher than other townships (0.2%~6.2%). From

2011 to 2014, only Fubin and Xintang in the central part of the control area, and Raoyang and Jianrao in the north showed an expansion trend in tea garden area, increasing by 5.23 km², 1.97 km², 2.29 km², and 2.92 km², respectively. Other townships increased slightly or shrank (Zhangxi: −0.75 km², −44.6%). However, after the China-NIAHS-GCFDT recognition, except for a 60% tea garden decrease in Xinfeng, the tea garden areas in most townships in the control area increased obviously, mainly in the townships around Fenghuang (core heritage area), such as Fubin (1.34 km², +5.6%), Zhangxi (2.22 km², +238.7%), and Xintang (9 km², +250%), and in the northern townships in the control area (Jianrao: 1.75 km², 29.2%; Dongshan: 1.52 km², 50%; and Raoyang: 0.46 km², 13.3%) (Table 2).

From 2010 to 2020, tea garden areas in towns in the study area showed an increasing trend in different ranges, but in each period (before and after China-NIAHS-GCFDT recognition), there was a great difference of each town in the core area and control area. Before the China-NIAHS-GCFDT recognition (2011~2014), the tea garden area of almost all townships in both the core and control areas showed an insignificant increase ($p > 0.05$), and most of the townships of the core area (Fenghuang: 0.42 km²/year, Wenci: 0.1 km²/year, Guihu: 0.07 km²/year, Chifeng: 0.02 km²/year, Dengtang and Wanfeng: <0.001 km²/year) showed a less rapid increase than Raoyang (0.84 km²/year), Jianrao (1.17 km²/year), and Dongshan (0.33 km²/year), which are located in the northeastern part of the control area, as well as Xintang (0.78 km²/year) and Fubin (2.02 km²/year), which are closely adjacent to the core area. It is noteworthy that the tea garden area in Fenghuang and Dengtang in the core area increased significantly after the China-NIAHS-GCFDT recognition (2014~2020) (Fenghuang: 2.27 km²/year, Dengtang 0.12 km²/year), while at the same time, tea garden area in the northern part of the control area and more townships adjacent to Fenghuang also showed a significant increasing trend. The China-NIAHS-GCFDT recognition has effectively promoted the expansion of the tea garden areas and the development of the tea industry in the core area and its adjacent regions in the control area.

### 3.3 Effects of Natural Resource Conditions on Tea Garden Area

Elevation is an important factor affecting the tea quality and development condition of tea industry. In this GCFDT system, the areas with elevation between 600 m and 1200 m are the core distribution areas of tea tree heritage resources. Overall, the elevation across the entire study area showed a pattern of high in the north and low in the south, which basically matches the distribution of tea growing regions.

The elevations of the tea-growing region and the non-tea-growing region in the core area and the control area were further compared (Figure 2). The average elevation of the tea-

growing region was obviously higher than that of the non-tea-growing region, both in the core
area (359 m in tea-growing region; 27 m in non-tea-growing region) and control area (247 m
in tea-growing region; 33 m in non-tea-growing region), implying that elevation was the key
condition affecting the distribution of tea plantations. Additionally, the tea-growing regions
of the core area (359 m) have higher average elevation than that in the control area (247 m).
In detail, among the core area, Wanfeng and Fenghuang have the highest average elevation
(633.4 m and 616.1 m, respectively), followed by Chifeng, Guihu, and Dengtang, and Wenci
has the lowest (197.3 m). Among the control areas, Raoyang、Hanjiang and Shangrao have
the relatively highest average elevation of 428.9 m, 419.4 m and 407 m, respectively. Although
the average elevation of the control area is not as high as that of the core area, the relatively
extensive middle and high elevation areas also provide ideal natural resource conditions for the
growth of local tea trees and the development of the tea industry.

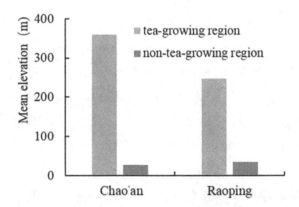

Figure 2   Average elevation of tea–growing regions of the core and control areas

Agricultural production activities are closely related to natural climatic conditions, and
the mean annual temperature (MAT) and annual precipitation (AP) are the key indicators to
quantitatively measure the regional climatic characteristics and hydrothermal conditions. In
recent years, AP and MAT in the study area were about 1500 mm and 21 °C, respectively,
which are suitable for the biological characteristics of tea trees (warm, acid-loving, moisture-
loving, and shade tolerant) (Figure 3). The results showed that AP ($k_{Chao'an}$ = 15.43, $p$ >
0.05; $k_{Raoping}$ = 10.68, $p$ > 0.05) and MAT ($k_{Chao'an}$ = 0.15, $p$ < 0.05; $k_{Raoping}$ = 0.15, $p$ < 0.05)
experienced an increasing trend from 2011 to 2020 in both core and control areas, respectively,
especially MAT increased significantly. However, in terms of comparison between the two
areas, there was no significant difference in climatic condition, implying that natural climatic
factors may not be a key factor driving the difference in tea garden area changes between the
two areas (Figure 3).

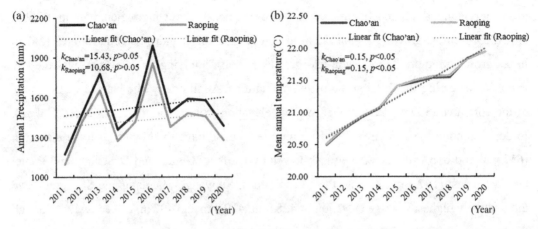

Figure 3　Trends in precipitation (a) and temperature (b) of the study area

## 4. Discussion

Forest, cropland, and built-up land were the main land use/cover types in the study area (including core area and control areas) during past 20 years. Around 2010, that is, before and after the China-NIAHS-GCFDT recognition, the land use/cover status of the core and control areas changed from a slight scale to an obvious trend, mainly showing a shift from natural to anthropogenic landscapes, which is consistent with the findings of Yang [43]. This phenomenon can be explained by the following mechanism: land is a complex of human social production, life, and environmental factors [44], and land use type change is a process of reallocation of limited land resources among various uses [45]. Therefore, in the context of rapid urbanization rate, anthropogenic landscapes, such as built-up land, are bound to experience a great expansion, yet this expansion is more often at the cost of encroaching on natural landscapes (e.g., cropland, unused land, and grassland). At the same time, the core area is more strongly influenced by the development of the tea industry driven by the China-NIAHS-GCFDT recognition compared to the control area, which also makes the land use/cover changes in the core area more prominent (the decrease in cropland, grassland, and shrubs; the increase of built-up land).

Before and after GCFDT was recognized as China-NIAHS (2011-2014 and 2014-2020), the change of tea garden area in core area showed a clear difference, changing from "basically stable and small growth" to a trend of "substantial expansion", especially in Fenghuang. This trend can be well explained by the industry visibility and brand effect brought by China-NIAHS-GCFDT. Local statistics and field research data show that after China-NIAHS-GCFDT recognition (after 2014), the unit price of local tea and the share of tea output value in regional

GDP increased significantly (Table 1), and the clear industrial prospect has further driven the increase of the tea garden area. This means that in the core area of the GCFDT heritage site, the recognition and protection of China-NIAHS-GCFDT and its additional brand effect are important driving factors for the improvement of the local economic level [46], which not only ensures the rapid development of the urbanization process, but also greatly increases the land use area of the natural landscape (tea garden area) with the help of tea industry development. The ecological value of this natural landscape (tea garden area) has, to some extent, offset the ecological pressure brought by the dramatic increase of anthropogenic landscape such as built-up land. This finding is different from the negative correlation between economic growth and natural landscape as traditionally believed, implying that the industry development based on natural resources conservation has great economic and ecological benefits at the same time, especially in the China-NIAHS sites where the preservation of traditional agriculture is the core, the superimposed effect of economic and ecological benefits is more obvious.

Compared with the core area, the tea garden area of most townships in the control area (Xintang, Fubin, Raoyang, Jianrao, and Dongshan) showed a much higher increase rate. After the China-NIAHS-GCFDT recognition, the northern part of the control area and some townships adjacent to Fenghuang also showed a significant expansion. The China-NIAHS-GCFDT recognition not only greatly promotes the industrial development and economic growth of the core area, but also radiates the rapid rise of the specialty of tea industry in the neighboring townships (Xintang, Fubin, Sanrao, etc.). Judging from the ratio of tea garden area to administrative area, Xintang and Fubin have the highest percentage of tea garden area (about 16% of the total area), which was close to the proportion of Fenghuang (20%). Additionally, the existing tea garden areas in these two townships are about 40% and 20% to the total tea garden area in the control area, respectively. The tea industry is developing well and has great potential, which can be regarded as potential China-NIAHS-GCFDT sites.

It is noteworthy that in the core area (Chao'an), only Fenghuang experienced significant increase of tea garden area after the China-NIAHS-GCFDT recognition, while the radiating effect of the recognition of China-NIAHS-GCFDT was relatively insignificant in other tea-growing townships (such as Wenci, Guihu, Chifeng, and Dengtang). Similarly, in the control area, only the townships adjacent to the core area and the northern parts of the control area have a positive trend in tea industry development, while other townships are still in the initial stage. The reasons for this phenomenon may be twofold: (1) The environmental differences caused by different elevation gradients can affect the physiological ecology of tea trees directly or indirectly [47]. It has been proven that as the elevation increases, tea buds sprout later, and in turn, the buds grow slowly and hold tender well. The soluble nitrogenous compounds and soluble sugars in the new shoots increase, which further increase the content of polyphenols, amino acids, and aroma substances, improving the tea quality [47-49]. This further supports the result of our study. Although the average elevation of tea-growing regions are much higher than in non-tea-growing regions, only Fenghuang, Raoyang, Xintang and Shangrao of tea-growing regions have relatively high elevation, which are better able to meet the natural environment requirements for tea tree growth. Other towns are limited by the natural factor of elevation and have inadequate conditions for industrial development. (2) Local tea gardens are classified as low mountain tea (elevation below 500 m), middle mountain tea (elevation between 500 and 800 m), and high mountain tea (elevation above 800 m) according to their altitude [49]. The analysis of soil traits showed that compared with low mountain tea gardens, middle and high mountain tea gardens had suitable soil pH, higher organic matter content, and moderately balanced nitrogen, phosphorus, and potassium content [47]. These factors were positively correlated with elevation, supporting the view that local tea quality generally shows the pattern of high mountain tea > middle mountain tea > low mountain tea [49]. Furthermore, the driving effect of the recognition of China-NIAHS-GCFDT on different qualities of tea is not entirely consistent, but rather varies according to tea quality: the positive feedback driving effect on high mountain tea is relatively more obvious, while the radiating effect on low mountain tea is limited by the elevation conditions. The China-NIAHS-GCFDT recognition provides ideal social conditions for expansion of the natural landscape of tea plantations and tea industry development, while the elevation and meteorological conditions are the basic natural growth environment affecting tea tree growth, and elevation is especially crucial to the distribution pattern of local tea gardens.

## 5. Conclusions

The China-NIAHS system, especially the regions that rely on land and other natural resources to develop characteristic industries, faces the reality of changes in land use/cover and landscape structure under the dual background of rapid urbanization and agricultural industry structure transformation. In response to this problem, this study takes Chaozhou City, Guangdong Province, where China-NIAHS-GCFDT is located, as the research object to explore the impact of China-NIAHS-GCFDT recognition on local land use/cover change characteristics, the spatial variation in the change of core industrial land (tea garden area) and its social and natural drivers. The study is a deepening and development of previous qualitative perceptions of the significance of China-NIAHS and provides ideas for further quantifying the role and value of China-NIAHS.

The study shows that land use/cover conditions of the core and control areas shifted from natural to anthropogenic landscapes around 2010, and this phenomenon is more prominent in the core areas than in the control areas. The China-NIAHS-GCFDT recognition has brought about the tea garden area expansion and tea industry development in the core area. At the same time, this radiating effect tends to extend to the control area, leading to an expansion of tea garden in the control area as well. The similar natural climatic conditions of temperature and precipitation in the two regions provide a basic growing environment for tea trees, but elevation was the key natural resource condition affecting the distribution of tea plantations. The elevation conditions of the core area are more suitable for the growth of tea trees compared to the control area. This study provides basic and quantitative scientific support for elucidating the practical significance of China-NIAHS-GCFDT recognition for land use and landscape pattern conservation, promoting the sustainable use and optimal layout of land resources in heritage sites, and carrying out the selection and identification of China-NIAHS in other regions.

In the future, the time scale of land use/cover data products can be further refined to better match the time of China-NIAHS-GCFDT recognition; at the same time, the spatial scale of the study can be reduced to the township level, especially focusing on the townships with tea industry as the strength, in order to elucidate the social and ecological values of China-NIAHS more comprehensively.

## References

[1] MIN Q. Research priorities, problems and countermeasures of important agricultural heritage systems and their conservation[J]. Chinese Journal of Eco-Agriculture, 2020, 28(9): 1285-1293.

[2] YANG X, JIAO W, MIN Q, et al. The impact of land use change on the structure of agricultural heritage systems: taking Deqing County, Zhejiang Province as an example[J]. Journal of Agricultural Resources and Environment, 2022, 39(5): 885-893.

[3] LAWLER J J, LEWIS D J, NELSON E, et al. Projected land-use change impacts on ecosystem services in the United States[J]. Proceedings of the National Academy of Sciences of the United States of America, 2014, 111(20): 7492.

[4] ALKAMA R, CESCATTI A. Biophysical climate impacts of recent changes in global forest cover[J]. Science, 2016, 351(6273): 600-604.

[5] ZEMENG F, SAIBO L, HAIYAN F. Explicating the mechanisms of land cover change

in the New Eurasian Continental Bridge Economic Corridor region in the 21st century[J]. Journal of Geographical Sciences, 2021, 31(10): 1403-1418.

[6] FOLEY J A, DEFRIESF R, Asner G P, et al. Global consequences of land use[J]. Science, 2005, 309(5734): 570-574.

[7] TURNER B L, LAMBIN E F, REENBERG A. The emergence of land change science for global environmental change and sustainability[J]. Proceedings of the National Academy of Sciences, 2007, 104(52): 20666-20671.

[8] ZHANG Y, CHEN J, CHEN L, et al. Characteristics of land cover change in Siberia based on Globe Land 30, 2000-2010[J]. Progress in Geography, 2015, 34(10): 1324-1333.

[9] DEWAN A M, YAMAGUCHI Y. Land use and land cover change in Greater Dhaka, Bangladesh: using remote sensing to promote sustainable urbanization[J]. Applied Geography, 2009, 29(3): 390-401.

[10] JUNZHI Y, YUNFENG H, LIN Z, et al. Analysis on land-use change and its driving mechanism in Xilingol, China, during 2000-2020 using the google earth engine[J]. Remote Sensing, 2021, 13(24): 5134-5134.

[11] SONG W, DENG X. Land-use/land-cover change and ecosystem service provision in China[J]. Science of the Total Environment, 2017, 576705-576719.

[12] HANDAVU F, CHIRWA W P, SYAMPUNGANI S. Socio-economic factors influencing land-use and land-cover changes in the miombo woodlands of the Copperbelt province in Zambia[J]. Forest Policy and Economics, 2019, 10075-10094.

[13] CHU X L, LU Z, WEI D, et al. Effects of land use/cover change (LUCC) on the spatiotemporal variability of precipitation and temperature in the Songnen Plain, China[J]. Journal of Integrative Agriculture, 2022, 21(1): 235-248.

[14] LINMING L, HAINING T, JINRUI L, et al. Spatial autocorrelation in land use type and ecosystem service value in Hainan Tropical Rain Forest National Park[J]. Ecological Indicators, 2022, 137.

[15] LIU J, JIN T, LIU G, et al. Analysis of land use/cover change from 2000 to 2010 and its driving forces in manas River Basin, Xinjiang[J]. Acta Ecologica Sinica, 2014, 34: 3211-3223.

[16] MING L, YAN Z, FAN L, et al. Spatial Relationship between land use patterns and ecosystem services value—case study of Nanjing[J]. Land, 2022, 11(8): 1168.

[17] ARSANJANI J J, KAINZ W, MOUSIVAND A J. Tracking dynamic land-use change using spatially explicit markov chain based on cellular automata: the case of Tehran[J]. International Journal of Image and Data Fusion, 2011, 2(4): 329-345.

[18] LI Z, LIU M, XUE Z S, et al. Landscape pattern change and simulation in the SanJiang Plain based on the CLUE-S model[J]. The Journal of Applied Ecology, 2018, 29(6): 1805-1812.

[19] YUHU L, MING Z, DAKAI C. Changeable multi-scenarios simulation in regional land use are based on improved CLUE-S model and markov model[J]. Jiangxi Science, 2018.

[20] XINXING X, TINGTING Z, TING C, et al. Land use transition and effects on ecosystem services in water-rich cities under rapid urbanization: A case study of Wuhan city, China[J]. Land, 2022, 11(8): 1153.

[21] LI J, DONG S, LI Y, et al. The pattern and driving factors of land use change in the China-Mongolia-Russia economic corridor[J].Geographical Research, 2021, 40: 3073-3091.

[22] LI J, LIU Y, YANG Y, et al. Spatial-temporal characteristics and driving factors of urban construction land in land use change and its effects on water quality in typical Beijing-Tianjin-Hebei region during 1985-2015[J]. Geographical Research, 2018, 37(1).

[23] JIA K L, LI X Y, WEI H M, et al. Spatial differentiation and risk of land use carbon emissions in county region of Ningxia[J]. Arid Land Geography. 2023, 46(11): 1757-1767.

[24] XIANG S, PANG Y, YANG T X, et al. Land use change and its effects on water quality in typical steppe region of the Inner Mongolia Autonomous Region, China[J]. Journal of Agro-Environment Science, 2022, 41(4): 857-867.

[25] PEI J, WANG L, CHAI Z, et al. Land use/cover change and carbon effect in Shenzhen city based on RS and GIS. Res[J]. Research of Soil and Water Conservation, 2017, 24: 227-233.

[26] GU Y F, XU P L, GAO M C. Analysis of land use and land cover change and driving forces in Nanjing from 1987 to 2017[J]. Geomatics & Spatial Information Technology, 2021, 44(7): 131-133+143.

[27] WEN Y H, YUAN M J, TAO F. Research on information Tupu of land use spatial pattern and its change in Hani Terraced Fields[J]. Scientia Geographica Sinica, 2008, 28(3): 419-424.

[28] WANG C L, XU, D, LIN W. Remote sensing monitoring and land cover change of the world cultural landscape heritage in Honghe Hani Terrace, China[J]. Ecology and Environmental Sciences, 2021, 30(2): 233-241.

[29] ZHANG J, CHEN F, JIAO Y M, et al. Impacts of village land use change on ecosystem services and human well-being under different tourism models in Hani Rice Terrace[J]. Acta Ecologica Sinica, 2020, 40(15): 5179-5189.

[30] YANG R J, LIU Y, MIN Q W, et al. Landscape characteristics and evolution of ag-

ricultural heritage of dryland stone-ridge terraced field in Shexian, Hebei Province[J]. China Agricultural Informatics, 2019, 31(6): 61-73.

[31] YAN D, LAI G, Chen T, et al. Analysis on landscape spatial pattern of Chongyi hakka terraced field system towards the perspective of GIAHS[J]. Jiangxi Science, 2018, 36(6): 970–978.

[32] JIAO W, CUI W, MIN Q, et al. A review of research on agricultural heritage systems and their conservation[J]. Resources Science, 2021, 43: 823-837.

[33] MIN Q, WANG B, SUN Y. Progresses and perspectives of the resource evaluation related to agri-cultural heritage tourism[J]. Journal of Resources and Ecology, 2022, 13(4): 708-719.

[34] LIU M, SU B, MIN Q, et al. The mechanism and approach of agricultural heritage promoting rural revitalization[J]. Research of Agricultural Modernization, 2022, 43(4): 551-558.

[35] SU B, LIU M, LI Z. Extra services of agricultural cultural heritage ecosystem services: a case study on costal bench terrace system in Ruian, Zhejiang Province[J]. Acta Ecologica Sinica, 2023, 43(3): 1016-1027.

[36] ZHOU Y, HUANG H, LIU Y. The spatial distribution characteristics and influencing factors of Chinese villages[J]. Acta Geographica Sinica, 2020, 75: 2206-2223.

[37] CHEN J, CHEN J, Liao A, et al. Global land cover mapping at 30 m resolution: a POK-based operational approach[J]. Isprs Journal of Photogrammetry & Remote Sensing, 2015, 103(5): 7-27.

[38] YANG Y, XIAO P, FENG X, et al. Accuracy assessment of seven global land cover datasets over China[J]. ISPRS Journal of Photogrammetry and Remote Sensing, 2017, 125: 156-173.

[39] DING Y, PENG S. Spatiotemporal trends and attribution of drought across China from 1901-2100[J]. Sustainability, 2020, 12(2): 477.

[40] PENG S, DING Y, LIU W, et al. 1 km monthly temperature and precipitation dataset for China from 1901 to 2017[J]. Earth System Science Data, 2019, 11(4): 1931-1946.

[41] PENG S, DING Y, WEN Z, et al. Spatiotemporal change and trend analysis of potential evapotranspiration over the Loess Plateau of China during 2011-2100[J]. Agricultural and forest meteorology, 2017, 233: 183-194.

[42] PENG S, GANG C, CAO Y, et al. Assessment of climate change trends over the Loess Plateau in China from 1901 to 2100[J]. International Journal of Climatology, 2018, 38(5): 2250-2264.

[43] YANG C, ZHANG S, CHEN W, et al. Spatiotemporal evolution of information entropy of land use structure in Guangdong Province[J]. Research of Soil and Water Conservation, 2021, 6: 251-259.

[44] WANG L. Study on the relationship between the land use type changes and urbanization level: take Nanjing city as an example[J]. Hubei Agricultural Sciences, 2020, 59(14): 189.

[45] SUN J X, HE J, YU G L, et al. Spatial and temporal change of land use in Changqing District of Jinan City based on RS and GIS[J]. Journal of Agricultural Sciences, 2018.

[46] LU J, SUN J. Research on collaborative co-construction of regional brand of agricultural products under rural revitalization strategy: from the perspective of value co-creation[J]. Research on Economics and Management, 2022, 43(4): 96-110.

[47] LIU X, CAO F. An overview of the effect of altitude on the quality and flavor of Fenghuang Dancong tea[J]. Guangdong Tea Industry, 2020 (5): 2-5.

[48] LUO J, JIN L, HAN Y, et al. The research of the relationship between altitude and the quality of tea at Mengshan tea producing areas in Sichuan Province[J]. Journal of Southwest China Normal University(Natural Science Edition), 2009, 34(4): 122-127.

[49] TANG H, TANG J, CAO J, et al. Analysis of quality differences among Fenghuang Dancong tea in different altitude ranges[J]. Chinese Agricultural Science Bulletin, 2015, 31(34): 143-151.

(Xuan Guo，Institute of Geographic Sciences and Natural Resources Research, CAS; College of
Resources and Environment, University of Chinese Academy of Sciences.
Qingwen Min, Institute of Geographic Sciences and Natural Resources Research, CAS;
College of Resources and Environment, University of Chinese Academy of Sciences;
Beijing Union University)

# 遗产地农户生计与经济发展研究

# 潮州凤凰单丛茶农业文化遗产活化利用策略探讨 *

杨振武

[摘 要] 全国农业文化遗产是数千年农耕文明发展过程中留下的宝贵遗产。如何将农业文化遗产引入大众视野、完善文化活化利用措施、激发文化魅力、创造经济价值，是众多农业文化遗产项目所面临的重要问题。潮州凤凰单丛茶农业文化遗产的活化利用，对于传承和弘扬优秀传统文化，促进产业融合发展，具有深远意义。为了深入挖掘凤凰单丛茶文化丰富内涵，结合生态文明建设和乡村振兴背景，分析了潮州凤凰单丛茶农业文化遗产活化利用的现状及存在的问题，提出了生态文明视域下潮州凤凰单丛茶农业文化遗产活化利用的思路及路径。

[关键词] 潮州凤凰单丛茶；农业文化遗产；活化利用；产业生态化；生态产业化

2021 年 3 月公布的《中华人民共和国国民经济和社会发展第十四个五年规划和 2035 年远景目标纲要》指出：“深入实施中华优秀传统文化传承发展工程，强化重要文化和自然遗产、非物质文化遗产系统性保护，推动中华优秀传统文化创造性转化、创新性发展。”活化利用可助力中华优秀传统文化的复兴。对于传统文化的活化利用成为当前的热点研究。

农业文化遗产是产生于历史时期并延续至今仍然发挥重要作用的农业生产系统，农业景观、知识与技术、生物多样性、农耕文化以及遗产地居民构成了完整的农业文化遗产系统。2002 年，联合国粮食及农业组织发起了全球重要农业文化遗产系统的保护计划。2012 年，我国开展了“中国重要农业文化遗产”（National Important Agricultural Heritage System，NIAHS）的发掘工作。2016 年，“农业文化遗产普查与保护”被写入中央一号文件，我国由此开启了农业文化遗产的保护热潮。发掘和保护好我国重要农业

---

* 本文发表于《南方农业》2023 年第 9 期。

文化遗产，对农村环境改善、乡村旅游发展、农业科技开发等方面都有示范性和带动性作用。

关于农业文化遗产的研究，2006年以来，我国核心期刊开始报道农业文化遗产的研究成果，但方等学者运用CiteSpace软件梳理了农业文化遗产研究热点及趋势分析，提出了探索、应用和扩展三个阶段，为农业文化遗产的研究提供了参考[1]。邓淑红等学者从生态经济学视角探讨农业文化遗产资源的生态特征，认为农业文化遗产包括复合型、系统性、多功能性和多重价值[2]。刘某承等学者认为农业文化遗产系统蕴含乡村振兴所需的生物资源、技术资源、生态资源和文化资源，指出了农业文化遗产助力乡村振兴的运行机制与实施路径[3]。何思源等学者认为，农业文化遗产是一个"活的"系统，是与其所处环境长期协同进化和动态适应下形成的，应当尊重其特点，采取动态保护的思路，动态保护途径主要包括旅游开发、生态农产品开发、产业融合发展[4]。焦雯珺等学者指出遗产地必须探索动态保护途径，如生态农产品开发、可持续旅游开发、产业融合发展等，并建立多方参与、生态补偿、文化保护、监测评估等保护机制[5]。

文化遗产的活化利用与经济发展紧密相关。吴必虎指出在对传统村落进行保护的同时，需要恢复传统村落的经济功能、经济生产关系[6]。徐进亮将经济效益纳入建筑遗产活化利用考虑范畴，一定程度上丰富了文化遗产的活化利用方法[7]。农业文化遗产的活化利用离不开生态和产业，农业文化遗产位于农村地区，生态特征是其主要特点，也离不开产业的发展。2018年5月，习近平总书记在全国生态环境保护大会上强调，要加快构建生态文明体系，加快建立健全以生态价值观念为准则的生态文化体系，以产业生态化和生态产业化为主体的生态经济体系。产业生态化和生态产业化的提出，指明了产业和生态的发展方向、发展路径，其目的是系统揭示和重构产业发展与生态环境保护的内在关系，进行生态文明建设，加速美丽中国建设进程和全面富裕社会建设进程[8]。李敏瑞等学者指出，基于生态产业化与产业生态化理念的乡村绿色转型发展正在逐步实践完善，各地正在转变农业生产方式、发展农业循环经济、挖掘自然资源优势、发展地区特色产业等[9]。常谕等学者指出农业文化遗产作为一种典型的"社会－生态"系统，其具有的丰富生态系统服务价值，蕴含着潜在的经济和社会价值[10]。

潮州凤凰单丛茶文化是潮州文化中重要的一部分，与潮州文化紧密结合在一起，广泛流传于潮汕地区，并传播至东南亚华人文化圈。基于生态文明视域，深入挖掘潮州凤凰单丛农业文化遗产中的文化资源，加强农业文化遗产的保护和利用研究，进行活化利用研究，无论对于农村产业振兴、文旅融合、技艺传承，还是对于增强品牌建设、促进茶农增收都是很好的政策抓手，也是加大国际宣传的务实之举，更是落实习近平总书记"把潮州建设得更加美丽"重要指示，加强潮州建设的重要举措。

## 1. 潮州凤凰单丛茶农业文化遗产地简介

潮州凤凰单丛茶文化离不开凤凰单丛茶。凤凰单丛茶是传统名茶，其特异而优良的品质，得到茶叶界及广大群众的好评和赞美。2014 年，广东潮安凤凰单丛茶文化系统成为我国第二批"中国重要农业文化遗产"。该地位于广东省潮州市潮安区凤凰镇，种植面积 0.4 万 hm²。据《潮州府志》，凤凰单丛茶的种植始于南宋末年。该农业文化遗产地现有 200 年树龄以上的古茶树 4 600 多株，分布在海拔 600 m 以上的中高山区域。凤凰单丛茶是珍稀的种质资源，以黄枝香、蜜兰香、芝兰香、玉兰香、桂花香、杏仁香、桃仁香、肉桂香、姜花香、茉莉香十大香型为主。单丛茶的名称来自"单株采摘、单株制作"的模式，茶农通过嫁接技术，进行无性繁殖，保持茶叶品质。潮州凤凰单丛茶文化作为农业文化遗产，具有生态、历史、文化和功能特征，这些特征决定了在进行活化利用的时候要更加注重其文化内涵的挖掘、生态资源禀赋开发，以及与多产业的融合发展。

### 1.1 生态特征

作为中国重要农业文化遗产，广东潮安凤凰单丛茶文化系统具有农业遗产的基本特征——生态性，主要包括植物、森林、山地、河流等资源要素，单丛茶文化中茶叶种植总体上呈现出"森林—茶园—村落—农田—河流—森林"的分布格局。

### 1.2 历史特征

凤凰单丛茶文化具有鲜明的历史特征。凤凰单丛茶是历史名茶，具有极高的文化价值，其起源可追溯到宋代。据传，南宋末代皇帝赵昺逃难至凤凰山时，口渴难耐，一凤凰口衔茶叶予宋帝，宋帝嚼后生津止渴，至此，此地后人广泛栽种，制作凤凰单丛茶。另一说法是，南宋末代皇帝赵昺逃难至凤凰山，畲族山民闻讯，煎茶煮水以迎，所用之茶即为凤凰单丛茶，又称"宋茶"。明代，乌龙茶制作工艺逐渐形成，清代，单丛茶工艺已经形成，闻名国内。据《中国名茶志》记载，清嘉庆十五年，凤凰水仙茶已是全国24 种主要名茶之一。《海阳县志》载："凤凰山有峰曰乌崇，产鸟喙茶，其香能清肺膈。"

### 1.3 文化特征

农业文化遗产是一类特殊的兼具自然遗产、文化遗产及文化景观综合价值的文化遗产。凤凰单丛茶文化是这一农业文化遗产系统内部的农业文化的重要体系，承载着单丛茶农业文化遗产地居民的精神信仰，与发源于凤凰山的畲族文化一脉相承，对当地居民的生活方式形成正面影响。

### 1.4 功能特征

凤凰单丛茶文化系统具有鲜明的经济功能和社会功能。其经济功能表现在，凤凰镇当地居民以种植单丛茶谋生，维持生计，单丛茶是当地的主导产业。其社会功能表现在，当地已经对单丛茶这一农业文化遗产资源进行了深度开发，与旅游业、加工业进行了融合对接，拓展了农业功能，增加就业，拓宽致富门路，带动了当地经济发展，推动了社会和谐进步。

## 2. 潮州凤凰单丛茶农业文化遗产活化利用现状及存在的问题

### 2.1 现状

#### 2.1.1 政府重视，统筹规划配置资源

作为地方的管理者，可以有效对区域内的各种资源进行配置、统筹规划、合理利用，将农业、文化等资源进行整合。（1）在农业文化遗产资料的收集及保护上做了大量工作，早在 2014 年就积极推进单丛茶进入全国重要农业文化遗产系统名录，加以保护。（2）为了将单丛茶优秀的传统文化有效展示，在凤凰镇建立了"潮州凤凰单丛茶博物馆"，融合华侨文化推广单丛茶文化，令当地单丛茶农业文化遗产有了载体及综合展示空间，能够对农业文化遗产加以利用。（3）搭建了各种农业文化遗产与企业、农业文化遗产与景区、农业文化遗产与活动合作的平台。

#### 2.1.2 文化融合，活化利用保护传承

潮州市不断推进单丛茶文化和旅游业、民族文化的融合发展，加强中国重要农业文化遗产地的活化利用，做好保护传承。（1）围绕单丛茶特色产业发展，凤凰镇推动凤凰山茶旅走廊建设，用好农遗文化禀赋，串联人文景观，坚持品牌推广和产业化发展双向发力。（2）发挥侨乡优势，沿着潮汕华侨的历史足迹，将凤凰单丛打造成全球化的农产品品牌。（3）积极挖掘畲族文化与茶文化的结合点，在石古坪村搭建山顶观景台和台阶，通过单丛茶产业的发展激发当地村民的文化自信，将畲族民族文化和茶文化融合起来，积极传承单丛茶文化。

#### 2.1.3 注重宣传，研学教育加以推广

潮州市积极开展各种研学教育，注重宣传，推广凤凰单丛茶文化。（1）举办多项凤凰单丛茶制作技艺非遗传承人选拔活动、单丛茶研学活动等，自潮州凤凰单丛茶博物馆开馆以来，游客络绎不绝，已接待游客超 10 000 人次、研学团队 50 多批次。（2）充分利用中国重要农业文化遗产品牌，发挥良好生态条件和深厚历史文化的资源优势，探索休闲、康养、科普、研学、文化等多种形式的旅游业态，注重品牌推广，积极申报全球重要农业文化遗产。

#### 2.1.4 形成"遗产＋产业＋旅游"的活化利用模式

在凤凰单丛茶文化的活化利用模式中，产业的功能比较突出，可以归结为"遗产＋产业＋旅游"活化利用模式（见图 1）。遗产即单丛茶全国重要农业文化遗产，充分利用广东潮安凤凰单丛茶文化系统这一品牌，进行遗产保护传承，加以活化利用；产业即单丛茶产业，打造凤凰单丛茶品牌；旅游即建设凤凰山茶旅走廊，发展旅游业。潮州凤凰单丛茶文化，依托广东潮安凤凰单丛茶文化系统，包括传统技艺、茶文化、茶产业

等。潮州凤凰单丛茶文化其本身的物质载体已经通过茶产业进行产业化运作，将单丛茶文化推向市场，并发展旅游活动，呈现出良性运作的局面。

图1　潮州凤凰单丛茶文化"遗产＋产业＋旅游"活化利用模式

### 2.2 存在的问题

#### 2.2.1 政策性资金成效不高

在潮州凤凰单丛茶文化的保护及旅游活化利用中，存在最主要的难点还是资金不足的问题，政府的作用主要是统筹规划配置资源，一些建设项目还是需要依靠企业和社会力量。由于政府资金难以面面俱到，帮扶能力非常有限，这会在一定层面上阻碍整体进程，活化利用短期内难见成效。

#### 2.2.2 资源上整合力度不够

在潮州凤凰单丛茶文化的保护及旅游活化利用中，缺乏资源上的整合，尚未形成规模化经营。潮州凤凰单丛茶文化及生态旅游资源十分丰富，但大多是企业各自独立运作发展，势单力薄，或有个别企业自行建立合作。凤凰山茶旅走廊建设也刚起步不久，但资源整合效果甚佳。

#### 2.2.3 产业上发展动力不足

在潮州凤凰单丛茶文化的保护及旅游活化利用中，产业上文化发展动力不足。潮州单丛茶产业快速发展，但是文化作为推动单丛茶产业的推力不足。当地做过多方面尝试和努力，但是效果不甚理想，在文化上难以找到产业突破口。

## 3. 潮州凤凰单丛茶农业文化遗产活化利用的思路与路径

### 3.1 思路

通过对潮州凤凰单丛茶农业文化遗产活化利用现状进行分析，发现潮州凤凰单丛茶文化作为农业文化遗产，具有生态、历史、文化和功能等特征，与生态和产业紧密相关，其发展思路也离不开生态和产业。因此，基于生态、历史、文化和功能等特征，提出产业生态化和生态产业化带动下的潮州凤凰单丛茶文化活化利用思路（见图2）。（1）对于生态和功能特征，要以产业生态化和生态产业化为发展方向，发展生态经济，进行模式创新，实现绿色发展。（2）对于历史和文化特征，一方面要对传统文化部分进行保护传承，加以利用，延续农耕文明；另一方面要推动文化的融合发展，通过技术升级来加强文化宣传推广。

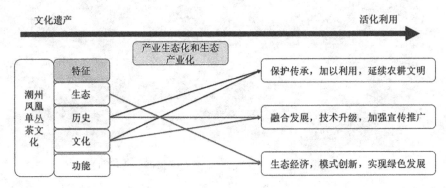

**图2　潮州凤凰单丛茶文化遗产活化利用思路**

## 3.2 路径

结合乡村振兴和生态文明建设两大国家战略，将农业文化遗产中的资源禀赋充分利用起来，进行潮州凤凰单丛茶农业文化遗产活化利用，促进生态产品的价值实现、产业生态化和生态产业化的融合发展，形成以政府为主导，吸引社会力量广泛参与，不断进行创新，探索具有农业文化遗产保护与利用特色的文化活化利用路径。

### 3.2.1 保护传承，活化利用，延续农耕文明

潮州凤凰单丛茶农业文化遗产的活化利用要加强对潮州凤凰单丛茶文化的保护传承，充分认识到农业文化遗产的重要性及其重要意义。（1）认识到凤凰单丛茶文化是农耕文明留下的宝贵财富，必须十分珍惜并倍加保护。（2）将传统农业文化遗产与现代农业、现代技术有机地结合起来，推进智慧茶园的建设，提高单丛茶生产加工技术，保证品质，打造现代农业发展方向。（3）对于单丛茶文化的传统技艺、民俗文化等面临的"不可持续"问题，必须下大决心给予保护，建设博物馆，选拔遗产传承人，开展研学活动等。

### 3.2.2 融合发展，技术升级，加强宣传推广

潮州凤凰单丛茶农业文化遗产的活化利用离不开文化的融合发展。根据凤凰单丛茶农业文化遗产的文化主体、物质载体和特征，可将宣传推广分为以下几种：（1）"遗产+展示空间"，进行凤凰单丛茶文化空间及景观的改造升级，在遗产地建设一些博物馆或展览馆等文化展示空间，突出凤凰单丛茶文化主题和中心，通过空间的修饰、配套文化景观体现和烘托单丛茶文化氛围。（2）"遗产+数字技术"，利用新一代信息技术，采用动态的实景展示、数字化展示和互动展示等，诠释单丛茶文化和给观众以共鸣。（3）"遗产+研学教育"，对单丛茶文化"教"的形式和内容进行升级，使单丛茶文化课程深度化、趣味化、专业化，开展相关的夏令营、亲子游研学活动，在互动中提升学子们对单丛茶文化的认识，实现文化活化利用。

### 3.2.3 生态经济，模式创新，实现绿色发展

潮州凤凰单丛茶农业文化遗产的活化利用离不开生态经济，在发展中必须贯穿绿色化发展理念，充分利用生态资源，发展生态经济，产业发展的同时重视生态环境，进行模式创新，技术革新实现生态化，通过产业生态化和生态产业化解决产业和生态环境同时发展的问题，利用区位优势和资源自然优势，实现绿色发展。（1）注重生态保护，由政府提供生态方面的政策引导和支持，构建奖惩机制，加强对农业文化遗产的保护与利用。（2）加强生态茶园建设，防止过度开发，保护产业产地生态平衡，促进产业和生态之间的和谐发展，进行产业生态化和生态产业化。（3）创新绿色发展模式，颁布产业扶持政策和措施，推动生态产品价值实现，实现可持续发展。

## 参考文献：

［1］但方，王堃霭，但欢，等.农业文化遗产研究热点及趋势分析［J］.世界农业，2022（5）：108-118.

［2］邓淑红，李娜娜，刘龙龙.浅析农业文化遗产资源的保护［J］.辽宁农业科学，2019（6）：49-51.

［3］刘某承，苏伯儒，闵庆文，等.农业文化遗产助力乡村振兴：运行机制与实施路径［J］.农业现代化研究，2022，43（4）：551-558.

［4］He S Y, Li H Y, Min Q W. Is GIAHS an effective instrument to promote agrosystem conservation? a rural community's perceptions［J］. Journal of Resources and Ecology, 2020, 11（1）: 77-86.

［5］焦雯珺，崔文超，闵庆文，等.农业文化遗产及其保护研究综述［J］.资源科学，2021，43（4）：823-837.

［6］吴必虎.基于乡村旅游的传统村落保护与活化［J］.社会科学家，2016（2）：7-9.

［7］徐进亮.基于经济学思维的建筑遗产活化利用的探讨［J］.东南文化，2020（2）：13-20.

［8］谷树忠.产业生态化和生态产业化的理论思考［J］.中国农业资源与区划，2020，41（10）：8-14.

［9］李敏瑞，张昊冉.持续推进基于生态产业化与产业生态化理念的乡村振兴［J］.中国农业资源与区划，2022，43（4）：31-37.

［10］常谕，孙业红，杨海龙，等.农户视角下农业文化遗产地生态产品的旅游价值实现路径——以广东潮州单丛茶文化系统为例［J］.资源科学，2023，45（2）：428-440.

（作者单位：广州商学院）

# 可持续生计视角下茶旅融合研究 *

苏明明　　王梦晗　　孙业红

[摘　要] 作为一种具有深厚社会和文化内涵的农产品，茶叶的生产和消费有很大的潜力与旅游业相结合，以提高社区生计的可持续性。本研究以广东省潮州市凤凰镇凤凰单丛茶为案例地，依托可持续生计框架，采用半结构化访谈法，对茶旅融合发展的基本模式与制约因素进行实证研究。研究结果表明：凤凰镇茶旅融合受到了季节约束的影响，由于现阶段春季采茶季节和旅游季节相重叠，给茶产业发展和旅游参与造成了资源约束；同时，也带来了农户生计资本约束的影响，采茶制茶对于人力资本、物质资本等投入要求很高，大部分茶农因自身人力资本的限制而选择不参与旅游；茶旅融合受到了组织机构及机制政策约束的影响，由于现阶段茶农旅游参与水平较低，旅游方面的联动机制和行业组织尚未形成。

[关键词] 凤凰单丛茶；茶旅融合；社区生计；潮州凤凰镇

## 1. 茶旅融合发展机理

中国有悠久的茶种植及消费历史，茶种类丰富多样。作为一种具有丰富社会文化内涵和健康隐喻的农产品，茶已经成为很多地区人们生活方式的一部分，是展示当地文化的重要载体。因此，茶的生产和消费与旅游业之间具备高度的融合发展潜力。茶旅融合不仅能促进茶种植、生产、销售和旅游运营的参与者的发展，还能惠及当地农业、文化、艺术和手工艺品生产者，其通过满足旅游者在茶产地的多元需求，构建多样的生计机会和生计组合，来提高农村社区的可持续性。

广东潮州凤凰镇的凤凰单丛茶种植历史悠久，文化底蕴深厚，产区生态环境优异。近年来，凤凰单丛茶产业发展迅速，而在茶产业带动下的旅游业也逐渐起步。为进一步促进凤凰镇茶旅融合发展，促进其经济、社会文化及生态环境的可持续发展，本文依托可持续生计框架，从社区生计入手，识别并分析现阶段凤凰镇茶旅融合发展的约束因素

---

* 本文收录于《中国乡村旅游绿皮书》，系"潮州单丛茶文化系统申报全球重要农业文化遗产项目"的阶段性成果。

及其约束机制，并提出促进茶旅融合发展的管理举措及政策建议。

## 2. 可持续生计视角下茶旅融合发展理论框架

旅游活动通常会影响目的地社区的生计系统[1]。可持续生计框架作为最具代表性并被广泛认可的研究框架，能从微观尺度较为系统全面展示和分析多元因素影响下的生计系统不断演变的动态过程，比较不同发展策略对社区的影响[2]，进行生计可持续性评价，并识别提高生计可持续性的潜在策略[3]。

可持续生计框架由五个要素组成：脆弱性背景，生计资本，政策、机构和过程，生计策略和可持续生计结果。在一定的宏观背景和条件下，在相关机构与政策的影响下，生计资本通过不同的生计策略转化为生计结果。而生计结果也对脆弱性背景、机构与政策进行反馈，从而对生计资本的配置利用再次产生影响。随着社会环境的不断变化，生计策略需要不断被调整以实现可持续的生计结果，是个动态的过程。可见，可持续生计框架强调不同要素之间多重互动关系，反映了人们如何利用资本、权利和潜在策略去实现某种生计目标的过程。

茶具有丰富的历史文化内涵，茶产业和旅游业不仅具备全产业链链接的潜力，也有能力将影响拓展到农产品、文化和手工艺等其他行业，形成复合多元的新型生计组合。作为茶农增收和生计多样化的一种手段，茶旅游的发展也对生计资产的调配有了新的要求[4]。如图1所示，茶旅融合发展与社区生计系统相互作用，并对生计可持续性产生影响。多方利益相关者合作和公私伙伴关系对于促进社区向复杂多元的生计组合过渡，

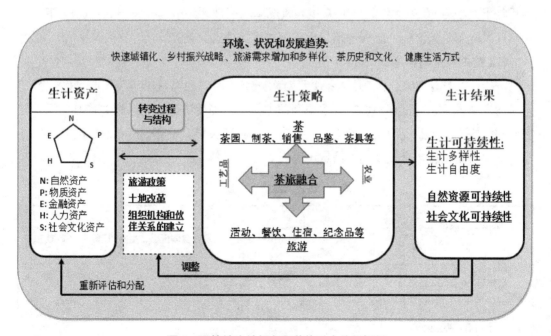

**图 1  可持续生计视角下茶旅融合分析框架**

以及从生计、自然资源和社会文化角度实现可持续成果至关重要。因此，基于可持续生计框架的重要性和相关性，本研究选取社区可持续生计视角，聚焦中国重要农业文化遗产凤凰单丛茶的产地——潮州凤凰镇，探讨茶产业与旅游业融合发展的约束因素和机制研究。

## 3. 研究设计

### 3.1 案例地：广东省潮州市潮安区凤凰镇

潮安区凤凰镇地处广东省潮州市北部片区，背靠南岭，地形以山地为主，约占土地总面积的82%，海拔在300~1498 m，属南亚热带季风气候，多年平均气温20 ℃左右，平均降雨量在2 100 mm，全年气候干湿分明。得益于优越的自然生态条件，凤凰镇产业发展主要以茶产业和旅游服务业为主。据2020年数据统计，全镇工农业总产值为8.15亿元，农业产值6.95亿元，工业产值1.2亿元。其中，茶叶生产是凤凰镇的支柱产业，全镇茶产业种植面积超过7万亩，年产茶叶1000多万斤，曾获"中国乌龙茶之乡""全国十大魅力茶乡"美誉。近年来，凤凰镇大力推进旅游产业发展，成功举办第一届、第二届国际潮州凤凰单丛茶文化旅游节，进一步提升了茶旅文化小镇品牌形象。

凤凰单丛茶出产于凤凰镇，因凤凰山而得名。据《潮州府志》记载，凤凰单丛茶始于南宋末年。凤凰单丛茶属乌龙茶类，采用"单株采摘、单株制茶、单株销售"的生产经营模式，采摘初制工艺是手工或手工与机械生产相结合，其制作过程是晒青、晾青、做青、杀青、揉捻、烘焙6道工序。按照制作工艺，可将其划分为肉桂香、黄枝香、蜜兰香等十大型号80多个品系。2010年，凤凰单丛茶被评为地理标志产品；2014年，广东潮安凤凰单丛茶文化系统入选第二批中国重要农业文化遗产。

### 3.2 数据收集与样本概况

本研究团队于2022年7月26~31日对潮州市凤凰镇的凤凰单丛茶核心产区进行了系统的实地调研，通过多种形式与主要利益主体进行深度访谈，包括相关政府部门、村级管理机构、当地茶业协会、参与旅游及未参与旅游农户、现有旅游业态如酒店及民宿等，全面收集茶旅融合发展相关信息（见表1）。

**表1 访谈人及访谈内容列表**

| 访谈人类型 | 访谈方式 | 访谈内容 |
|---|---|---|
| 潮州市农业农村局 | 多人座谈 | 潮州市单丛茶产业发展整体情况、主要问题、相关政策和规划、主要问题、机遇与挑战 |
| 潮安区凤凰镇农业农村局 | 多人座谈 | 凤凰镇单丛茶产业发展基本情况、产业规模、主要问题、机遇与挑战 |
| 潮州茶业协会会长 | 半结构访谈 | 凤凰镇单丛茶产业发展基本情况、产业规模、主要问题、机遇与挑战；<br>产业协会的成立、功能和效果 |

| 访谈人类型 | | 访谈方式 | 访谈内容 |
|---|---|---|---|
| 凤凰镇凤西村书记 | | 半结构访谈 | 凤西村茶产业发展基本情况、产业规模、主要问题、机遇与挑战；<br>凤西村旅游发展总体情况；农户参与旅游情况、态度和意愿；<br>茶旅融合发展的优势与困难 |
| 凤凰镇凤西村村民 | 1位—参与旅游 | 半结构访谈 | 茶种植和销售情况、收入水平、满意度、未来规划；<br>旅游参与模式、接待和收入水平、满意度及未来规划；<br>茶旅融合发展的优势与困难，展望和建议 |
| | 4位—未参与旅游 | 半结构访谈 | 茶种植和销售情况、收入水平、满意度、未来规划；<br>旅游发展态度、未参与原因及未来参与意愿，展望和建议 |
| 凤凰镇民宿（恺德苑民宿） | | 半结构访谈 | 旅游接待情况；客户群体等 |
| 凤凰镇酒店（维也纳酒店） | | 半结构访谈 | 旅游接待情况；客户群体等 |

## 4. 可持续生计视角下凤凰镇茶旅融合分析

### 4.1 凤凰镇茶产业发展概况

潮州市茶叶种植面积稳步增长，茶园分布在 35 个镇（场），万亩以上茶叶主产区有两个镇（凤凰镇、浮滨镇），5000 亩以上茶叶产区有两个镇（新塘镇、建饶镇）。其中，投产茶园面积约占茶园总面积的 85%；山地茶园面积占茶园总面积的 72%，旱地茶园占茶园总面积的 9.6%，水田改茶园占茶园总面积的 18.4%。全市茶树良种率达 96%，以本市优质茶树品种"凤凰单丛"和"岭头单丛"为主体，这两个品种的种植面积占茶园总面积的 93.9%，其他优质品种凤凰水仙和石古坪乌龙的种植面积，占茶园总种植面积的 6.1%。如图 2 所示，全市茶叶产量逐年增加，至 2021 年，全市茶叶种植面积 22.5 万亩，同比增长 24.4%；毛茶产量 2.67 万吨，同比增长 18.7%。茶叶产值大幅提升，初制茶产值超过 64 亿元，同比增长 23.1%。茶农人均涉茶收入达 2.8 万元以上。

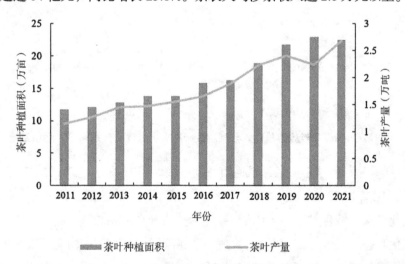

**图 2　潮州市 2011~2021 年茶叶种植面积与茶叶产量（数据来源：潮州市统计年鉴）**

凤凰镇茶产业蓬勃发展。全镇茶园种植面积约7万亩，年产茶叶1000多万斤，年产值10亿元以上，年出口额7700万元。其中国家无公害茶叶生产基地8000亩，十大香型品牌畅销世界30多个国家和地区。全镇现有茶叶企业80多家，较大规模的茶企有2家，茶叶专业合作社50多个，QS认证企业8家，注册商标35个，6000多家茶叶销售门市遍布全国各地。目前以南馥茶业、天下茶业、千庭茶业等9家龙头企业为实施主体，推进凤凰镇单丛茶升级现代农业产业园建设，企业租用农户林地规范种植茶树，已开展茶树培植、茶叶制作等培训16场次，提高茶农年收入，形成了产供销一体化的集群优势。据2020年统计数据，凤凰镇95%的人口从事茶产业，茶农人均可支配收入达2万元。

### 4.2 凤凰镇旅游产业发展概况

潮州市旅游业起步于20世纪90年代，先后经历了"自发成长、规范管理、改革升级、全域旅游"四大阶段。2017年，潮州市入选第二批"广东省全域旅游示范区"创建单位名单。根据潮州市2008~2020年旅游总收入与旅游接待总人次统计（见图3），2019年游客接待总人次高达2629.47万人次，旅游总收入高达398.25亿元；受新冠疫情影响，潮州市旅游业发展受阻，2020年的总游客接待人次降低为1607.34万人次，旅游总收入为199.93亿元。潮州市旅游业客源市场主要集中在广东省内，占61.08%；其次为福建、江西、四川、贵州、浙江等邻近的省份，潮州市旅游在全国范围内的知名度和影响力尚有待提高。

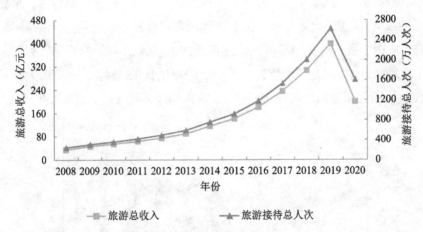

**图3 潮州市2008~2020年旅游总收入与旅游接待总人次统计（数据来源：潮州市统计年鉴）**

作为凤凰单丛茶的核心产区，凤凰镇还拥有峻峭的凤凰山和多彩的畲族文化，先后被评为"广东省茶旅特色小镇""广东省旅游风情小镇"等殊荣。其中，东兴村被评为"广东省文化和旅游特色村"，叫水坑村被评为"全国乡村旅游重点村"，棋盘村被评为"潮州市文化和旅游特色村"，凤西村大庵古茶树茶园被评为"中国美丽茶园（2019）"。

凤凰镇依托AAA级景区兴石湖休闲避暑山庄、天池景区和凤翔峡原生态旅游景区，带动周边村落文旅路线打造，全镇年均接待游客约 185 万人次，民宿、酒店年均入住约 9 万人次。2021 年，凤凰镇完成了潮州凤凰单丛茶博物馆、恺德苑民宿、棋盘樱花茶园观光栈道等新型旅游资源及基础设施的建设，持续带动全镇旅游产业发展。

### 4.3 凤凰镇社区旅游参与水平、意愿及态度

凤西村位于凤凰山中高段，海拔 1000 m 左右，是凤凰单丛茶高山茶的核心产区，含七星案、大庵、丹湖、赤高桥、中坪、乌崇脚、大坪、深垭、垭后等 11 个自然村，共 209 户，988 人。基于凤西村村委会和农户访谈及实地调研结果，研究团队发现，现阶段凤凰镇茶农参与旅游的水平整体较低。大部分农户目前仍以茶业种植和生产为主，整体户均茶业收入水平较高。村里以老年人日常打理茶园为主，在镇上工作的青壮年会在采茶季节（春季）回村帮忙，同时也会大量雇用季节性采茶工。

未参与旅游发展的农户均对旅游发展表示了支持，但表示由于茶产业季节性较强，采茶旺季劳动力需求很高，每年均需雇用超过家庭人口数倍的季节性采茶工，而游客最多的时候也是春季采茶的季节。实地调研也发现，尽管采茶旺季持续一个月左右，但占用了茶农大量的人力和物质资本。茶农房屋均有 4~6 间闲置房屋，可打理成类似普通宾馆标间的临时住处，作为采茶工一月有余的临时住所。尽管具备闲置的房屋资源可用于旅游住宿的供给，但由于住宿建设的原有目的是作为采茶工的临时住所，住宿的设施条件一般，且服务水平尚不专业，因此，这些住宿资源在茶业淡季也未能用于旅游服务。因此，现阶段，大部分茶农并没有参与旅游发展。如凤西村一中年男性村民提出，"每年采茶季节，这条路都排满了车，都是来看采茶的游客……我们房子里的空余房间是给采茶工用的，一般采茶季节都住满了，都忙不过来……想参与啊（旅游），但是没有人手也没有精力。平时，像现在这个时候（7~8 月，农闲季节），游客也很少。"

尽管茶收入整体处于较高的水平，且伴随凤凰单丛茶的需求增加而逐年上涨，但囿于茶园总面积，茶产业的增长空间有限。个别农户参与旅游主要依据个人意愿自主行动，现阶段还没有相应的政策及措施支持。农户旅游参与以扩建装修个人住房，提供专业的旅游住宿和餐饮服务为主。旅游发展被参与旅游的农户认为是新的发展契机和收入增长点。如凤西茶舍经营户提出，"我就这么多茶园，每年的收入也差不多就那么多。经营这个民宿能带来额外的收入，2020 年开始经营以来收入还不错，未来旅游发展一定会更好。"

由此可见，和以往乡村旅游的住宿资源共享的案例不同，农户的物质资本（住房）由于需要服务于茶产业所需的大量临时工人住宿，一定程度上阻碍了这部分住宿资源作为旅游住宿的再利用。而当前旅游季节和采茶季节的重合，对于人力资源和物质资源有限的当地农户而言，也增加了茶和旅游兼业的难度，一方面农户未能有效参与旅游发展，从而获得更多的收益；另一方面游客的旅游需求也未能得到有效的响应。

### 4.4 依托可持续生计框架的茶旅融合制约因素分析

基于实地调查和访谈数据，研究认为凤凰镇茶旅融合尚处于初级阶段。如图4所示，目前小部分农户利用自身的生计资产优势，从餐饮住宿入手，自主参与旅游发展，并获得了较好的参与效果。然而，由于茶旅季节重合给生计资产调配带来压力，由于农户物质资产和人力资产的约束，及旅游相关的组织和协调机构和政策等的缺乏，大部分农户尽管有旅游参与意愿，尚不具备参与条件。

基于上述研究结果，研究识别出凤凰镇茶旅融合发展的主要约束因素包括季节性约束，农户生计资本约束（物质资本及人力资本），组织机构及机制政策约束三个方面。

第一，季节性约束。由于现阶段春季采茶季节和旅游季节相重叠，为凤凰镇协调镇级资源支持旅游和茶产业发展，及各农户调配生计资本以应对茶产业发展和旅游参与带来的约束。季节重合也带来道路、餐饮住宿等资源的过度利用，不利于茶产业和旅游产业的发展。

第二，农户生计资本约束。凤凰镇茶产业蓬勃发展为茶农带来较高的家庭收入，使得大部分茶农具备较高的金融、物质和自然资本，且凤凰单丛茶悠久的种植历史及附加的文化价值为茶业社区赋予了较高的社会文化资本。但由于采茶制茶具有高度季节性，且对于人力资本投入要求很高，茶农在采茶季节需要雇佣大量采茶工参与农业生产。因此，在采茶季节和旅游季节重合的情况下，大部分茶农受自身人力资本的限制而选择不参与旅游。

除了人力资本数量方面的约束，人力资本的质量方面也存在约束，访谈显示出茶农对于旅游参与知识和技能的缺乏，在参与旅游应提供哪些服务和服务水准方面尚缺乏较清晰的认知，这都对旅游服务质量产生了约束。小部分农户通过自己的旅游经营实践摸索获得能力提升，如受访的民宿经营户提到，"我是找人专门设计了民宿的装修和布置。山上的其他民宿都是自己搞的，没有我这个符合游客的要求……我们这两年也在摸索着给游客提供更好的餐饮，尝试养土鸡。"

除了人力资本约束，在物质资本方面，尤其是茶农需要在采茶季节为采茶工提供临时住宿，房间依据采茶工的基本生活需求进行了简单改造。其住宿的品质和游客需求差距较大，且没有相应的服务提供。因此，茶农在利用闲置住房参与旅游住宿供给时受到较大的约束。

第三，组织机构及机制政策约束。凤凰镇茶产业发展历史悠久且规模较大，茶产业的组织机构和支持政策较为完备，不仅有茶业协会和茶农协会两个行业组织为茶农提供技术培训和产销联动，潮州市和凤凰镇也出台了相应政策促进茶产业可持续发展。现阶段凤凰镇旅游发展才刚刚起步，2018年编制的《潮州凤凰镇茶旅小镇发展建设规划》推进了旅游的发展。然而，现阶段茶农旅游参与水平较低，旅游方面的联动机制和行业组织尚未形成，能够提升农户能力、协助农户突破约束因素的相关机制及政策仍较为缺乏。

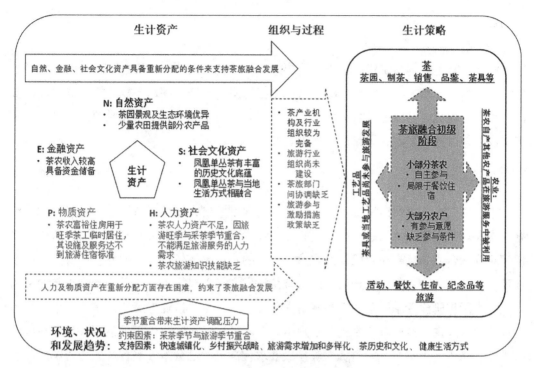

**图4 凤凰镇茶旅融合发展现状分析**

## 5. 凤凰镇茶旅可持续融合的提升策略

基于上述研究结果，为促进凤凰镇茶旅融合发展、优化产业结构、提升茶农生计可持续性，本文提出以下发展建议：

### 5.1 旅游季节拓展、旅游供给多样化

针对季节性重叠带来的茶旅融合发展的约束，建议通过旅游季节拓展和延伸，将旅游季节和采茶季节进行时间分割，发挥凤凰镇生态环境和历史文化的优势，发展夏季避暑旅游、秋冬季节的登高赏茶园线路和项目。推进淡季的凤凰单丛茶文化节事活动或科学教育活动，带动全年度的旅游发展。

### 5.2 茶旅运营主体分割、协同合作的发展模式

基于茶产业发展对于农户生计资本的要求和农户生计资本的约束，建议构建茶旅多运营主体协同合作的发展模式，由旅游专业机构介入和农户形成合作，农户以茶园景观和茶业资源参与旅游发展，旅游专业机构提供旅游项目运营和旅游服务，协同农户住宿资源的改造和调配，实现各司其职、优势互补、协同发展的格局。

### 5.3 茶旅融合机构和制度建设

针对现阶段的机构和制度约束，建议政府进一步推进农业部门和文旅部门在茶旅融合发展层面的协同和互动，出台支持茶旅融合发展的政策，包括基础设施改善、茶旅融合发展的制度及规范编制、农户技术和技能提升制度、促进乡镇和村一级的茶旅联动的

机制建设等。

### 5.4 整合资源、区域联动

潮州具有丰富的旅游资源：古城历史悠久，饮食独具特色，陶瓷和茶产业也关联紧密，潮州拥有很多独特的物产资源，有必要把凤凰单丛茶和潮州多样的旅游资源进行整体考量，实现旅游资源的综合布局，实现区域联动的发展模式，将凤凰镇茶旅游嵌入潮州和潮汕整体旅游发展和线路设计当中。

## 6. 结语

本文以广东省潮州市凤凰镇凤凰单丛茶为典型案例，依托可持续生计框架，对茶旅融合发展模式与制约因素进行分析，得出如下结论：（1）基于实地调查和访谈数据，凤凰镇茶旅融合尚处于初级阶段，茶农参与旅游的水平整体较低，大部分农户目前仍以茶业种植和生产为主，茶旅融合发展潜力有待激发。（2）凤凰镇茶旅融合受到季节约束的影响，由于现阶段春季采茶季节和旅游季节相重叠，给茶产业发展和旅游参与带来资源约束。（3）凤凰镇茶旅融合受到了农户生计资本约束的影响，由于采茶制茶具有高度季节性，且对于人力资本、物质资本等投入要求很高，大部分茶农受自身人力资本的限制而选择不参与旅游。（4）凤凰镇茶旅融合受组织机构及机制政策约束的影响，由于现阶段茶农旅游参与水平较低，旅游方面的联动机制和行业组织尚未形成。

### 参考文献：

［1］曹晓慧.中国茶文化的历史溯源及传播［J］.福建茶叶，2018，40（2）：393-394.

［2］韩竹.非物质文化遗产的茶旅游开发与保护研究——以黑龙江为例［J］.福建茶叶，2018，40（4）：114.

［3］苏芳，蒲欣冬，徐中民，等.生计资本与生计策略关系研究——以张掖市甘州区为例［J］.中国人口·资源与环境，2009，19（6）：119-125.

［4］魏妮茜，项国鹏.长三角地区茶产业与旅游产业融合发展的效果测度研究［J］.茶叶科学，2021，41（5）：731-742.

（作者单位：苏明明、王梦晗，中国人民大学生态环境学院；孙业红，北京联合大学旅游学院）

# 农业文化遗产认定对区域经济发展的影响*

## ——以广东潮安凤凰单丛茶文化系统为例

李静怡　杨　伦　闵庆文

[摘　要]农业文化遗产的保护和管理对遗产地经济发展具有不可忽视的作用，但目前农业文化遗产认定对遗产地的经济影响还未得到较为准确的刻画。本文以广东潮安凤凰单丛茶文化系统为例，以潮安区和饶平县为研究区，从总量变化、产业发展的角度比较了遗产地潮安区和对照地区饶平县在2010~2019年的经济增长情况，并采用中断时间序列（ITS）定量分析了认定前后两地区的产业发展和经济总量增长的差异及其显著性。结果表明：（1）广东潮安凤凰单丛茶文化系统被认定为中国重要农业文化遗产后，遗产地潮安区的旅游业迅速发展，旅游收入显著增加，茶产业规模逐渐扩大，促进了当地的经济增长；（2）农业文化遗产的认定有效带动了遗产地旅游资源开发，增强了单丛茶的品牌优势，推动了遗产地的茶旅融合，使地方得到了良好的政策支持，进而促进了遗产地的经济增长。

[关键词]农业文化遗产；区域经济发展；中断时间序列分析；茶旅融合；广东潮安凤凰单丛茶文化系统

## 引言

中国是最早开展国家级重要农业文化遗产评选的国家[1]，在推动农业文化遗产评选的全球参与过程中发挥了重要作用[2-3]。中国重要农业文化遗产包含丰富的农业生物多样性、完善的传统知识与技术体系、独特的生态与文化景观，具有活态性、复合性、多功能性等显著特征，对中国农业文化传承、农业可持续发展和农业功能拓展等方面具

---

* 本文发表于《热带地理》2023年第12期，系中国科学院A类战略性先导科技专项子课题（XDA23100203）和"潮州单丛茶文化系统申报全球重要农业文化遗产项目"的阶段性成果。

① 中国重要农业文化遗产认定标准：http://www.moa.gov.cn/nybgb/2014/dliuq/201712/t20171219_6111703.html。

有重要的科学价值和实践意义①。2015 年农业部公布了《重要农业文化遗产管理办法》，明确规定相关部门应促进遗产地的经济发展，为遗产地的发展营造良好的政策环境。

近年来，在中国乡村振兴战略和美丽乡村建设目标的引领下，农业文化遗产的认定和保护对遗产地经济社会发展的影响逐渐引起关注，该领域研究在社会可持续发展、区域产业融合、遗产地可持续旅游等方面取得了丰硕成果[4-8]。研究发现，农业文化遗产认定后能够促进遗产地农业和旅游业的发展，进而推动区域经济增长，带动居民增收[9-13]。在已有文献中，农业文化遗产认定对遗产地经济发展的影响主要包括 3 个方面：（1）遗产的认定能够提高遗产地和核心农产品的知名度和识别度[14]，抬升农产品的品牌价值[15-16]和市场价格[17-18]，扩大涉农产业的发展空间[19]；（2）遗产地的旅游开发能拉动消费，增加旅游收入[20-21]、促进产业融合[22]、带动地区经济增长[23-24]；（3）遗产认定后还能增加遗产地居民的生计来源[25]，提高农村居民收入[26]。

有关茶文化系统类农业文化遗产的研究表明，茶叶类遗产具有较高的文化价值和景观价值[27]，且与遗产地旅游产业耦合程度高[28-29]，即该类遗产在传承保护过程中能较强地带动遗产地旅游产业的发展。同时，由于茶树品系众多，茶叶产品往往因具有地方差异性而显得更加稀有[30]，且市场价格会随品牌价值、市场需求的变化而产生波动[31]。目前，现有研究中理论分析居多[32-35]，在数据和实证分析方面尚存在一定不足，难以明确反映农业文化遗产认定后对遗产地经济发展的影响程度。

鉴于此，本研究将对农业文化遗产认定后的保护与利用过程（为方便读者理解，后文简称为"农业文化遗产认定后"）所产生的经济影响进行量化分析，通过比较分析遗产认定前后期，遗产地和相似地区的经济发展趋势和变化，通过中断时间序列，分析和刻画两地区具体指标的改变量和差异值，探究遗产认定后对遗产地经济增长和茶产业、旅游业发展规模的影响，并在此基础上讨论其影响路径，以期为更好地利用农业文化遗产、推进遗产地的经济发展提供借鉴。

## 1. 方法与数据

### 1.1 研究区概况

本文以广东潮安凤凰单丛茶文化系统为例，选取潮州市潮安区和饶平县为案例点。广东潮安凤凰单丛茶文化系统位于广东省潮州市潮安区境内，2014 年被认定为第二批中国重要农业文化遗产，是广东省最早入选的农业文化遗产项目，也是中国经济发达地区传统农业文化系统的典型代表。潮安区位于广东省东部，地处韩江中下游，属亚热带海洋性季风气候；地势北高南低，由山地、丘陵向平原逐渐过渡。全区总面积 1 063.99 km²，常住人口 101.96 万人[36]，2021 年三次产业结构比为 5.5∶63.1∶31.4（潮州市潮安区 2021 年国民经济和社会发展统计公报<sup>①</sup>）。饶平县位于广东省沿海经济带最东端，三面环山，南濒南海，属海洋性副热带季风气候。全区总面积 2 227.06 km²，其中陆域面积 1 694.06 km²，常住人口 81.88 万人<sup>[36]</sup>，2021 年三次产业结构比为 24.1∶33.9∶42.0（饶平县 2021 年国民经济和社会发展统计公报<sup>②</sup>）。2023 年，广东饶平单丛茶文化系统入选第七批中国重要农业文化遗产。单丛茶最早起源于潮州市凤凰山地区，现以潮安区凤凰镇和饶平县浮滨镇为主要产茶区。潮安区和饶平县以凤凰山为界，分布在凤凰山两侧，均将茶产业视为当地的重要产业。两地茶区地理位置和自然条件相似，茶树品种同宗同源，但在广东潮安凤凰单丛茶文化系统认定后出现明显差异，具有较强的可比性。因此，本文将潮安区和饶平县进行比较分析。

### 1.2 研究方法

#### 1.2.1 比较分析法

比较分析法是运用评价指标对少数案例进行对比和评价的方法<sup>[37-38]</sup>。时间序列上的比较分析能够明确某时间节点前后评价指标的改变趋势和变化幅度；空间上的比较分析能够明确不同案例之间的差异；时间趋势和空间维度上的综合比较能够更加明晰不同案例之间的差值及变化趋势等信息。

#### 1.2.2 中断时间序列分析法

中断时间序列（Interrupted Time-Series，ITS）分析是强有力的统计分析方法，能在非随机对照设置下分析时间序列变量在中断时间前后的数据变化，刻画变量在中断时间前后的斜率和变化趋势的改变量，估计政策的影响效果<sup>[39]</sup>。

多组中断时间序列分析的具体模型如下：

$$Y_t = \beta_0 + \beta_1 T_t + \beta_2 R_t + \beta_3 R_t T_t + \beta_4 G + \beta_5 GT_t + \beta_6 GX_t + \beta_7 GR_t T_t + \varepsilon_t \tag{1}$$

式中，$Y_t$ 为被解释变量，包括地区生产总值、旅游收入、茶叶价格等。$T$ 是时间变量，用当年的年份表示。$R$ 是区分遗产认定情况的虚拟变量（遗产认定后为 1，未认定为 0）。$G$ 为区分组别的虚拟变量（实验组为 1，对照组为 0）。$\beta_0$ 为截距项，$\beta_1$ 为控制组遗产认定前的增长斜率，$\beta_2$ 为遗产认定前后的控制组截距差异，$\beta_3$ 为遗产认定前后控制组的斜率差异，$\beta_4$ 表示遗产认定前实验组与对照组初始水平的差异，$\beta_5$ 表示遗产认定前实验组与对照组斜率的差异，$\beta_6$ 表示遗产认定当年实验组与对照组瞬时变化量的差异，$\beta_7$ 表示实验组和对照组在遗产认定后的斜率差异与在遗产认定前的斜率差异的变化量。$\varepsilon_t$ 为残差。

### 1.3 数据与来源

为具体比较广东潮安凤凰单丛茶文化系统的经济带动状况，本文整理了潮安区和饶平县在 2010~2019 年<sup>③</sup> 的统计数据，并根据以往研究选取多个评价指标来衡量遗产地的

① 潮安区 2021 年国民经济和社会发展统计公报，http：//www.chaoan.gov.cn/zwgk/tjxx/content/post_3797399.html。

② 饶平县 2021 年国民经济和社会发展统计公报，http：//www.raoping.gov.cn/zwgk/tjxx/content/post_3801104.html。

③ 未使用 2020 年及之后的数据。

经济发展。其中，本文选取了地区生产总值分析两地的经济发展总体情况；选取了茶叶种植面积、茶叶产量及产值[40-41]、茶叶合作社和茶叶企业数量[42]分析两地的茶产业发展情况；选取了旅游收入和接待游客量[43-44]分析两地的旅游业发展情况。

研究所用的统计数据来源于广东省情数据库①以及国民经济和社会发展统计公报资料，实地调研数据来源于2022年7~8月案例地考察。数据描述性统计分析结果如表1所示。

**表1 研究区经济发展评价指标及描述性统计分析**

| 评价指标 | | 单位 | 潮安区 | | | | 饶平县 | | | |
|---|---|---|---|---|---|---|---|---|---|---|
| | | | 平均值 | 标准差 | 最小值 | 最大值 | 平均值 | 标准差 | 最小值 | 最大值 |
| 经济总量 | 生产总值 | 亿元 | 345.42 | 65.15 | 209.95 | 428.50 | 199.98 | 45.05 | 123.15 | 275.67 |
| 茶产业 | 茶叶种植面积 | 万亩* | 5.40 | 1.27 | 2.98 | 7.22 | 7.14 | 1.51 | 5.35 | 9.18 |
| | 茶叶产量 | 千吨 | 4.55 | 1.24 | 2.44 | 6.78 | 8.67 | 1.99 | 5.64 | 11.32 |
| | 茶叶产值 | 亿元 | 4.96 | 4.48 | 1.00 | 15.93 | 9.19 | 7.56 | 2.32 | 26.59 |
| | 茶叶合作社 | 个 | 45.30 | 25.23 | 1.00 | 69.00 | 78.00 | 52.58 | 7.00 | 156.00 |
| | 茶叶企业 | 个 | 107.40 | 99.03 | 16.00 | 312.00 | 119.50 | 102.54 | 18.00 | 317.00 |
| 旅游业 | 旅游收入 | 亿元 | 19.89 | 10.66 | 8.38 | 39.86 | 2.17 | 1.57 | 1.05 | 5.67 |
| | 接待游客量 | 万人次 | 307.24 | 151.26 | 139.60 | 591.00 | 203.04 | 129.08 | 108.22 | 503.30 |

注：* 研究区茶园多为山地，茶园面积小且分散，难以使用"公顷"计算茶园面积；同时，当地农户和政府公报等官方资料均采用"亩"度量茶园面积。因此保留以"亩"为单位的数据。1亩折合0.067 hm²。

## 2. 结果与分析

### 2.1 经济增长趋势比较

#### 2.1.1 经济整体增长趋势

潮安区和饶平县是潮州市经济总量较大的2个区县，两地的地理位置相邻，但经济增长特征并不相同（见图1）。潮安区经济总量大且第一产业增加值占全区生产总值比例最低，2014年前该区域生产总值的增长主要由第二产业增长拉动；2014~2019年，该区第二产业增加值占比由71.12%降至62.05%，第一产业和第三产业增加值占比分别上升至5.68%和32.27%。饶平县农业资源丰富，第一产业对经济的拉动作用较大；2014~2019年，饶平县第一产业和第三产业增加值占比分别增加了5.22%和1.21%。由此可见，在2014年广东潮安凤凰单丛茶文化系统认定后，潮安区和饶平县生产总值发生了不同程度的增长，两地区的第一产业和第三产业增加值占比均有所增加。为进一步比较遗产认定后对细分产业的影响，下文着重分析遗产认定前后潮安区茶产业和旅游业

---

① 广东省情数据库，http://dfz.gd.gov.cn/dfz/html/gdsqsj/sxnj/pc/page1.shtml#/。

的发展情况，并与饶平县的发展状况进行比较。

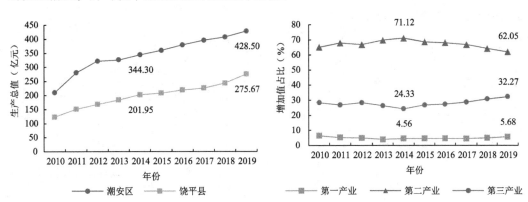

（a）潮安区和饶平县生产总值　　　　（b）潮安区各产业增加值占比

（c）饶平县各产业增加值占比

**图1　潮安区和饶平县生产总值（a）及各产业增加值占比（b）（c）**

### 2.1.2 茶产业发展分析

从茶叶种植规模和产量看，2014年广东潮安凤凰单丛茶文化系统作为遗产被认定后，潮安区茶叶种植面积、产量和产值均存在不同程度的增长（见图2）。与饶平县相比，潮安区茶园面积和茶叶产量均低于饶平县，且由于潮安区部分茶叶种植在高山区，每年只采1季茶，饶平县更多种植在中低山区，每年采茶4~7季，因此潮安区单位面积的产茶量较低。从增长趋势看，2014年以后潮安区茶叶种植面积及产量增长速率加快：2014~2019年，潮安区茶叶面积增长了28.78%，茶叶产量增长了55.61%，分别较饶平县高1.57%和26.14%。与此同时，广东潮安凤凰单丛茶文化系统的认定，显著增加了茶叶的附加值，带动了单丛茶产值的升高。2010~2019年，饶平县茶叶产值总量始终为潮安的2倍左右。2014年两地区茶叶产值均呈现大幅度上涨，相较2013年均增长1.87倍。2014~2019年，潮安区茶叶产值增长2.51倍，同期饶平县增长2.18倍，略低于潮安区。此外，两地茶叶产值占第一产业增加值的比例也显著增高。与2014年相比，2019年潮安区茶叶产值占第一产业的比例增加了36.48%；同期饶平县的茶叶产值占第一产业比例增加了 18.32%，略低于潮安区。由此可见，农业文化遗产被认定后势必会带动遗产地茶产业的发展。

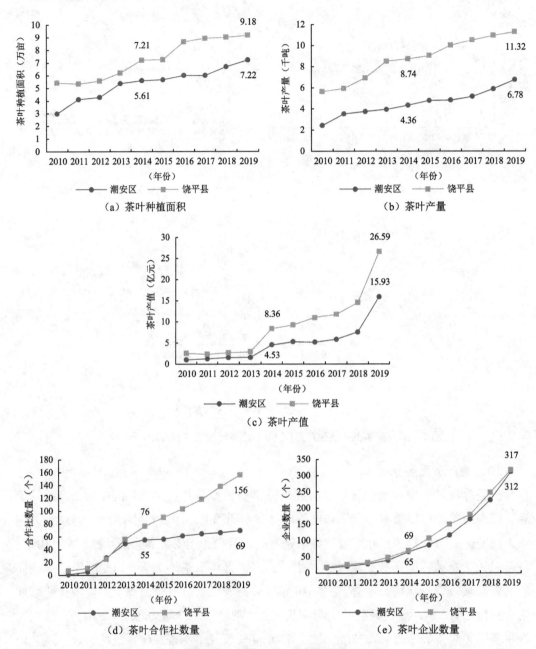

（a）茶叶种植面积

（b）茶叶产量

（c）茶叶产值

（d）茶叶合作社数量

（e）茶叶企业数量

**图 2　潮安区和饶平县茶产业发展指标比较**

从茶叶企业和合作社数量看，广东潮安凤凰单丛茶文化系统认定后，潮安区和饶平县的茶叶企业与合作社的数量迅速增加（图 2d~e）。两地区茶叶企业数量增长趋势相近，但茶叶合作社数量自 2014 年起差异逐年拉大，且潮安区茶叶合作社数量远低于饶平县，即农业文化遗产认定后抑制了当地农业合作社的增加。研究发现，由于潮安区产茶区居民历代种茶、制茶，当地茶农种植、加工和出售茶叶均以家庭为单位，采取"自产自销"模式，且每个家庭的制茶方法略有差异，茶叶品质不完全相同，合作社的作用较小，茶农对合作社的认可度较低，因此，当地的合作社数量较少。由此，广东潮安凤凰单丛茶文化系统认定后，促进了茶叶企业的增加，但由于当地茶叶品质存在多样性和不可控性，故遗产地认定对潮安区茶叶合作社数量的增长存在一定的抑制作用。

### 2.1.3 旅游业发展

潮安区旅游收入自 2010 年起逐年增长，在 2014 年后增长速率明显加快，且 2014 年涨幅最大，为 25%。由图 3 所示，2014~2019 年，潮安区旅游收入快速增长，标示着其旅游业的快速发展；而饶平县旅游收入相对较低，且变化幅度较小。2014~2017 年，两地区旅游收入和接待游客量的差距逐年增大；直至 2018 年饶平县的接待游客量才出现大幅增长。分析发现，两地区的旅游业发展得益于旅游资源的开发和旅游设施的建设。广东潮安凤凰单丛茶文化系统认定后，当地政府围绕农业文化遗产完成了凤凰山天池景区、潮州凤凰单丛茶博物馆等项目及配套设施的建设，重点旅游建设项目投资累计超过 3 亿元。饶平县政府制定了《饶平县旅游发展总体规划（2016—2030 年）》，积极发展文化旅游事业；2018 年起，潮州绿岛国家级旅游度假区（国家 AAAA 级旅游景区）、食来运转庄园等投入使用，促进了当地游客量和旅游收入的增加。旅游景区和配套设施的建设吸引了众多游客，推动了遗产地旅游业的发展。同时，遗产地旅游业的发展也有利于扩大遗产地景区及特色产品的知名度，能吸引潜在游客、扩大产品销售市场，形成良性循环，是区域发展的良好助力。

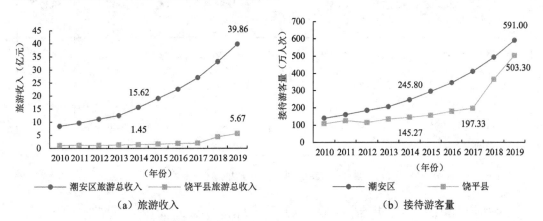

（a）旅游收入　　　　　　　　　　（b）接待游客量

**图 3　潮安区和饶平县旅游业发展指标比较**

## 2.2 中断时间序列（ITS）分析

为更准确地比较遗产认定前后两地区的经济增长变化，以 2014 年（广东潮安凤凰单丛茶文化系统认定为农业文化遗产的时间）为中断点，以潮安区为实验组，饶平县为控制组，使用 Stata 软件基于 2 期中断时间序列，对农业文化遗产认定前后两地区的经济增长情况进行回归分析，在报告结果中重点关注断点前后实验组、控制组以及 2 组差异的系数和显著程度。具体见表 2。

表 2　中断时间序列分析结果

| 变量 | | 经济总量 | 茶产业 | | | | | 旅游业 | |
| --- | --- | --- | --- | --- | --- | --- | --- | --- | --- |
| | | 生产总值 | 茶叶种植面积 | 茶叶产量 | 茶叶产值 | 茶叶合作社 | 茶叶企业 | 旅游收入 | 接待游客量 |
| $\beta_1$ | | 19.85*** (1.87) | 0.26** (0.10) | 0.96*** (0.19) | 0.14* (0.07) | 16.10*** (3.91) | 9.60*** (1.24) | 0.08*** (0.02) | 8.72*** (0.27) |
| $\beta_2$ | | −11.52 (7.53) | 0.67 (0.42) | −0.67 (0.56) | 2.89 (2.22) | 8.57 (11.42) | 2.57 (10.31) | −0.65 (0.58) | −58.63 (48.45) |
| $\beta_3$ | | −6.12* (3.35) | 0.22* (0.13) | −0.39* (0.19) | 2.94** (1.16) | −0.13 (3.96) | 38.77*** (4.17) | 0.77*** (0.20) | 60.82*** (17.81) |
| $\beta_4$ | | 99.20*** (17.62) | −2.16*** (0.26) | −2.62*** (0.47) | −1.37*** (0.19) | −5.00 (9.22) | −2.00 (2.12) | 7.25*** (0.09) | 31.07*** (1.18) |
| $\beta_5$ | | 19.28* (9.65) | 0.48*** (0.13) | −0.49* (0.23) | 0.06 (0.08) | 0.50 (4.74) | −2.00 (1.52) | 1.31*** (0.03) | 14.00*** (0.46) |
| $\beta_6$ | | −26.44 (27.63) | −1.29** (0.49) | 0.24 (0.66) | −1.97 (2.77) | −16.10 (12.89) | −7.48 (22.31) | 1.00 (1.25) | 55.30 (50.89) |
| $\beta_7$ | | −16.43 (10.05) | −0.64*** (0.16) | 0.36 (0.25) | −1.30 (1.45) | −13.53** (4.79) | 2.26 (8.35) | 2.64*** (0.45) | −15.37 (18.73) |
| $\beta_0$ | | 126.73*** (4.02) | 5.25*** (0.18) | 5.32*** (0.36) | 2.41*** (0.18) | 0.60 (6.82) | 16.60*** (1.52) | 1.07*** (0.04) | 107.75*** (0.51) |
| 模型报告值 | 潮安区 | 16.57*** (0.46) | 0.32*** (0.06) | 0.45*** (0.08) | 1.84** (0.86) | 2.94*** (0.19) | 48.63*** (7.18) | 4.80*** (0.41) | 68.17*** (5.79) |
| | 饶平县 | 13.73*** (2.77) | 0.48*** (0.07) | 0.58*** (0.06) | 3.08** (1.16) | 15.97*** (0.68) | 48.37*** (3.97) | 0.85*** (0.20) | 69.54*** (17.81) |
| | 两组差异 | 2.84 (2.81) | −0.16* (0.09) | −0.13 (0.09) | −1.24 (1.44) | −13.03*** (0.70) | 0.26 (8.21) | 3.95*** (0.45) | −1.37 (18.73) |

注：* 表示 $P<0.10$，** 表示 $P<0.05$，*** 表示 $P<0.01$，括号中的数值为标准误。

对生产总值的 ITS 分析结果显示，回归系数 $\beta_4$、$\beta_5$ 分别在 0.01 和 0.10 的水平下显著，表示在遗产认定前两地区存在显著差异；同时，模型对潮安区和饶平县在农业文化遗产认定后的影响系数分别是 16.57 和 13.73，表明农业文化遗产认定后，潮安区生产总值平均比遗产认定前增加了 16.57 亿元，饶平县生产总值平均比遗产认定前增加了 13.73 亿元；影响系数在 0.01 的显著性水平下显著，表示遗产认定对两地区的经济增长产生较强的带动作用。然而，两地区的差值为 2.84 且不显著，表示在遗产认定后并未显著拉大两地区的经济增长差异。

对茶产业发展指标的 ITS 分析结果显示，2014 年后潮安区和饶平县的茶叶种植面积、产量、产值以及合作社和企业数量均发生明显变化。其中，两地的茶叶种植面积增长差异较为显著，茶叶产量和产值之间的差异并不显著，且潮安区的茶叶种植面积、茶叶产量和产业产值的增长速度均低于饶平县。究其原因，一方面，潮安区禁止森林砍伐和开垦的政策更为严格，尤其是广东潮安凤凰单丛茶文化系统认定后，为保护生态环境，当地对相关政策的执行力度更强；另一方面，由于茶树生长情况的限制，新增茶叶面积对产量的影响在时间上存在滞后性，并且会进一步影响茶叶产值之间的差异。此外，在农业文化遗产认定后，潮安区和饶平县茶叶企业的数量均明显增长，但差异较小，即受市场环境变化的影响，两地均发现并利用了茶产业发展的商机。同时，农业文化遗产认定对两地合作社数量造成显著的差距（$P < 0.01$）。其中，遗产认定后，两地的茶叶合作社数量均存在上涨，但遗产地潮安区的合作社数量的增加幅度远低于饶平县。这与此前的分析结果相一致，即由于当地茶农以家庭为单位生产茶叶，且茶叶品质、采摘天气及个人手法等因素具有不可控性，当地合作社在促进茶叶销售、带动产业融合方面的作用较弱，导致茶农对合作社作用的认可度较低，合作社数量的增长较慢。

对旅游业发展指标的 ITS 分析结果显示，农业文化遗产认定后对遗产地旅游业的发展产生了较强的推动作用。其中，对旅游收入的 ITS 分析结果中，回归系数 $\beta_4$、$\beta_5$、$\beta_7$ 在 0.01 的水平下显著，表明在排除农业文化遗产认定前两地旅游收入存在显著差异的情况下，两地区的旅游业在农业文化遗产认定后依然产生显著的差异。同时，农业文化遗产认定后，潮安区旅游收入平均每年增长 4.8 亿元，饶平县平均每年增长仅为 0.85 亿元，相差 3.95 亿元，且相关结果均在 0.01 的水平下显著。此外，对接待游客量的 ITS 分析结果显示，在农业文化遗产认定后，两地区的接待游客数量均有显著增长（$P \leqslant 0.01$），但平均增长数量相近，且并未形成显著的差异。由此可见，农业文化遗产对旅游产业的推动作用主要表现在地方旅游收入的增长上，即单位游客在遗产地的消费有所增长，这些变化与当地的旅游资源开发、旅游景区联动、文创等旅游周边产业的发展等密切相关。

### 2.3 影响路径分析

基于广东潮安凤凰单丛茶文化系统认定后潮安区的经济变化，选取潮安区凤凰镇和饶平县浮滨镇的茶农进行半结构式访谈。凤凰镇和浮滨镇分别是潮安区和饶平县的主要产茶镇，两镇分别位于凤凰山区两侧，地理位置相近，历史条件相似，均以单丛茶为特色产业，是广东省"一镇一业"认定的茶叶专业镇。通过进一步的分析，本研究认为广东潮安凤凰单丛茶文化系统影响遗产地经济发展的路径（见图 4）主要包括 3 个方面：通过带动旅游业促进经济发展，通过发挥品牌效应促进经济发展，以及通过茶旅产业融合促进经济发展。

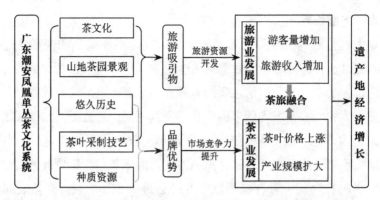

图4 广东潮安凤凰单丛茶文化系统影响遗产地经济增长的路径

（1）农业文化遗产认定后带动了遗产地旅游业的快速增长。根据数据对比和中断时间序列的分析结果可以看出，在广东潮安凤凰单丛茶文化系统被认定为中国重要农业文化遗产之后，潮安区旅游收入逐年快速增长，且远高于饶平县的旅游收入水平。

通过实地调研和农户访谈发现，在潮安区的旅游发展中，农业文化遗产充当了旅游吸引物，带动了以农业文化遗产核心保护要素为主的旅游资源开发。一方面，遗产地围绕高山茶区的古树资源，打造了"凤凰大庵古茶园"；围绕遗产的发展历史和独特的茶叶制作技艺，建造了"潮州凤凰单丛茶博物馆"；围绕遗产地的茶文化和周边景区，在凤凰山区建设了"茶旅走廊"等。遗产地政府充分利用农业文化遗产的核心要素，在传承保护的同时，推进整个地区的旅游产业发展。另一方面，随着遗产地游客量的增加，潮安区批发与零售业等相关产业得到发展，推动旅游收入的增加。2014~2019年，潮安区批发和零售业增加值增长29.15%，而饶平县同期仅增长14.72%。潮安区批发和零售业增加值的增长显示，旅游业的发展在一定程度上拉动区域消费需求，扩大了消费市场。

（2）农业文化遗产认定后为潮安区单丛茶产业发展带来了品牌效应。农业文化遗产认定后，潮安区茶叶产量、产值、企业数量等指标均显著高于遗产认定前的平均水平，茶产业规模逐步扩大，但与饶平县茶产业发展情况相比差异较小。此外，在调研过程中还发现，潮安区与饶平县单丛茶市场价格的确存在显著差别，且主要表现在高山茶区，遗产地潮安区的高山茶叶市场竞争力更强，价格更高。

具体地，潮安区高山茶区的单丛古茶树较多，"老丛""名丛"较为集中，且每年只采1季春茶，茶叶总量相对稀少。2014年广东潮安凤凰单丛茶文化系统被认定为中国重要农业文化遗产后，遗产地高山茶园凭借较高的茶叶品质，受到茶叶市场的青睐，售价逐年攀升。在海拔800m以上的茶区，茶农有相对固定的客源，且每年都有茶商上门收购茶叶。2022年，潮安区高山茶区的毛茶单价普遍在500元/斤以上，成品茶单价在1000元/斤以上；而低山茶区的毛茶价格在100~300元/斤。相较而言，饶平所有茶区的茶叶价格均与潮安区低山茶的价格相近，且茶叶种植模式相似，即每年采摘茶叶 4~7 季（春茶、二春茶、夏茶、暑茶、秋茶、雪片茶、雪春茶，每年的采茶次数根据茶树生长情况自由选择，春茶产量最高），当地人已习惯了"凤凰茶靠质，饶平茶走量"的差异化发展模式。此外，在提高茶产品质量方面，遗产地潮安区自 2014 年以来颁布了多部地方标准和团体标准，包括《凤凰单丛（枞）茶质量分级》《凤凰单丛包装规程》《凤凰乌岽单丛茶》等，并依据农业文化遗产的保护要求持续推进生态茶园建设。当地茶农在"高价、高利润"的吸引下，积极推进"生态茶园"的认定，响应不使用化肥和杀虫剂等化学合成农药、采制优质的有机茶叶等号召，进一步提高了遗产地的茶叶品质和茶产品的市场竞争力。

（3）农业文化遗产认定后推进了茶旅产业融合发展。潮安区率先改善了基础设施，并推进了茶产业与旅游业的融合发展。其中，"茶旅走廊"的建设利用了潮安区凤凰镇、文祠镇超过十万亩的茶园风光，不断推进茶旅小镇和乡村旅游的建设，意在推动茶文旅融合与高质量发展。一方面，旅游业和茶产业的发展能通过提高遗产地和单丛茶的知名度或影响力等方式实现相互带动。生态茶园休闲观光区、凤凰文祠茶旅走廊、凤凰茶旅小镇等景点的建设，能增大遗产地的游客承载量，同时吸引游客关注单丛茶和遗产地的茶叶产品，增大商品的市场需求。另一方面，茶旅融合发展增加了遗产地周边茶农的收入来源，有利于当地茶农在种植茶叶的同时，从事民宿、餐饮等服务产业的工作，进一步推进了乡村振兴，促进了区域经济增长。经调研，潮安区凤凰镇乌岽村、大庵村等多个村的茶农已参与到餐饮、住宿等旅游建设中，并有意在今后依靠周边旅游资源的开发，带动其客流量销售和推广单丛茶产品。

## 3. 结论与讨论

本研究通过对广东省潮州市潮安区和饶平县 2010~2019 年经济增长和产业发展的分析，探究了中国重要农业文化遗产——广东潮安凤凰单丛茶文化系统的认定对遗产地经济发展的具体影响。结果表明，以广东潮安凤凰单丛茶文化系统为例，农业文化遗产在认定后显著带动遗产地旅游业和核心农产品产业的发展，从而推动区域的经济增长。（1）农业文化遗产的认定，促进了遗产地旅游业的发展。广东潮安凤凰单丛茶文化系统认定后，潮安区的旅游资源得到了开发，配套设施逐渐完善，旅游收入快速增长。（2）农业文化遗产的认定，推动了核心农产品产业的发展。广东潮安凤凰单丛茶文化系统认定后，潮安区茶叶面积、产量、产值显著上升，产业规模逐渐增大；同时，部分优质产品的市场价格明显提高，对当地的茶产业发展起到了明显的促进作用。

结合研究结果，提出如下建议：首先，要正确认识农业文化遗产的认定对遗产地经济发展的带动作用。中国重要农业文化遗产的管理遵循"在发掘中保护、在利用中传承"的方针，并坚持动态保护、协调发展、多方参与、利益共享的原则。农业文化遗产认定后的持续性保护和管理方式，是遗产地实现农业可持续发展的重要手段，在保护遗产地传统知识和技术体系、自然与人文景观、生物多样性等要素的同时，能推动遗产地核心农产品产业和旅游业的发展，促进旅游业与其他产业的融合发展，对遗产地经济社会发展有不可替代的作用。其次，应充分发挥农业文化遗产对经济的带动作用，鼓励区域品牌的打造和旅游资源的开发。目前，在中国重要农业文化遗产的动态保护和可持续管理实践中，出现了不少遗产认定后显著推动地区经济发展的经典案例，且主要表现在核心农产品产业和旅游业的发展上，包括广东潮安凤凰单丛茶部分产品价格的上涨、内蒙古敖汉小米价格的提高、浙江青田"农业文化遗产公园"的建设、云南红河哈尼梯田的旅游开发等。因此，农业文化遗产地可以考虑打造特色农产品区域品牌、鼓励旅游资源开发等，推动遗产地经济增长，充分发挥农业文化遗产在带动区域经济发展方面的作用。

广东潮安凤凰单丛茶文化系统在认定后对遗产地的经济发展产生重要的影响。本研究通过两地区比较分析和中断时间序列分析法，刻画了遗产认定对潮安区和饶平县的茶产业、旅游业以及经济总量的影响，证明了遗产认定能产生一定的经济效应。同时，根据实地调研结果，深入分析了遗产认定对当地的经济影响路径，为农业文化遗产的优质资源与遗产地经济增长建立了联系。本研究为有关农业文化遗产认定影响经济增长的研究提供了实证研究思路，为推动农业文化遗产地经济增长提供了有效实现路径。然而，本研究只对短期影响进行刻画和阐释，农业文化遗产认定后对遗产地经济发展的长期影响还需要更加具体的研究。此外，不同类型农业文化遗产的保护对遗产地经济的带动作用可能存在差异，本研究结论的普适性有待进一步探究。

## 参考文献：

［1］闵庆文，张碧天.中国的重要农业文化遗产保护与发展研究进展［J］.农学学报，2018，8（1）：221-228.

［2］李文华，孙庆忠.全球重要农业文化遗产：国际视野与中国实践——李文华院士访谈录［J］.中国农业大学学报（社会科学版），2015，32（1）：5-18.

［3］徐明，宋雨星，熊哲，等.中国对世界农耕文明保护和农业可持续发展的特殊贡献——基于中国—FAO 南南合作框架下的全球重要农业文化遗产项目总结［J］.世界农业，2019（12）：84-88.

［4］张灿强，闵庆文，田密.农户对农业文化遗产保护与发展的感知分析——来自云南哈尼梯田的调查［J］.南京农业大学学报（社会科学版），2017，17（1）：128-135+148.

［5］苏莹莹，孙业红，闵庆文，等.中国农业文化遗产地村落旅游经营模式探析［J］.中国农业资源与区划，2019，40（5）：7.

［6］张永勋，李先德，闵庆文．山区重要农业文化遗产地中心镇交通可达性及其对社会经济的影响——以云南红河哈尼稻作梯田为例（英文）［J］．Journal of Resources & Ecology，2019．

［7］焦雯珺，崔文超，闵庆文，等．农业文化遗产及其保护研究综述［J］．资源科学，2021，43（4）：823-837．

［8］武文杰，孙业红，王英，等．农业文化遗产社区角色认同对旅游参与的影响研究——以浙江省青田县龙现村为例［J］．地域研究与开发，2021，40（1）：138-143．

［9］孙超．农业文化遗产资源融入乡村振兴的机遇与对策［J］．江淮论坛，2019（3）：5．

［10］张永勋，闵庆文，徐明，等．农业文化遗产地"三产"融合度评价——以云南红河哈尼稻作梯田系统为例［J］．自然资源学报，2019（1）：12．

［11］陈茜．农业文化遗产在乡村振兴中的价值与转化［J］．原生态民族文化学刊，2020，12（3）：8．

［12］刘某承，苏伯儒，闵庆文，等．农业文化遗产助力乡村振兴：运行机制与实施路径［J］．农业现代化研究，2022，43（4）：551-558．

［13］孙业红，武文杰，宋雨新．农业文化遗产旅游与乡村振兴耦合关系研究［J］．西北民族研究，2022（2）：133-142．

［14］陆娟，孙瑾．乡村振兴战略下农产品区域品牌协同共建研究——基于价值共创的视角［J］．复印报刊资料：农业经济研究，2022（10）：5-18．

［15］何思源，闵庆文，李禾尧，等．重要农业文化遗产价值体系构建及评估（Ⅰ）：价值体系构建与评价方法研究［J］．中国生态农业学报（中英文），2020，28（9）：1314-1329．

［16］李禾尧，何思源，闵庆文，等．重要农业文化遗产价值体系构建及评估（Ⅱ）：江苏兴化垛田传统农业系统价值评估［J］．中国生态农业学报（中英文），2020，28（9）：1370-1381．

［17］刘伟玮，闵庆文，白艳莹，等．农业文化遗产认定对农村发展的影响及对策研究——以浙江省青田县龙现村为例［J］．世界农业，2014（6）：5．

［18］黄国勤．长江经济带稻作农业文化遗产的现状与价值［J］．农业现代化研究，2021，42（1）：10-17．

［19］张灿强，吴良．中国重要农业文化遗产：内涵再识、保护进展与难点突破［J］．华中农业大学学报（社会科学版），2021（1）：148-155+181．

［20］闵庆文，孙业红．发展旅游是促进（农业文化）遗产地保护的有效途径——中国科学院地理科学与资源研究所自然与文化遗产保护论坛综述［J］．古今农业，2008，000（3）：82-84．

［21］刘进，冷志明，刘建平，等.我国重要农业文化遗产分布特征及旅游响应［J］.经济地理，2021，41（12）：205-212.

［22］张永勋，李燕琴.农业文化遗产地基于旅游业的产业融合发展及其实现路径［J］.旅游学刊，2022，37（6）：7-9.

［23］孙业红，闵庆文，成升魁，等.农业文化遗产旅游资源开发与区域社会经济关系研究——以浙江青田"稻鱼共生"全球重要农业文化遗产为例［J］.资源科学，2006（4）：138-144.

［24］崔峰，李明，王思明.农业文化遗产保护与区域经济社会发展关系研究——以江苏兴化垛田为例［J］.中国人口·资源与环境，2013，23（12）：156-164.

［25］张灿强，闵庆文，张红榛，等.农业文化遗产保护目标下农户生计状况分析［J］.中国人口·资源与环境，2017，27（1）：169-176.

［26］林钗，应珊婷，顾兴国.农业文化遗产保护利用助推共同富裕的内在逻辑与实现路径——以浙江省为例［J］.浙江农业学报，2022，34（10）：2310-2318.

［27］林贤彪，颜燕燕，闵庆文，等.农业文化遗产非使用价值评估及其影响因素分析——以福州茉莉花种植与茶文化遗产为例［J］.资源科学，2014，36（5）：1089-1097.

［28］张琳，贺浩浩，杨毅.农业文化遗产与乡村旅游产业耦合协调发展研究——以我国西南地区13地为例［J］.资源开发与市场，2021，37（7）：891-896.

［29］赖格英，邓名明，马云梦，等.福州茉莉花茶文化系统与旅游产业耦合发展的影响因素研究［J］.生态与农村环境学报，2022，38（10）：1239-1248.

［30］张振伟，韩秀.品味与价值：老曼峨茶叶市场化中的身体感，技艺与资本游聚［J］.中央民族大学学报：哲学社会科学版，2021，48（4）：79-89.

［31］师晓莉.茶叶品牌对茶叶价格制定的影响及作用分析［J］.福建茶叶，2016（2）：2.

［32］史媛媛，闵庆文，何露，等.农业文化遗产：架设城市与乡村发展的桥梁（英文）［J］.资源与生态学报：英文版，2016（3）：10.

［33］伽红凯，卢勇.农业文化遗产与乡村振兴：基于新结构经济学理论的解释与分析［J］.南京农业大学学报（社会科学版），2021，21（2）：53-61.

［34］吴合显，罗康隆.重要农业文化遗产对乡村产业发展的价值研究［J］.中国生态农业学报（中英文），2020，28（9）：1305-1313.

［35］王方晗.中国农业文化遗产生产保护中的遗产运营与遗产增值［J］.山东社会科学，2022（7）：48-56.

［36］潮州市地方志编纂委员会.潮州年鉴［M］.郑州：中州古籍出版社，2022.

［37］高奇琦.从单因解释到多因分析：比较方法的研究转向［J］.政治学研究，

2014（3）：3-17.

　　［38］何白仲林，孙艳华.一种协整时间序列的动态因果效应估计与推断方法［J］.统计研究，2021，38（10）：17.

　　［39］桂庭.比较分析法与综合评分法［J］.农业技术经济，1985（1）：46-48.

　　［40］陈宗懋，孙晓玲，金珊.茶叶科技创新与茶产业可持续发展［J］.茶叶科学，2011，31（5）：10.

　　［41］王克岭，普源镭，唐丽艳.茶产业与旅游产业的耦合关系研究——以云南省为例［J］.茶叶通讯，2020，47（3）：526-532.

　　［42］刘春腊，徐美，刘沛林，等.中国茶产业发展与培育路径分析［J］.资源科学，2011，33（12）：2376-2385.

　　［43］董锁成，李雪，张广海，等.城市群旅游竞争力评价指标体系与测度方法探讨［J］.旅游学刊，2009，24（2）：30-36.

　　［44］邹永广，郑向敏.中国旅游强县规模发展特征及影响因素研究［J］.华东经济管理，2014，28（1）：55-58.

（作者单位：李静怡，中国科学院地理科学与资源研究所、中国科学院大学；杨伦，中国科学院地理科学与资源研究所；闵庆文，中国科学院地理科学与资源研究所、中国科学院大学、北京联合大学旅游学院）

# 农业文化遗产地农户传统生态意识对旅游生计选择的影响*

## ——基于 PLS-SEM 和 fsQCA 混合方法的探索

王博杰　何思源　闵庆文　孙业红

[摘　要] 旅游生计是实现农户传统生计转换的重要途径，但目前对农户支持旅游生计选择的影响机制尚缺乏清晰的认知。本研究以"认知－情感－意向"关系理论为基础，从农业文化遗产地农户传统生态意识视角构建了影响农户旅游生计选择的机制理论模型，并以中国重要农业文化遗产——广东潮安凤凰单丛茶文化系统为例，结合偏最小二乘法结构方程模型（PLS-SEM）和模糊集定性比较分析（fsQCA）方法进行了实证分析。结果表明：（1）传统生态意识下的责任意识和规约意识能够促进生态情感的形成，并最终影响农户支持旅游生计的选择；（2）农户生计类型调节了传统生态责任意识和传统生态规约意识对支持旅游生计选择的影响；（3）农户的传统生态文化感知对于生态情感的形成，以及支持旅游生计选择的行为影响不大，同时没有相应的调节中介效应；（4）不同生计类型的农户由于生计资本和生计偏好的不同，对于旅游生计策略的选择呈现出不同的避险和分化趋势；（5）支持农户旅游生计选择的前因条件变量是复杂和交互协同的，没有单一变量可以决定农户的旅游生计选择行为。研究对于理解农户参与旅游生计行为的复杂交互和协同机制具有一定的助益，并为获取居民对旅游开发的支持，推动农业文化遗产地及其他乡村旅游目的地的旅游发展具有理论与实践意义。

[关键词] 旅游生计；传统生态意识；生态情感；社区旅游；农业文化遗产

## 引言

生计是指人类建立在能力、资产和活动基础上的谋生方式，农户作为乡村地区核

---

* 本文已被《旅游学刊》录用，系国家自然科学基金项目"旅游扰动与农业文化遗产地韧性的互动响应关系研究"（41971264）和"潮州单丛茶文化系统申报全球重要农业文化遗产项目"的阶段性成果。

心的行为决策主体，农户生计的选择会对乡村地区的生态系统与环境产生重要影响[1]。因此，如何探索出适宜的发展路径以实现农户生计的持续改善是乡村地区的重要科学问题和现实需求。在相关研究层面，近年来学界对生计、生计资本、生计风险和生计策略等基本概念已基本形成共识[2]，研究集中围绕乡村和民族地区的生计转型与多样化过程[3]、农户生计资本与生计活动变化的关系[4-5]、农户生计脆弱性与生计风险适应性分析[6-7]、农户生计策略与生态环境相互关系[8-9]等主题。

长期以来，旅游作为协调农户生计和资源环境保护的潜在选择之一，给乡村地区的生产生活方式、资源环境及传统文化带来了持续且深远的影响。但需要注意的是，相较于农、林、牧、渔等传统生计，由于生计资本、社会组织管理模式、历史文化等因素的差异，旅游生计策略在不同旅游目的地的背景下所带来的生计结果也不尽相同[10-11]。一方面，旅游发展可以打破固化的资源利用和社会治理模式，使不同的生计资本在传统生计的基础上得到再利用，进而促进替代生计或生计多样化的实现[12-13]；但另一方面，农户在旅游发展中的弱势地位和旅游的无序发展也可能加剧乡村地区边缘化群体的生计困难和生态环境破坏，引发农户与旅游发展之间的矛盾[14]，特别是在一些资源与环境条件严峻和生计压力较大的发展中国家与地区，农户常常保持着掠夺式的高强度资源利用模式，这也加剧了当地的贫困和生态环境恶化。由此可见，重视农户群体的利益和诉求，进一步审视与研究多重因素影响下农户对旅游生计的选择对于乡村地区的可持续发展具有重要意义。

在诸多乡村旅游地中，农业文化遗产（Agricultural Heritage Systems，AHS）以其独特的生态与文化景观，丰富的生物多样性和悠久的农业文化和传统知识技术，对促进农户生计的维持和社区的可持续发展发挥着重要作用[15]。在其中，传统生态意识（Traditioanl Ecological Awareness，TEA）是农户传统知识的重要内容，作为农业生产系统的重要有机组成部分，农户所具有的传统生态意识对于农业文化遗产的活态传承具有重要意义。在以系统性和复合性为主要特征的农业文化遗产中，这种内在的传统生态意识也同时外显为独特的生态与文化景观，吸引着不同类型的游客前往遗产地进行旅游和体验。旅游发展已成为农业文化遗产动态保护和适应性管理的有效途径之一，将农业文化遗产作为一种旅游资源加以利用也已得到学界的普遍认可[16]。尽管已有部分研究证明了旅游发展对农业文化遗产地农户生计和遗产保护的影响效应[17-18]，但对影响农户进行旅游生计选择的各类影响因素研究还不甚明朗。特别是在诸多乡村地区生态环境治理与农户生计维持矛盾日渐突出的背景下，有必要厘清农业文化遗产地农户传统生态意识对其旅游生计选择影响的逻辑关系。因此，本文拟从农业文化遗产保护的角度出发，结合 PLS-SEM 和 fsQCA 的混合方法，揭示农户传统生态意识对其旅游生计选择的影响，以期为农业文化遗产保护和乡村地区旅游视角下的农户可持续生计发展提供理论借鉴和实践参考。

## 1. 文献回顾与研究假设

### 1.1 理论基础

本研究以"认知－情感－意向"（Cognition-Affection-Conation，CAC）关系理论为基础，结合农业文化遗产地的特征引入生态情感因素，尝试构建农户的传统生态意识对旅游生计选择的影响模型。模型包含传统生态责任意识、传统生态规约意识、传统生态文化感知、生态情感、农户生计类型和支持旅游生计选择 6 个核心变量。根据"认知－情感－意向"关系理论，个体会在外部环境的影响下形成对于客观事物及其关系的认知，并基于这种关系产生相应的情感，进而引发行为意向的产生[19]。其中，个体行为倾向的产生可以由认知因素、情感因素和意向因素之间的正向传导机制实现，情感在认知和意向之间发挥着中间作用[20]。根据该理论，农户的传统生态意识属于"认知"范畴，生态情感属于"情感"范畴，支持旅游生计选择属于"意向"范畴。基于此，研究拟在农业文化遗产的外部场景环境因素下探讨农户的传统生态意识如何传导影响其支持旅游生计选择的行为，并实证检验生态情感和农户生计类型在其中所发挥的调节和中介作用。

### 1.2 农业文化遗产地的旅游生计

旅游活动作为一种外部介入的重要力量，对旅游地居民的生计具有显著的影响，是促进社区居民生计转型的重要驱动力[21]。旅游业的发展不仅为诸多旅游地社区居民带来了生计方式的补充与转换，也在重新塑造着人与自然、人与社区的关系。农业文化遗产是农业社区依托于当地的地形、气候和资源等条件所创造并维持的传统农业生产系统，作为一类具有高度社区黏性的自然－社会－生态复合型遗产，农业文化遗产的存续依托于社区，同时也支撑起当地的社会系统和文化结构[22-23]。作为社区旅游（Community-Based Tourism，CBT）的典型代表，以往的诸多研究已经证明农业文化遗产地的旅游活动在促进遗产保护和社区可持续发展方面可以发挥积极的作用，包括经济收入提升、就业岗位增加、社区环境改善和生计转型与多元化等方面[24-25]。尽管旅游生计可以作为遗产地传统农业生计的补充，但在旅游发展的过程中，由于不同遗产地的自然、社会条件的差异，旅游生计选择与转变的过程存在着一定的风险和不确定性，农户普遍表现出寻求安全和趋避风险的趋势，进而导致部分遗产地社区存在着参与水平及意愿不高，获益水平及满意度较低的问题，遗产地旅游生计的实现和可持续发展仍旧面临着诸多挑战。

### 1.3 传统生态意识与支持旅游生计的关系

生态意识是指人类在面对和解决生态问题过程中对自己角色和定位的认知[26]。相对于生态意识，传统生态意识更加强调其历史性、自发性和传承性，是人们立足于过去社会历史发展特征和当前自然资源利用现状对生态环境的认识。作为人与自然、社会互动所产生的经验和价值观，传统生态意识体现出人类对生态规律重要性的觉悟和对生态环境保护的责任感。农业文化遗产是一个复杂的社会－生态复合适应系统，由生态子系统（基本环境要素、生态系统功能与服务、生物资源等）和社会子系统（生产实践与技术工具、社会关系与规约、宗教信仰与文化等）两大部分组成[27]。得益于稳定的生态与社会可持续性，农业文化遗产得以延续传承，农民作为农业文化遗产的传承者和守护者，不仅在长期的农业生产实践中形成了水土资源可持续管理的传统知识和技术体系，在此基础上也形成了对人与自然、社会之间规范互动关系的独特理解。这种理解外在表现为遗产地独具地域特色的文化和习俗，内在则表现为农民对自然生态保护和地域民族文化的认同、遵守和维护。结合 Berkes 等[26]对生态意识组成的划分和联合国粮食及农业组织对全球重要农业文化遗产的定义，本研究将传统生态意识划分为传统生态责任意识、传统生态规约意识和传统生态文化感知三个部分。

### 1.3.1 传统生态责任意识

传统生态责任意识更强调人类在长期认识自然和改造自然过程中，在一定的生态认知基础上所形成的自发性进行生态保护的责任感。农业文化遗产地不同于高化肥投入、机械化和规模化的现代农业，其所形成的生态农业模式具有极强的生态环境适应性，不仅对于维持地区社会－生态系统平衡和保持系统稳定的生产力具有重要作用[28]，同时也为地方的食物和生计安全提供了保障。得益于此，农业文化遗产地的居民往往形成了自发性的传统生态责任意识以保护他们赖以生存的农业生产系统，这也深刻影响着他们对旅游生计的选择。因此提出以下假设：

H1：传统生态责任意识对支持旅游生计选择具有显著的正向影响。

### 1.3.2 传统生态规约意识

传统生态规约意识是建立在一定乡规民约基础之上的生态意识。一些学者指出，传统农业社会中的交换、互助和互惠催生了一些内源性的良性社会关系和非正式制度，包括统一的价值观、文化风俗和制度规则等，对于社会的维系和稳定有着重要作用[29]。农业文化遗产的社会可持续性正是源于社会子系统所形成的社会秩序。许多研究证实，农业文化遗产地在长期的社会互动中形成了丰富而具体的民间规范，这些非正式制度蕴含着人与自然、人与社会和谐的内容[30]，这也对遗产地居民生态意识的形成产生了巨大的影响。因此提出以下假设：

H2：传统生态规约意识对支持旅游生计选择具有显著的正向影响。

### 1.3.3 传统生态文化感知

农业文化遗产是中国古老农耕文明的见证者，蕴含着丰富而深刻的文化内涵，在农业文化遗产延续和活态发展的过程中，当地的社区居民在长期的生产与生活实践中创造出了灿烂的农业文化。由于农业文化遗产系统持续发挥着农业生产和生态服务的功能，这类生态化的生产方式和理念也浸润着遗产地的农业文化发展，形成了内涵丰富的生态文化，并以有形或无形的方式融入遗产地的日常生活之中，影响着社区居民的内在认识和外在行为。因此提出以下假设：

H3：传统生态文化感知对支持旅游生计选择具有显著的正向影响。

### 1.4 生态情感

生态情感是人类在与自然环境互动时面对生态问题的心理状态。以往的诸多研究表明，人们对生态环境的关心是影响个体行为的重要预测因素[31]，特别是随着外部环境事件、个人情感体验的不断加深，这些因素会影响个体对生态环境的信念、态度和价值观，进而形成稳定的生态情感心理特质[32]。个体的生态情感卷入会随着时间产生积聚效应，正向或负向的个体生态意识往往会带来相应的积极或消极的生态情感变化，并进一步影响其行为。因此提出以下假设：

H4a：传统生态责任意识对生态情感具有显著的正向影响。

H4b：传统生态规约意识对生态情感具有显著的正向影响。

H4c：传统生态文化感知对生态情感具有显著的正向影响。

H5：生态情感对支持旅游生计选择具有显著的正向影响。

### 1.5 不同农户生计类型的调节中介作用

由于自然生产条件和生计资本水平的不同，即使在同一社区内农户生计也可能呈现出显著的空间异质性。在农业文化遗产地，旅游生计的出现往往以传统农业生计为基础，因而也受到包括生计资本与配置、社会网络、组织管理模式、政策引导条件等多重因素的影响[33]。当单一生计策略发展存在阻碍或是农、旅兼业存在冲突时，农户往往会依托自身的生计特征选择优势生计策略，以实现生计的多元化或替代生计的转换[34]。尽管旅游活动可以拓展农户生计发展的机会，但促进农户进行旅游生计选择的行为更多是受到其生计资本特征和个人偏好的影响。因此，在考虑农户支持旅游生计选择行为时，需要考虑不同生计类型在其心理决策过程中的调节中介作用。由此提出以下假设：

H6a：农户生计类型调节了通过生态情感的传统生态责任意识与支持旅游生计选择之间的关系。

H6b：农户生计类型调节了通过生态情感的传统生态规约意识与支持旅游生计选择之间的关系。

H6c：农户生计类型调节了通过生态情感的传统生态文化感知与支持旅游生计选择之间的关系。

结合以上论述，本研究的理论模型图，如图1所示。

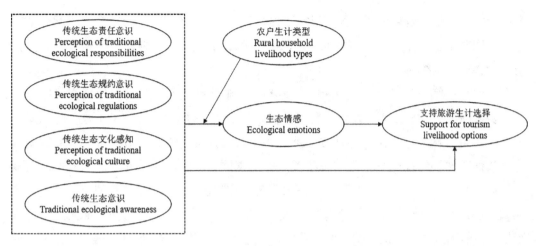

图 1　本研究的理论模型图

## 2. 研究设计

### 2.1 研究区概况

广东潮安凤凰单丛茶文化系统于 2014 年入选第二批中国重要农业文化遗产，同时也是广东省第一个重要农业文化遗产。单丛茶的种植最早可以追溯到南宋末年，潮州凤凰山地区的先民在长期的农业生产实践中，形成了一套具有鲜明岭南特色的茶业生产与文化传承系统，包括古单丛茶树资源保护、生态化茶园管理、半发酵乌龙茶加工技术及潮州工夫茶文化等。据统计，在遗产地仅 100 年以上的古茶树就有 1.5 万余株，不仅形成了连片壮丽的茶山景观，同时也是举世罕见的古茶树种质资源宝库，极具茶业生产和旅游发展潜力。整体来看，遗产地的茶叶种植历史悠久，当地农户在古茶树保护与茶园生态化管理方面具有一定的意识；同时，在 2019 年后当地以茶叶生产与加工为核心的农业产业模式受到一定冲击，旅游作为传统茶业生计的转型生计因具有现实需求而得以发展。因此，广东潮安凤凰单丛茶文化系统具有一定的研究价值。

### 2.2 研究方法与量表设计

#### 2.2.1 研究方法

本研究主要采用偏最小二乘法结构方程模型（PLS-SEM）和模糊集定性比较分析法（fsQCA）的两阶段混合方法作为研究方法。

在第一阶段，主要采用 PLS-SEM 验证不同变量假设之间的整体线性关系。结构方程模型主要可分为两类，包括线性结构关系（LSR-SEM）和偏最小二乘法结构方程模型。LSR-SEM 往往要求研究者所构建的模型具有先验性的理论基础，同时对样本量的数量和正态性分布要求较高。相较于 LSR-SEM 模型，PLS-SEM 模型的优势在于对样本量的数量和分布状态要求不高，可以有效处理小样本条件下变量之间的共线性问题，更适宜于对新构建的模型结构进行探索性分析[35]。尽管 PLS-SEM 可以很好地验证研究假设所构建的模型变量之间的净影响和整体关系，但社会现象的发生往往是多重前因条件共同影响的结果，并非仅受某一单一因素的影响，特别是在遗产地这类复杂的社会－生态复合系统内。

因此，在第二阶段，我们在 PLS-SEM 的基础上引入了基于案例的模糊集定性比较分析（fsQCA）方法来对前者所验证的假设进行进一步的解释。QCA 是一种以案例为导向的组态比较分析法，这种方法基于布尔代数的集合论组态分析方法，能够通过分析条件变量和结果变量之间的子集关系，从整体上探索由多重并发原因所形成的复杂问题的产生过程[36]。QCA 可分为清晰集定性比较法（csQCA）、多值集定性比较法（mvQCA）和模糊集定性比较分析法（fsQCA）。相较于其他两种方法，fsQCA 更适宜于处理多前因条件变量的情况，同时可以在一定程度上避免数据处理过程中对案例信息的流失，从而充分挖掘各类前因变量对结果所产生的影响作用[37]。在此基础上，我们认为通过将 PLS-SEM 方法和 fsQCA 方法相结合，可以更好地适用于一些小样本案例地以探索各类条件变量之间的协同效应和互动关系。

### 2.2.2 量表开发与问卷设计

为了保证变量测量的信度和效度，研究量表的开发和问卷设计结合了国内外相关研究的成果，并根据农业文化遗产地自身的特点进行了改进。问卷主要包括 4 个部分：第一部分为受访者的人口统计学特征，包括性别、年龄、文化程度、居住时间和收入水平、茶园管理等基本情况信息。第二部分选取了传统生态责任意识、传统生态规约意识、传统生态文化感知、生态情感和支持旅游生计选择 5 个变量的量表。所有题项均采用 Likert 5 级量表进行测量，包括 1~5 的分值分别来表示非常不同意、不同意、一般、同意和非常同意 5 种程度。题项的得分越高，表示受访者对该题项的表述越赞同。在正式调查之前，研究者对问卷进行了预测试，邀请了来自旅游管理、人文地理学和农业管理相关专业的 3 位专家从量表措辞和可理解性评估量表，同时由 12 位具有农业文化遗产与旅游研究背景的研究生对量表进行了预测试。预测试研究结果表明，Cronbach'α 系数的值均大于阈值 0.7，表明研究所提出的测量量表具有统计可靠性。量表具体设计指标如下：

（1）传统生态责任意识。该变量的测量参考了 Su 等和 Wang 等的研究[38-39]，包括"茶农在茶园生态环境保护上责任重大""茶园生态环境保护主要是政府和村委会的责任""主动减少化肥农药在茶园中的使用"和"主动制止茶农破坏茶园生态环境的行为"4 个题项。

（2）传统生态规约意识。该变量的测量参考了 Mbaiwa 等的研究[40]，包括"遗产地形成了良好有序的生态规约""生态规约能够很好地防止茶农破坏茶园生态环境""村干部重视生态规约的建设、宣传工作"3 个题项。

（3）传统生态文化感知。该变量的测量参考了张爱平等和 Dou 等的研究[11, 41]，包括"遗产地的乡风民俗具有生态文化色彩""遗产地茶园形成了普遍的生态化管护模式""遗产地茶园的管理经营体现了人与自然和谐发展" 3 个题项。

（4）生态情感。该变量的测量参考了张晶晶等[42]的研究，包括"从事生态茶园的管护与生产经营会使我感到心情愉快""当看到遗产地茶园被破坏时会使我感到痛心""茶园生态环境的恶化对茶业生产经营影响大" 3 个题项。

（5）支持旅游生计选择。该变量的测量参考了 Su 等[43]的研究，包括"生态茶园非常适宜旅游发展""愿意将茶园用于旅游发展""茶园内游客数量的增长会使我有危机感" 3 个题项。

### 2.3 数据收集与处理

#### 2.3.1 数据收集

截至 2022 年，潮州地区单丛茶的主要产区集中在以凤凰山为核心的潮安区凤凰镇和饶平县浮滨镇两大区域。由于海拔高度和局部小气候条件的不同，遗产地内形成了两种不同的茶叶生计策略模式（见图 2）。在海拔 800 m 以上的区域，茶农主要以一年一季的春茶采制为主；而在海拔 300~800 m 的区域，则以一年 4~5 季茶叶采制为主。由于茶园管理经营模式的差异，高低山区域形成了两种不同的茶业生计模式，这也带来了两类农户生计结果的差异化发展。

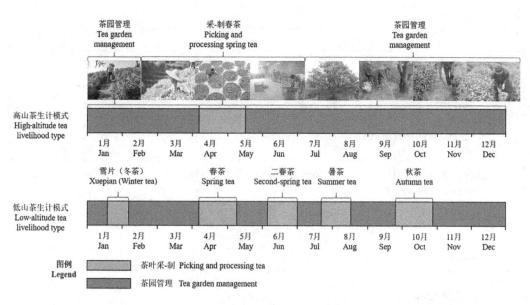

**图 2　遗产地茶业生计策略模式**

调研于 2022 年 7 月 26 日~8 月 12 日开展，由 7 名旅游管理及地理学专业的研究生组成，调查之前已就半结构式访谈内容、居民沟通技巧、问卷发放程序等对调研人员进行了系统培训。调研人员主要在凤凰镇的大庵村、乌岽村、官木石村、超苟村以及浮滨镇的岭头村和上社村进行问卷和半结构式访谈调研。由于当地农户分布以自然村聚居为主，且每个自然村约有 20~30 户常住居民，因此，研究小组采取便利抽样的方法进行入户调研。在访谈与问卷调研开始之前，受访者被要求确认为居住在遗产地内且从事茶叶种植的本地农户，在此基础上，每户进行约 40~90 分钟的深度访谈，在充分了解农户基本情况及旅游发展意愿的基础上再行填写问卷。此次调研共发放问卷 98 份，剔除随意填答、漏选、多选所导致的无效问卷 6 份，最终共获得有效问卷 92 份（见表 1），问卷有效率为 93.9%。

**表 1 受访者人口统计学特征（N=92）**

| 变量<br>Variables | 类别<br>Categories | 频数<br>Frequency | 有效百分比（%）<br>Valid percentage |
|---|---|---|---|
| 性别<br>Gender | 男 | 46 | 50 |
| | 女 | 46 | 50 |
| 年龄<br>Age | 19 岁以下 | 2 | 2.2 |
| | 19~30 岁 | 17 | 18.5 |
| | 30~45 岁 | 36 | 39.1 |
| | 45~60 岁 | 25 | 27.2 |
| | 60 岁及以上 | 12 | 13 |
| 文化程度<br>Education | 小学及以下 | 15 | 16.3 |
| | 初中 | 43 | 46.7 |
| | 高中或中专 | 27 | 29.3 |
| | 大专、本科及以上 | 7 | 7.7 |
| 家庭土地面积<br>Household acreage | 10 亩以下 | 12 | 13 |
| | 10~20 亩 | 53 | 57.6 |
| | 20~30 亩 | 13 | 14.1 |
| | 30 亩以上 | 14 | 15.2 |
| 家庭年总收入<br>Total annual family income | 50 万元以下 | 20 | 21.7 |
| | 50 万~100 万元 | 19 | 20.7 |
| | 100 万~200 万元 | 16 | 17.4 |
| | 200 万元以上 | 37 | 40.2 |
| 生计模式<br>Livelihood types | 高山茶 | 54 | 58.7 |
| | 低山茶 | 38 | 41.3 |

### 2.3.2 数据处理

数据处理分两个阶段进行。在第一阶段，主要进行结构方程模型的验证与检验：（1）通过信度和效度检验，验证量表内部的一致性，以及聚合效度和区别效度；（2）进行验证性分析确定结构方程模型的拟合度；（3）通过路径系数检验和调节中介效应检验确定各个研究假设的显著性。在第二阶段，主要借助调研案例样本的实际情况来识别和测量影响农户支持旅游生计选择的组态和条件：（1）采用直接校准法，分别选取上四分位点（75%）、中位数（50%）和下四分位点（25%）作为完全隶属、交叉点和完全不隶属的 3 个锚点对条件变量和结果变量赋予隶属度以进行校准[44]；（2）通过真值表分析，确定案例样本数据与可能组态之间的对应关系与分布情况；（3）对数据结果结合结构方程模型的检验结果与实际情况进行分析阐释。本研究通过 SPSS 18.0 对所收集数据的信度和效度进行检验，PLS-SEM 分析借助 Smart PLS 3.0 软件完成，fsQCA 结果通过 fsQCA 3.0 软件实现。

## 3. 结果与分析

### 3.1 信度及效度分析结果

对调研所获取的 92 份问卷进行信度和效度检验，检验结果如表 2 及表 3 所示。在本研究中，信度主要通过 Cronbach's α 系数和组合信度系数来进行度量。结果显示，传统生态责任意识、传统生态规约意识、传统生态文化感知、生态情感和支持旅游生计选择 5 个潜变量的 Cronbach's α 系数介于 0.854~0.902，均大于常用标准 0.7；组合信度则介于 0.864~0.939，均大于常用标准 0.7。表明本研究所设计的量表具有良好的内部一致性，且数据具有较高的信度。

本研究所进行的效度检验包括收敛效度和区别效度两个层面。传统生态责任意识、传统生态规约意识、传统生态文化感知、生态情感和支持旅游生计选择 5 个潜变量的平均抽取变异量介于 0.735~0.837，均高于常用建议标准 0.5，因此可以证明变量量表及数据具有良好的收敛效度。区别效度主要采用 Fornell-Larcker 标准[45]，通过表 3 可以发现，矩阵对角线上各数据均大于其所在列的下方其他数据，表示量表的测量变量均具有较好的区别效度。

表 2　变量的信度系数和收敛效度

| 变量 Variables | 克朗巴哈系数 Cronbach's α | 组合信度系数（CR） | 平均抽取变异量（AVE） |
|---|---|---|---|
| 传统生态责任意识 Perception of traditional ecological responsibilities | 0.880 | 0.917 | 0.735 |
| 传统生态规约意识 Perception of traditional ecological regulations | 0.861 | 0.864 | 0.782 |
| 传统生态文化感知 Perception of traditional ecological culture | 0.902 | 0.939 | 0.837 |
| 生态情感 Ecological emotions | 0.892 | 0.933 | 0.823 |
| 支持旅游生计选择 Support for tourism livelihood options | 0.854 | 0.911 | 0.774 |

表 3  变量的区别效度（Fornell–Larcker 标准）

|   | A | B | C | D | E |
|---|---|---|---|---|---|
| A | 0.857 |  |  |  |  |
| B | 0.550 | 0.884 |  |  |  |
| C | 0.436 | 0.374 | 0.915 |  |  |
| D | 0.351 | 0.550 | 0.440 | 0.907 |  |
| E | 0.505 | 0.396 | 0.402 | 0.369 | 0.880 |

注：（1）矩阵对角线为 AVE 的平方根，对角线下方为相关系数矩阵；（2）A 表示传统生态责任意识，B 表示传统生态规约意识，C 表示传统生态文化感知，D 表示生态情感，E 表示支持旅游生计选择。

### 3.2 PLS–SEM 拟合与假设检验验证

在 Smart PLS 中提供了 SRMR、NFI 和 RMS$_{theta}$ 三个绝对值验证性因子指标进行模型拟合度检验。在本研究中，这三项指标的模型整体拟合度分别为 SRMR=0.062，小于 0.08；NFI=0.913，大于 0.9；RMS$_{theta}$=0.106，小于 0.12。因此可以认为，本研究所构建的模型具有良好的拟合度。在此基础上，将整体模型下的潜变量和观测变量进行模型路径系统分析（见表 4），得到各研究假设的验证分析结果。

表 4  模型路径系数分析

| 假设<br>Hypotheses | 路径关系<br>Path | 路径系数<br>Path coefficient | t 值<br>（t-value） | p 值<br>（p-value） | 假设检验结果<br>Hypothesis testing results |
|---|---|---|---|---|---|
| H1 | A→E | 0.142 | 1.980 | 0.048** | 接受 |
| H2 | B→E | 0.152 | 2.770 | 0.006** | 接受 |
| H3 | C→E | 0.017 | 0.401 | 0.688 | 不接受 |
| H4a | A→D | 0.380 | 2.819 | 0.005** | 接受 |
| H4b | B→D | 0.407 | 3.528 | 0.000*** | 接受 |
| H4c | C→D | 0.045 | 0.427 | 0.669 | 不接受 |
| H5 | D→E | 0.373 | 3.770 | 0.000*** | 接受 |

注：（1）A 表示传统生态责任意识，B 表示传统生态规约意识，C 表示传统生态文化感知，D 表示生态情感，E 表示支持旅游生计选择；（2）**$p<0.05$，***$p<0.001$。

从表 4 中可知，传统生态责任意识（$\beta=0.142$，$p<0.05$）和传统生态规约意识（$\beta=0.152$，$p<0.05$）对支持旅游生计选择有显著的正向影响，假设 H1 和 H2 验证得到成立。传统生态文化感知对支持旅游生计选择的影响不显著（$\beta=0.017$，$p>0.1$），因此假设 H3 未获支持。传统生态责任意识（$\beta=0.380$，$p<0.05$）和传统生态规约意识（$\beta=0.407$，$p<0.001$）对生态情感具有显著的正向影响，假设 H4a 和 H4b 得到验证成立。传统生态文化感知对生态情感的影响不显著（$\beta=0.045$，$p>0.1$），因此假设 H4c 未获支持。生态情感对支持旅游生计选择具有显著的正向影响（$\beta$=0.045，$p<0.001$），假设 H5 成立。

由于遗产地的茶农形成了两种截然不同的茶业生计模式，当中介变量（生态情感）连接自变量（传统生态责任意识、传统生态规约意识和传统生态文化感知）和因变量（支持旅游生计选择）影响时，便可能存在着调节中介作用。因此，结合 Awang 等的建议[46]，在模型路径分析的基础上通过 bootstrapping 法进行调节中介效应检验，重复次数设定为 4000 次，得到农户生计类型的调节中介效应检验结果（见表 5）。

表 5　农户生计类型的调节中介效应检验结果

| 调节变量 Adjustment variable | 假设 Hypotheses | 路径关系 Path | 调节中介效应 Moderated mediation effects | | | 95% 置信区间 95% Confidence Interval |
|---|---|---|---|---|---|---|
| | | | 直接效应 Direct effect | 间接效应 Indirect effect | 总效应 Total effect | |
| F | H6a | A→D→E | 0.413** | 0.214*** | 0.627** | ［0.038，0.317］ |
| | H6b | B→D→E | 0.309** | 0.133** | 0.442** | ［0.118，0.572］ |
| | H6c | C→D→E | −0.016 | −0.013 | −0.029 | ［−0.097，0.067］ |

注：（1）A 表示传统生态责任意识，B 表示传统生态规约意识，C 表示传统生态文化感知，D 表示生态情感，E 表示支持旅游生计选择，F 表示农户生计类型；（2）**$p<0.05$，***$p<0.001$。

由表 5 可知，农户生计类型对生态情感在传统生态责任意识和传统生态规约意识的调节中介效应显著。其中，农户生计类型在生态情感与传统生态责任意识和支持旅游生计选择之间的总中介调节效应为 0.627（直接中介调节效应为 0.413，间接中介调节效应为 0.214），95%CI=［0.038，0.317］；农户生计类型在生态情感与传统生态规约意识和支持旅游生计选择之间的总中介调节效应为 0.442（直接中介调节效应为 0.309，间接中介调节效应为 0.133），95%CI=［0.118，0.572］。而农户生计类型在生态情感与传统生态文化感知和支持旅游生计选择之间的中介调节效应并不显著（$p>0.1$）。因此，上述结果表明，农户生计类型的中介调节效应主要对传统生态责任意识和传统生态规约意识产生作用，并以直接效应影响农户的生态情感并作用于其支持旅游生计选择的行为上。

### 3.3 fsQCA 结果

模糊集分析首先需要对前因条件变量是否是结果的必要条件进行检验。前因条件变量是否为必要条件取决于其相对于结果变量的一致性分值，当某一前因条件变量的一致性分值在 0.9 以上，则认为该变量为结果变量的必要条件[47]。表 6 为不同农户生计类型单项前因条件变量的一致性和覆盖率。

表6　不同农户生计类型单项前因条件的一致性和覆盖率

| 前因条件<br>Preconditions | 农户生计类型：高山茶模式<br>Rural livelihood types：<br>High-altitude tea garden<br>结果行为：支持旅游生计选择<br>Outcome behavior：Support for<br>tourism livelihood options | | 前因条件<br>Preconditions | 农户生计类型：低山茶模式<br>Rural livelihood types：<br>Low-altitude tea garden<br>结果行为：支持旅游生计选择<br>Outcome behavior：Support for<br>tourism livelihood options | |
|---|---|---|---|---|---|
| | 一致性<br>Consistency | 覆盖率<br>Coverage | | 一致性<br>Consistency | 覆盖率 Coverage |
| A | 0.932654 | 0.820189 | | 0.901137 | 0.754115 |
| B | 0.929501 | 0.784008 | | 0.929122 | 0.675265 |
| C | 0.793036 | 0.775686 | | 0.783733 | 0.764351 |
| D | 0.960578 | 0.817563 | | 0.952306 | 0.863679 |

注：A 表示传统生态责任意识，B 表示传统生态规约意识，C 表示传统生态文化感知，D 表示生态情感。

由表6可以看出，对于高山茶和低山茶两种生计模式而言，传统生态责任意识、传统生态规约意识和生态情感均显示出较高的一致性，这说明在两类茶业生计模式中，这3个前因变量均可被视为支持旅游生计行为结果发生的必要条件。进一步对覆盖率分析可知，上述3个前因变量在高山茶业生计模式中可以解释78.4%~82%的结果，在低山茶业生计模式中可以解释75.4%~86.4%的结果，这一结果也与 PLS-SEM 中的结果相呼应，证明了这3个前因变量可以较为有力地解释农户支持旅游生计选择的行为。但综合来看，单一的前因变量并不能完全作为结果发生的充分必要条件，农户支持旅游生计选择的行为结果是多重复杂因素并发的结果，还需要通过不同前因变量的组合来分析其形成与作用机制。

在此基础上，通过模糊集定性比较分析中的真值表算法进行分析，在输出的结果中包括复杂解、中间解和简约解，本研究采取 Rihoux 等[48]的建议使用中间解分析充分条件的组合。针对支持旅游生计选择均存在4个影响变量，分别能够产生16个潜在构型变量。通过将两类生计模式进行分类计算，共得出影响农户支持旅游生计选择的前因条件变量组合路径分别为6条和5条（见表7）。由分析结果可知，高山茶和低山茶生计类型农户的支持旅游生计选择输出的前因条件路径组合的总体一致性分别为 0.883873和 0.858176，均超过了 0.75 的阈值标准[49]，显示出路径组合结果对实际现象具有解释力。尽管模糊集定性比较分析法所给出的两类农户支持旅游生计选择的前因条件变量关系较为复杂，但结合 PLS-SEM 结果可以发现：一方面，传统生态责任意识、传统生态规约意识和生态情感主要对支持旅游生计的行为产生正向影响，而传统生态文化感知则主要产生负向影响或不出现，这也在一定程度上印证了 PLS-SEM 的结果。另一方面，相对于低山茶生计模式，高山茶生计模式的部分农户在传统生态责任意识和传统生态规约意识归因较低或产生负向影响的条件下，才会形成支持旅游生计的行为，结合实地访谈的情况发现这可能与茶农所形成的生计路径依赖有关：在高山茶产区，由于传统农业所带来的经济效益较高且农户自身的生态意识较强，农户对旅游发展所带来的影响存在疑虑或避险心理，因而对于旅游生计的选择较为谨慎；而低山茶产区农户对生计多样性的需求较为强烈，因而对旅游生计的选择更趋向于支持态度。整体来看，所有前因条件变量组合的净覆盖率介于 0.007264~0.080859，这表明前因条件变量组合的任何一个条件组合都无法构成支持农户旅游生计选择的充分必要条件，由此可以看出支持农户旅游生计选择的前因条件变量并不是统一对称的单一结果，存在着复杂的交互和协同效应。

**表 7　不同农户生计类型模糊集比较分析结果**

| 农户生计类型<br>Rural livelihood types | 前因条件组合<br>Combination of Preconditions | 原始覆盖率<br>Raw coverage | 净覆盖率<br>Unique coverage | 一致性<br>Consistency |
|---|---|---|---|---|
| 高山茶生计模式<br>High-altitude tea garden<br>livelihood type | ~A*B*D | 0.351548 | 0.023373 | 0.965308 |
| | A*~B*C*D | 0.428996 | 0.017056 | 0.950536 |
| | A*D | 0.377132 | 0.029690 | 0.866184 |
| | A*~C*D | 0.179406 | 0.007264 | 0.846568 |
| | B*D | 0.428869 | 0.074542 | 0.815296 |
| | B*~C*D | 0.753317 | 0.034112 | 0.810089 |
| | 总体覆盖率：0.774163　总体一致性：0.883873 | | | |
| 低山茶生计模式<br>Low-altitude tea garden<br>livelihood type | A*B*~C*D | 0.270373 | 0.040429 | 0.973154 |
| | A*B*D | 0.343019 | 0.080859 | 0.940667 |
| | A*D | 0.213519 | 0.034112 | 0.877922 |
| | A*~C*D | 0.128869 | 0.031585 | 0.829297 |
| | B*~C*D | 0.820404 | 0.068225 | 0.805263 |
| | 总体覆盖率：0.816361　总体一致性：0.858176 | | | |

注：（1）A 表示传统生态责任意识，B 表示传统生态规约意识，C 表示传统生态文化感知，D 表示生态情感，E 表示支持旅游生计选择；（2）* 和 ~ 均为布尔运算符，* 表示"逻辑且"的关系，~ 表示"逻辑非"的关系。

## 4. 结论与讨论

### 4.1 研究结论

本文实证探索了农业文化遗产地农户传统生态意识对旅游生计选择的影响关系，以及生态情感和农户生计类型在其中的调节中介作用，主要得到了以下 5 条结论：第一，传统生态责任意识和传统生态规约意识能够促进生态情感的形成，并最终影响农户支持旅游生计的选择；第二，农户生计类型调节了传统生态责任意识和传统生态规约意识对支持旅游生计选择的影响；第三，农户的传统生态文化感知对于生态情感的形成，以及支持旅游生计选择的行为影响不大，同时没有相应的调节中介效应；第四，不同生计类型的农户由于生计资本和生计偏好的不同，对于旅游生计策略的选择呈现出不同的分化趋势；第五，支持农户旅游生计选择的前因条件变量是复杂和交互的，没有单一变量可以决定性影响农户的旅游生计选择行为。

### 4.2 理论贡献

首先，本文借助于"认知－情感－意向"理论，通过理论演绎与实证检验确立了农业文化遗产地农户传统生态意识对旅游生计选择的基本解释框架，该模型对于解释乡村社区型旅游地的旅游参与行为具有适用性和有效性，拓展了旅游地社区生计研究并为农业文化遗产旅游研究提供了新见解。一方面，本文识别了传统生态意识对支持旅游生计发展过程中的关键影响因素，包括心理层面的传统生态责任意识、传统生态规约意识和生态情感，以及外部层面的农户生计类型；另一方面，探明了这些因素之间的传导作用机制和影响关系，对于理解农户参与旅游生计行为的复杂交互和协同机制具有一定的助益。

其次，本文通过 PLS-SEM 方法和 fsQCA 方法的结合，验证了这两个方法在协同的条件下，对小样本案例地的有效解释力。通过 PLS-SEM 方法可以对理论框架的整体有效性进行检验和解释，对于不同影响因素之间的路径效果可以很好地进行度量，在此基础上引入的 fsQCA 方法可以进一步对研究框架的不同前因变量组合关系进行明晰，不同情境条件的组合对于多变量的影响效应判定能够发挥一定作用。

最后，作为一类典型的活态遗产，农业文化遗产不同于传统的静态遗产，其存续及其旅游发展离不开农户的参与，因此，本研究所提出的模型框架不仅适用于农业文化遗产地，对于其他以社区为基础的旅游地也具有一定的适用性和参考价值。此外，除传统生态意识和生态情感以外，还有诸多经济、社区、生态和文化因素可能会对农户参与旅游生计的行为产生影响，包括地方依恋与认同、个体主观规范与满意度、资源基础与利用水平、收入与生活水平、社区组织管理、参与机制和服务保障能力等，未来可以从不同维度和主客观层级拓展这一模型框架以更好地理解农户参与旅游生计的影响机理与行为模式，从而促进旅游地社区可持续生计的长期良性循环并制定合理的政策规范与管理规划。

### 4.3 管理启示

第一，重视农户自身的生态意识和情感在支持旅游生计选择中的影响。本研究发现，传统生态责任意识和传统生态规约意识既能够对支持旅游生计选择产生直接影响，也能够通过生态情感间接作用于农户的生计选择。因此，旅游地旅游活动的开展需要重视社区非正式制度在支持旅游发展中的作用，特别是尊重社区居民的个人情感因素。需要注意的是，尽管生态文化感知在本案例地中对旅游生计选择的影响不显著，但在其他一些文化因素（如地域文化和民族文化）影响较强的旅游地社区，文化因素可能会潜移默化地影响农户对旅游的认知及其与传统生计的关系，进而影响到其对旅游生计选择的支持，因此并不能够忽视文化因素在其中的影响。

第二，重视农户自身的生计资本特征和个人偏好在影响其生计策略选择中的作用。尽管心理层面的生态意识和情感会对农户支持旅游生计的选择产生重大影响，但不可否认，居民生计策略的选择自由度和流动水平同样会受到其生计资本水平的制约。社区农户的旅游生计选择并非均质化的唯一解，社区旅游的发展同样需要考虑不同农户在时间和空间上的异质性，特别是不同农户在资源禀赋基础和风险承受能力上的差异。伴随着社区生计系统的不断演化，传统生计和旅游生计之间的互动关系不仅是冲突与替代的二元关系，更多地需要考虑农户自身的条件和意愿不断地引导其进行协商与权衡，以促进农、旅生计更好地互补与融合发展。

第三，平衡旅游发展的多层次影响，提升自然和遗产保护与旅游发展之间的协同效应。旅游发展是农业文化遗产保护的重要手段，但旅游的发展不能够脱离保护这一前提，特别是在追求经济利益并推动农户生计补充和多元化发展的同时，还需要注重发挥其生态和社会功能。在本研究中发现，部分农户趋向于规避旅游生计选择的重要原因在于其对旅游可能带来的负面生态和环境效应的担忧。因此，在促进社区旅游发展的同时，需要降低旅游在不同时期可能带来的负面效应，做好旅游发展在社区层面的规划与解释工作，提高农户对旅游活动的理解以提升其对旅游生计的合理选择。

## 参考文献：

［1］陈传明，侯雨峰，吴丽媛．自然保护区建立对区内居民生计影响研究——基于福建武夷山国家级自然保护区 272 户区内居民调研［J］．中国农业资源与区划，2018，39（1）：219-224．

［2］杨伦，刘某承，闵庆文，等．农户生计策略转型及对环境的影响研究综述［J］．生态学报，2019，39（21）：8172-8182．

［3］刘自强，李静，董国皇，等．农户生计策略选择与转型动力机制研究——基于宁夏回族聚居区 451 户农户的调查数据［J］．世界地理研究，2017，26（6）：61-72．

［4］伍艳．贫困山区农户生计资本对生计策略的影响研究——基于四川省平武县和南江县的调查数据［J］．农业经济问题，2016，37（3）：88-94．

［5］何思源，王博杰，王国萍，等．自然保护地社区生计转型与产业发展［J］．生态学报，2021，41（23）：9207-9215．

［6］蔡晶晶，吴希．乡村旅游对农户生计脆弱性影响评价——基于社会－生态耦合分析视角［J］．农业现代化研究，2018，39（4）：654-664．

［7］贺爱琳，杨新军，陈佳，等．乡村旅游发展对农户生计的影响——以秦岭北麓乡村旅游地为例［J］．经济地理，2014，34（12）：174-181．

[8] 王瑾，张玉钧，石玲. 可持续生计目标下的生态旅游发展模式——以河北白洋淀湿地自然保护区王家寨社区为例 [J]. 生态学报，2014，34（9）：2388-2400.

[9] 孙九霞，刘相军. 生计方式变迁对民族旅游村寨自然环境的影响——以雨崩村为例 [J]. 广西民族大学学报（哲学社会科学版），2015，37（3）：78-85.

[10] 席建超，张楠. 乡村旅游聚落农户生计模式演化研究——野三坡旅游区苟各庄村案例实证 [J]. 旅游学刊，2016，31（7）：65-75.

[11] 张爱平，侯兵，马楠. 农业文化遗产地社区居民旅游影响感知与态度——哈尼梯田的生计影响探讨 [J]. 人文地理，2017，32（1）：138-144.

[12] SU M M, WALL G, WANG Y, et al. Livelihood sustainability in a rural tourism destination-hetu town, anhui province, China [J]. Tourism Management, 2019, 71: 272-281.

[13] HE S, GALLAGHER L, MIN Q. Examining linkages among livelihood strategies, ecosystem services, and social well-being to improve national park management [J]. Land, 2021, 10（8）: 823.

[14] 罗鲜荣，王玉强，保继刚. 旅游减贫与旅游再贫困：旅游发展中不同土地利用方式对贫困人口的影响 [J]. 人文地理，2017，32（4）：121-128.

[15] 孙业红，闵庆文，成升魁，等. 农业文化遗产的旅游资源特征研究 [J]. 旅游学刊，2010，25（10）：57-62.

[16] MIN Q, WANG B, SUN Y. Progresses and perspectives of the resource evaluation related to agri-cultural heritage tourism [J]. Journal of Resources and Ecology, 2022, 13（4）: 708-719.

[17] 崔峰，李明，王思明. 农业文化遗产保护与区域经济社会发展关系研究——以江苏兴化垛田为例 [J]. 中国人口·资源与环境，2013，23（12）：156-164.

[18] 王博杰，何思源，闵庆文，等. 开发适宜性视角的农业文化遗产地旅游资源评价框架——以浙江省庆元县为例 [J]. 中国生态农业学报（中英文），2020，28（9）：1382-1396.

[19] BALOGLU S. An empirical investigation of attitude theory for tourist destinations: a comparison of visitors and nonvisitors [J]. Journal of Hospitality & Tourism Research, 1998, 22（3）: 211-224.

[20] 郭安禧，王松茂，李海军，等. 居民旅游影响感知对支持旅游开发影响机制研究——社区满意和社区认同的中介作用 [J]. 旅游学刊，2020，35（6）：96-108.

[21] 苏明明. 旅游地社区研究——从生计到福祉的理论拓展 [J]. 旅游导刊，2021，5（6）：1-23.

[22] 苏明明，杨伦，何思源. 农业文化遗产地旅游发展与社区参与路径 [J]. 旅

游学刊，2022，37（6）：9-11.

［23］WANG B，HE S，MIN Q，et al. Influence of residents' perception of tourism's impact on supporting tourism development in a GIAHS site：the mediating role of perceived justice and community identity［J］. Land，2021，10（10）：1-18.

［24］SU M，SUN Y，MIN Q，et al. A community livelihood approach to agricultural heritage system conservation and tourism development：Xuanhua grape garden urban agricultural heritage site，Hebei Province of China［J］. Sustainability，2018，10（2）：361.

［25］HE L，MIN Q. The role of multi-functionality of agriculture in sustainable tourism development in globally important agricultural heritage systems（GIAHS）sites in China［J］. Journal of Resources and Ecology，2013，4（3）：250-257.

［26］BERKES F. Traditional ecological knowledge in perspective［J］. Traditional Ecological Knowledge：Concepts and Cases，1993，1：1-9.

［27］焦雯珺，崔文超，闵庆文，等. 农业文化遗产及其保护研究综述［J］. 资源科学，2021，43（4）：823-837.

［28］HE S，LI H，MIN Q. Is GIAHS an effective instrument to promote agrosystem conservation? a rural community's perceptions［J］. Journal of Resources and Ecology，2020，11（1）：77-86.

［29］刘守英，熊雪锋. 中国乡村治理的制度与秩序演变——一个国家治理视角的回顾与评论［J］. 农业经济问题，2018（9）：10-23.

［30］郭利京，赵瑾. 非正式制度与农户亲环境行为——以农户秸秆处理行为为例［J］. 中国人口·资源与环境，2014，24（11）：69-75.

［31］KAISER F G，RANNEY M，HARTIG T，et al. Ecological behavior，Environmental attitude，and feelings of responsibility for the environment［J］. European Psychologist，1999，4（2）：59-74.

［32］SU L，HSU M K，BOOSTROM JR R E. From recreation to responsibility：increasing environmentally responsible behavior in tourism［J］. Journal of Business Research，2020，109：557-573.

［33］SU M M，SUN Y，WALL G，et al. Agricultural heritage conservation，tourism and community livelihood in the process of urbanization-Xuanhua grape garden，Hebei Province，China［J］. Asia Pacific Journal of Tourism Research，2020，25（3）：205-222.

［34］何思源，李禾尧，闵庆文. 农户视角下的重要农业文化遗产价值与保护主体［J］. 资源科学，2020，42（5）：870-880.

［35］张军.结构方程模型构建方法比较［J］.统计与决策，2007（18）：137-139.

［36］杜运周，贾良定.组态视角与定性比较分析（QCA）：管理学研究的一条新道路［J］.管理世界，2017（6）：155-167.

［37］范香花，程励.共享视角下乡村旅游社区居民旅游支持度的复杂性——基于fsQCA方法的分析［J］.旅游学刊，2020，35（4）：36-50.

［38］SU L，SWANSON S R，CHEN X. Reputation，subjective well-being，and environmental responsibility：the role of satisfaction and identification［J］. Journal of Sustainable Tourism，2018，26（8）：1344-1361.

［39］WANG S，WANG J，LI J，et al. Do motivations contribute to local residents' engagement in pro-environmental behaviors? resident-destination relationship and pro-environmental climate perspective［J］. Journal of Sustainable Tourism，2020，28（6）：834-852.

［40］MBAIWA J E，STRONZA A L. Changes in resident attitudes towards tourism development and conservation in the Okavango Delta，Botswana［J］. Journal of Environmental Management，2011，92（8）：1950-1959.

［41］DOU Y，ZHEN L，YU X，et al. Assessing the influences of ecological restoration on perceptions of cultural ecosystem services by residents of agricultural landscapes of western China［J］. Science of the Total Environment，2019，646：685-695.

［42］张晶晶，余真真，田浩.亲环境行为的情理整合模型：生态情感卷入的作用［J］.心理技术与应用，2018，6（8）：484-492.

［43］SU M M，WALL G，WANG Y. Integrating tea and tourism：a sustainable livelihoods approach［J］. Journal of Sustainable Tourism，2019，27（10）：1591-1608.

［44］张雪晶，陈巧媛，李华敏.从体验对象到体验场域：乡村旅游地高质量发展组态分析［J］.旅游学刊，2022，37（5）：33-44.

［45］HENSELER J，RINGLE C M，SARSTEDT M. A new criterion for assessing discriminant validity in variance-based structural equation modeling［J］. Journal of the Academy of Marketing Science，2015，43（1）：115-135.

［46］AWANG Z，AFTHANORHAN A，ASRI M. Parametric and non parametric approach in structural equation modeling（SEM）：the application of bootstrapping［J］. Modern Applied Science，2015，9（9）：58.

［47］KRAUS S，RIBEIRO-SORIANO D，SCHÜSSLER M. Fuzzy-set qualitative comparative analysis（fsQCA）in entrepreneurship and innovation research-the rise of a method［J］. International Entrepreneurship and Management Journal，2018，14（1）：15-33.

［48］RIHOUX B，RAGIN C C. Configurational comparative methods：qualitative comparative analysis（QCA）and related techniques［M］. Thousand Oaks：Sage Publications，2008：87.

［49］PAPPAS I O，WOODSIDE A G. Fuzzy-set qualitative comparative analysis（fsQCA）：guidelines for research practice in information systems and marketing［J］. International Journal of Information Management，2021，58：102310.

（作者单位：王博杰，中国科学院地理科学与资源研究所、中国科学院大学资源与环境学院；何思源，中国科学院地理科学与资源研究所；闵庆文，中国科学院地理科学与资源研究所、中国科学院大学资源与环境学院、北京联合大学旅游学院；孙业红，北京联合大学旅游学院）

# 农业文化遗产地农民返乡创业的历程研究*

## ——以广东潮安凤凰单丛茶文化系统为例

周泽鲲

[摘　要]农民在农业文化遗产系统中居于主体地位，是农业文化遗产地实现乡村振兴的中坚力量。本研究聚焦于农业文化遗产地潮州市潮安区凤凰镇的农民回流现象，运用深度访谈法，尝试深度梳理广东潮安凤凰单丛茶文化系统下农民返乡创业的历程机理。研究发现：（1）凤凰镇回流农民返乡的主要驱动因素包括：经济利益、工作变故、家庭事件、凤凰单丛茶相关事件以及个人情感；（2）回流农民返乡后就业取向仍以围绕凤凰单丛茶为中心的农业就业为主；（3）回流农民返乡创业过程中主要面临土地、资金、设备、人力以及管理等方面的困难，且偏向于依靠个人解决困难；（4）回流农民对于返乡决策和目前生活状态呈现出较高水平的满意度。总之，当地农民和凤凰单丛茶是深度嵌合、共生共荣的关系。本研究对于准确把握农业文化遗产地人口返乡的总体特征与逻辑关系具有较强的现实意义。

[关键词]农民回流；返乡创业；凤凰单丛茶；农业文化遗产

## 引言

2017年党的十九大提出乡村振兴战略，并明确了"产业兴旺、生态宜居、乡风文明、治理有效、生活富裕"的总要求。该战略具有深厚的理论基础[1]。其中乡村产业兴旺是振兴的先决条件[2]，而农民是乡村振兴的主体[3]。2018年《中共中央　国务院关于实施乡村振兴战略的意见》指出："实施乡村振兴战略，必须破解人才瓶颈制约。要把人力资本开发放在首要位置，畅通智力、技术、管理下乡通道，造就更多乡土

---

* 本文系"北京市教委社科一般项目（SM202311417003）、北京联合大学科研项目（ZK20202209）和"潮州单丛茶文化系统申报全球重要农业文化遗产项目"的阶段性成果。

人才，聚天下人才而用之"[4]。此外，中共中央、国务院印发的《乡村振兴战略规划（2018~2022 年）》对实施乡村振兴战略做了进一步的详细规划，其中第三十二章专门针对强化乡村振兴人才支撑做了阐述，提出要"实行更加积极、更加开放、更加有效的人才政策，推动乡村人才振兴，让各类人才在乡村大施所能、大展才华、大显身手[5]"。

由此可见，人才之于乡村振兴的重要性。而我国长期以来的城乡二元结构导致农村劳动力外流，制约了农村经济的发展。农民工返乡创业不但能为乡村振兴提供人力、技术、资本等方面的支持，还能为当地创造就业机会等。此外，返乡农民本就嵌套在乡村社会中，是乡村的一分子，他们不仅对乡村十分了解，而且具有深厚的感情，所以返乡农民在乡村振兴中的关键作用不言而喻。特别是对于农业文化遗产地而言，因为农业文化遗产保护靠的是当地农民，因此需要让他们有文化自信和自觉，让他们愿意保护农业文化遗产，前提当然是通过政策上的支持、技术上的帮助、市场上的开拓，让他们通过保护而受益。农业文化遗产是一个复合系统，是当地农民祖祖辈辈创造发展出来的，农民是农业文化遗产系统的核心主体，是遗产的创造者与守护者，其在当地乡村振兴中的重要作用更需要被凸显。

## 1. 研究现状

### 1.1 农民回流

"回流"原本是一种化学现象，后来逐渐成为一种社会现象，主要表现为人口从流入地重新回到流出地。本文提到的"农民回流"指的是农村劳动力流入城市后又回流农村的行为。按照回流的时间，可将劳动力回流分为两类：暂时性回流和永久性回流。暂时性回流指外出务工的农村劳动力由于农忙、春节等季节性因素或者结婚生子、照顾老人等家庭原因回到农村，等相关事宜处理完毕再行外出，也包括由于暂时性的失业而离城返乡，等待出现新的工作机会再次外出打工；永久性回流是指在外务工的农村劳动力结束外出行为返回家乡，并且计划不再外出。目前学术界对于农村回流劳动力的定义并未达成一致共识，本文借鉴王西玉等研究成果，认为外出务工时间在半年以上，然后返回本地区的农民即为农村回流劳动力[6]。

### 1.2 返乡农民创业

农民工返乡创业是中国社会发展的特有现象，也是返乡创业研究的开始。学术界关于返乡创业研究的演变与国家政策及内外环境变化的大背景密切相关，包含多个主要时间节点[7]。当前关于农民返乡创业的研究主要以乡村振兴为背景开展，探究农民返乡创业和人才振兴、乡村振兴的相互关系。目前大部分研究主要集中于对农民工创业的影响因素进行探索，包括性别[8]、学历[9]等个人特征的影响作用已经被研究证明，还有学者发现经济要素是影响农民创业的核心要素[10]，而拥有外出务工经历的农民在返乡创业后表现出更好的效果，研究证明了在外学习的文化知识和技术[11]、积累的社会人脉[12]等都能够有效促成返乡创业的顺利进行。

综上，当前关于农民回流和返乡创业的研究主要集中于对于整体状况的描述，明晰农民返乡的一般化历程，缺少对于不同类型乡村的细分研究。而农业文化遗产既包括农业景观、土地利用系统、农业动植物等物质遗产，也包括其系统内部和衍生出的各类文化现象的非物质遗产，人在其中扮演着重要作用。所以对于农民深嵌其中的农业文化遗产地，农民回流和返乡创业应该具有其自身特征，但目前鲜有研究关注到这一问题。

我国的国内迁移常常被视作是一种循环式或者钟摆式的移民[13]，流动人口在故乡和其目的地之间不断循环迁移，同时保持着与故乡和目的地的联系。对于农民来说，在农闲时外出务工，农忙时返回的流动模式，已经有很长的历史[14]。而凤凰单丛茶文化系统下的潮安地区这种钟摆式"暂时性回流"现象更为明显，即采茶季节返乡务农，农闲时外出打工。但是近年来随着凤凰单丛茶发展态势良好、经济效益显著，当地越来越多的农民返乡从"暂时性回流"向"永久性回流"转变，特别是年轻人群体中这一现象愈发明显。本文聚焦于凤凰单丛茶文化系统这一典型农业文化遗产，探究当地农民从"暂时性回流"转变为"永久性回流"这一整体历程。换言之，本文将返乡行动看作一个连续的过程，包括返乡的驱动因素、返乡时的选择、返乡创业后遇到的问题以及目前的生活状态和满意度。明晰这一过程可以掌握农业文化遗产地农民回流和返乡创业的一般发展历程，有助于准确把握农业文化遗产地人口返乡的总体特征与逻辑关系，为当前的乡村振兴提供经验支持。

## 2. 研究方法和过程

### 2.1 案例地概况

凤凰镇位于潮州市潮安区北部山区，地处北回归线，气候类型属亚热带海洋气候，气候温和，雨量充沛。由于山高云雾多，加上酸性红壤和黄壤的土壤类型，极为适宜茶树生长，得天独厚的气候条件和自然环境，培育出驰名中外的凤凰单丛茶。凤凰镇茶叶栽培历史悠久，据《潮州府志》记载，始于南宋末年。目前，凤凰镇保存的树龄100年以上的古老茶树15 000多株，200年以上的古老茶树4 600多株。广东潮安凤凰单丛茶文化系统2014年被农业部评为"中国重要农业文化遗产"，近年来发展态势良好，是我国重要农业文化遗产的典型代表。

### 2.2 研究方法

本文通过深度访谈法来获取一手资料，于2022年7月28日~8月19日，通过线下、线上两种方式，采取半结构化访谈方法对12位有外出打工经验而后返乡创业的农民进行了深度访谈。半结构化访谈主要是按照一个粗线条式的访谈提纲来展开访谈，该方法的优点在于其灵活性，一方面访谈大纲让采访内容不会偏离研究问题，采访者具有控制权；而另一方面半结构化的方式也让受访者有足够空间去自由表达自己的意见和想法，有利于调动被调查者的积极性。

　　根据本文研究目的，研究设计了深度访谈提纲，主要包括：①请详细谈下您的返乡历程。②您返乡后是否考虑过从事别的行业。③您在创业过程中遇到过什么问题吗？如何解决的。④您对目前的生活状况满意吗？⑤您现在回看当时的决定，觉得返乡是正确的选择吗？本次总共对 12 位被访者进行了旅游临场感知相关访谈，受访者具有异质的年龄、性别、学历和返乡时间（见表 1）。依据访谈学术伦理，我们对受访者均进行了匿名化处理，仅展示基础人口学特征信息。每次访谈时间都维持在 1.5 小时左右，以求更加细致地了解受访者的真实想法和观看细节。在被访者同意的前提下，对所有交谈内容进行了录音，以备后期资料处理的准确性和完整性。

表 1　受访者概况

| 序号 | 受访人（代称） | 所在村 | 年龄 | 性别 | 学历 | 返乡年份 | 访谈时间（min） |
|---|---|---|---|---|---|---|---|
| 1 | YJ | 西春村 | 35 | 男 | 初中 | 2008 | 85 |
| 2 | HH | 凤湖村 | 33 | 男 | 中专 | 2015 | 90 |
| 3 | WZ | 虎头村 | 51 | 男 | 高中 | 2012 | 85 |
| 4 | LZ | 石古坪村 | 31 | 男 | 大专 | 2015 | 92 |
| 5 | KC | 桥头村 | 40 | 男 | 高中 | 2014 | 80 |
| 6 | CT | 凤凰东兴三河 | 38 | 女 | 大专 | 2015 | 97 |
| 7 | WD | 欧坑村 | 54 | 男 | 高中 | 2006 | 90 |
| 8 | LZ | 石古坪村 | 45 | 男 | 初中 | 2014 | 90 |
| 9 | LX | 西春村 | 42 | 女 | 高中 | 2013 | 84 |
| 10 | LQ | 凤西村 | 38 | 男 | 高中 | 2008 | 90 |
| 11 | TZ | 凤西村 | 36 | 女 | 大专 | 2009 | 75 |
| 12 | HT | 虎头村 | 46 | 男 | 初中 | 2007 | 90 |

## 3. 农业文化遗产地农民回流的驱动因素

### 3.1 凤凰单丛茶经济效益好

　　伴随凤凰单丛茶成为我国重要农业文化遗产，知名度愈来愈高，凤凰单丛茶市场价格持续走高，经济效益可观。例如 2021 年潮州市潮安区凤凰镇茶叶产量 8 664 吨，增长 13.0%，产值 20.69 亿元。可观的经济效益吸引了大量外出务工的凤凰农民返回家乡重操茶业，而且当地人家族中大多都有茶园，且他们从小耳濡目染，对种茶和制茶都较为了解，具有良好的资源禀赋和技术禀赋。这都增加了农民返乡重拾茶业的可能性。简言之，良好的经济效益是促使当地农民回流最重要的原因。

### 3.2 工作变故

　　驱动当地农民返乡的原因还包括个人工作变动，例如职位调整、被辞退等。且城市打工压力大，工作内容繁重，竞争激烈等，都让人民身心疲惫，开始渴望回归家乡。值得一提的是，因为当地人家中多有经营茶园，所以如果在外打工遇阻，家族茶园为他们提供了一个保障性生计选择。而他们在外务工学习的文化知识，也能服务于返乡后的茶叶事业，这些都极大地推动了凤凰单丛茶的快速发展。

### 3.3 个人家庭事件

外出务工人员虽然自己在城市工作、生活，但其大多数家人仍在农村，父母仍从事传统农业生产。伴随父母年纪增大，需要身边有人照顾和陪伴。此外，很多人结婚生子后希望能够过安稳的生活，也会选择返回老家。总之，赡养老人、哺育孩子等个人家庭事件也是引发当地农民返乡的重要原因之一。

### 3.4 地方政策鼓励

为了响应国家鼓励农民返乡创业政策和乡村振兴战略，潮安区凤凰镇也出台了一系列吸引人才返乡创业的支持和优惠政策，鼓励有技术、有文化的新农人回流建设家乡。例如当初为了扩大凤凰单丛茶种植面积和生产规模，当地政府出台了开荒种茶的相关政策，该政策吸引了一大批农民返乡种茶。就如受访者所言："当时很多人都回来开山种茶，但地是有限的，感觉如果不回来把地盘占下来就吃亏了，害怕自己以后会后悔，于是就回来了。"

### 3.5 凤凰单丛茶相关事件

凤凰单丛茶的发展也直接影响着当地人的返乡进程，特别是凤凰单丛茶发展过程中的每个关键时间节点，都会引发一个农民返乡高潮。例如包括 2008 年因为极端寒潮，凤凰山高山茶树大量被冻伤、冻死，当年凤凰单丛茶产量骤减，直接导致当年供不应求，茶叶价格大幅跃升，而且从此价格持续居于高位，于是 2008 年以后大批农民返乡开始从事茶叶种植与经营。又如 2014 年广东潮安凤凰单丛茶文化系统被列入第二批中国重要农业文化遗产、2016 年首届国际潮州凤凰单丛茶文化旅游节的举办等均引发了当地农民回流的小高峰。本质上，这些关键事件都表明凤凰单丛茶发展态势良好、潜力巨大，赋予了当地农民返乡从事茶叶事业的信心和决心，加快了当地农民的返乡进程。

"寒假带小孩回来过年，看到家里这边举办茶文化旅游节，那是第一届，真的搞得很夸张，很隆重，两公里左右的排场，发现家乡的茶发展得这么好了嘛，就觉得很吃惊！就萌生了回来发展的想法。"

——访谈对象 TZ

### 3.6 地方情感

地方情感一直是驱动人们返乡创业的重要心理动因，特别是人地联系紧密的乡村。对于潮安区凤凰镇这一农业文化遗产地而言，农民深深嵌入在这一文化系统之中，正如闵庆文所言："他们既是遗产的创造者、保护者，也是主要受益者。凤凰单丛茶文化贯穿于当地人的整个成长历程，影响着他们生活的方方面面。当地农民对于潮安和凤凰单丛茶文化具有高度的认同感，他们也乐意投身到凤凰单丛茶事业发展当中来，为家乡的发展贡献自己的力量。"

"从小就是在这个村长大的，随着凤凰单丛的发展，我以及我身边的亲朋好友都能非常直观地感受到这个产业发展给我们生活带来的改善。所以对这个茶叶是非常感谢，感谢这片树叶……有时候我带一些外地客户去山上参观的时候呢，会感叹老一辈他们住在几百米、上千米海拔的高山上，为了培育这片叶子，这一点我是非常非常敬畏的。我是非常珍惜家乡的这一片茶园的，所以就想把这个茶叶发展得更好。"

——访谈对象 LQ

### 4. 就业选择和创业遇到的问题

#### 4.1 返乡后的就业选择

通过深度访谈我们发现，受访者对于返乡后从事何种工作，全部都坚定地选择了凤凰单丛茶相关内容，主要集中于茶叶的种植和经营工作。也有年轻人从事自媒体工作，但也是以宣传和推广凤凰单丛茶文化为中心进行内容生产。即凤凰单丛茶遗产地农民返乡体现出了显著的茶产业取向，主要集中在茶叶种植和制作，这与一般研究中农民返乡就业主要集中在非农就业取向的结论不一致。

#### 4.2 创业问题

##### 4.2.1 土地问题

通过深度访谈，我们发现返乡农民面临的土地问题主要包括三个方面：第一，有些返乡农民家庭原来的茶园面积较小且较为分散，难以形成规模化种植。为了扩大生产规模、提高产量就需要他们去收购和转租其他人的茶园，扩大种植面积；第二，随着茶叶种植面积扩大、产量大幅增加，而传统的手工制作已经不能满足高产量的制作需求，茶农需要采购机器设备进行茶的加工制作，而制茶设备一般都体积较大，需要专门的室内空间；第三，茶叶的晾晒需要大面积的空地，且"晒青"作为关键环节对茶叶质量具有重要影响，这也对空间条件提出了较高的要求。

"刚回来时候茶不多，通过朋友介绍去买茶园，但那个茶园是光的，要去嫁接啊，培育啊……不像别人返乡，家里配备很好，我这些工具设备之前都是没有的，都是后来才买的……。"

——访谈对象 WD

##### 4.2.2 资金和设备问题

通过访谈我们了解到，当地农民返乡创业多面临资金短缺的问题。创业前期为了扩大种植规模、提高产量不仅需要收购其他茶园，培育茶树、建设制作场地等都需要大量的启动资金。此外茶叶产量的增加对茶叶制作和加工环节提出了较高的要求，这就需要购买制茶的机器设备，也是一笔巨大的资金负担。资金短缺是回流农民创业启动阶段最

161

为掣肘的问题。

### 4.2.3 技术问题

尽管当地人祖祖辈辈都在种茶和制茶，但种茶技术和制茶技艺是一门深奥的学问，需要不断精进和调整。特别是对于返乡创业的年轻茶农，他们一般都缺乏种茶和制茶的直接经验，这就导致他们在真正从事茶叶种植和制作过程中会遇到各种各样技术方面的问题和困难。而且技术问题也会直接影响茶树产量和茶叶质量，进而影响到经济收益，所以技术问题一直伴随着返乡创业农民的日常实践。

"我觉得一路来困难还蛮多的，比如说种植、管理等都会有遇到一些困难，都不懂，以前做茶也没做，刚开始做不好，种的树有时候也会死。那么为什么会死，为什么遇到这样的问题，我就得去找人去问，去了解，去学习，不断找一些年老的长辈和一些老师去请教，就这样一路走过来的。"

——访谈对象 HT

### 4.2.4 人力问题

当地人力资源的问题同样突显，主要分为两个方面：第一，缺乏技能型人才，包括种茶、采茶和制茶的技术工，尤其是随着凤凰单丛茶生产规模的扩大，熟练技术工短缺问题日益突出，到了采茶季节，当地主要通过雇佣外地劳工驻村采茶，人力成本较高；第二，凤凰单丛茶发展态势良好，但以小作坊生产方式为主，整体营销和品牌建设不足，缺少高端的专业营销与管理人才。

### 4.2.5 管理问题

伴随着凤凰单丛茶发展规模的不断扩大，政府部门如何更好地引导和管理各小微企业者，促进当地茶产业健康高速发展成了关键的问题。此外，当地以家族式企业为主，随着经营规模的不断扩大，管理知识不足的问题日益凸显，如何控制成本，有效增产增收，尤其是对于家族企业和乡村熟人社会如何进行有效管理，日渐成了影响当地发展的重要问题。

## 5. 返乡满意度

### 5.1 返乡决策满意度

受访者都对当初返乡的决定给出了肯定的答复，认为当初返回农村从事与凤凰单丛茶相关的创业是正确的选择，并且也觉得返乡创业让自己获得了很多成长。一方面，让自己对于凤凰单丛茶的认识更加深入，也对于茶文化更加认同。受访者表示凤凰单丛茶文化是一种"和文化"，是一种生活态度和人生哲学；另一方面，回乡从事茶叶事业后，结识了很多志同道合的伙伴，大家都注重自我价值的实现，而且都把凤凰单丛茶和家乡的发展看作自己肩上的重要责任，不只是单纯地追求经济收益，开始着重于自我社会价值的实现。总之，受访者整体上对于自己当初的返乡决策表现出了较高的满意度。

### 5.2 返乡后的生活满意度

受访者都对于目前的生活状态表现出了较高的满意度。主要可以概括为以下几个方面：

第一，乡村自然环境良好。受访者普遍提到不同于人口密集的大城市，乡村的山好水好、空气清新，贴近大自然让人每天都心情很好，而良好的自然环境也提供了天然的游乐场，孩子们能够获取很多自然方面的知识等。

第二，乡村生活条件便利。伴随经济发展，当地农村基础设施条件得到改善，网络购物和快递的普及也让当地农民能够便利地购买生活用品，不同于过去落后的农村，现在的乡村生活也都很便利和舒适。

第三，乡村社会关系融洽。受访者大多表示这里是他们出生和成长的地方，村里都是亲戚长辈和熟人，人情味儿很浓，相处也都很融洽，彼此帮助，这让他们感觉到了乡村的温度。特别是返乡后团聚在父母亲人的身边，能够照顾父母，让他们颐养天年，觉得特别满足。

第四，乡村生活闲适且自由。不同于大城市的快节奏，回流后的受访者普遍认为返乡后感觉生活很自由，可以根据个人意愿从事工作，有很大的自主权，他们表示很享受这种自由和闲适的生活方式。

"这里氛围很好，经常去别家串门，我觉得活得开心比较重要，之前在广州上班天天压力好大，好辛苦，这里我天天就想干什么干什么，很自在。"

——访谈对象 CT

综上，凤凰单丛茶文化遗产系统下潮安区凤凰镇农民返乡历程可以概括为如下概念框架（见图1），逻辑主线为"返乡驱动因素→返乡创业→创业内容→遇到困难并解决→返乡满意度"，而当地农民与农业文化遗产的深度嵌合关系影响着农民返乡历程的全程，其中二者的嵌合可以划分为认知、文化、技术、结构和政治多个方面。

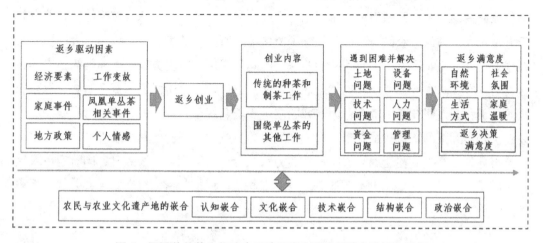

**图1 凤凰单丛茶文化遗产系统下潮安区凤凰镇农民返乡历程**

## 6. 研究结论

凤凰单丛茶文化系统中，农民回流现象一直都普遍存在。不过之前多以钟摆式"暂时性回流"为主，即采茶季节返乡务农，农闲时外出打工。但是近年来随着凤凰单丛茶发展态势良好、经济效益显著，当地越来越多的农民返乡从"暂时性回流"向"永久性回流"转变，特别是年轻人群体中这一现象愈发明显，越来越多的人愿意回到乡村从事凤凰单丛茶相关的工作，这种趋势客观存在。

不同于一般乡村地区农民返乡后表现出的非农就业取向，本文通过潮安区凤凰镇凤凰单丛茶文化系统下的农民回流样本发现，当地返乡农民的就业全部都围绕凤凰单丛茶展开，特别是大部分都集中在茶叶的种植和制作。但年轻人返乡创业内容也出现了一些新变化，例如从事供应链资源整合、电商、自媒体等工作，但仍然以凤凰单丛茶为中心。继续以从事农业工作为主是本研究发现的农业文化遗产地返乡农民就业取向的重要特点，这一发现是否可以推广至其他农业文化遗产地，还有待未来进一步验证。

潮安区凤凰镇返乡农民对于返乡决策和当前生活状态都表现出了较高的满意度。受访者普遍认为当初返乡决策是正确的，回乡创业能够在实现他们的自我价值的同时，还能助力家乡的发展，他们认为这是有意义的事情。生活上，受访者普遍提到乡村的自然环境优美，生活条件便利，生活方式闲适且自由，还觉得乡村的人情味很浓，觉得自己现在的生活很舒适。简言之，当地返乡农民整体表现出了较高水平的主观幸福感。

当地农民与凤凰单丛茶文化系统二者深深嵌合，是共生共荣的关系。农民是凤凰单丛茶文化遗产的创造者、保护者和利益享受者，二者深深地嵌合在一起，其表现主要包括：首先，凤凰单丛茶文化与当地农民是共生的关系，该文化系统是由当地农民祖祖辈辈创造的，茶文化也渗透到了当地人生活的方方面面。其次，凤凰单丛茶和当地农民是一荣俱荣的关系，回顾当地农民回流时间线，基本都与凤凰单丛茶发展的重要节点趋于同步，大量的返乡农民又进一步促进了凤凰单丛茶的快速发展。再次，二者的嵌合关系很大程度上为农民返乡进行茶叶创业遇到的问题提供了解决方案。例如因为二者的嵌合，返乡农民基本不会考虑其他就业取向。又比如创业启动阶段遇到资金短缺，返乡农民倾向于和亲人朋友筹措资金，而亲戚朋友对于资金用于种茶和制茶普遍持有鼓励态度并会予以实际帮助，这些都是当地农民和凤凰单丛茶深度嵌合的具体表现。最后，凤凰单丛茶可观的经济效益让返乡农民经济实力和社会地位得到了大幅提升，同时返乡农民对于凤凰单丛茶文化认识也不断加深，与地方联结也愈加紧密，二者共生共荣的关系得到进一步巩固和升级。

## 参考文献：

［1］张海鹏，郜亮亮，闫坤 . 乡村振兴战略思想的理论渊源、主要创新和实现路径［J］. 中国农村经济，2018（11）：2-16.

［2］温铁军，罗士轩，董筱丹，等 . 乡村振兴背景下生态资源价值实现形式的创新［J］. 中国软科学，2018（12）：1-7.

［3］王春光 . 关于乡村振兴中农民主体性问题的思考［J］. 社会发展研究，2018，5（1）：31-40.

［4］新华网 . 中共中央　国务院关于实施乡村振兴战略的意见［EB/OL］. http：//www.xinhuanet.com/politics/2018-02/04/c_1122366449.html.

［5］新华网 . 乡村振兴战略规划（2018~2022）［EB/OL］. http：//www.xinhuanet.com/politics/2018-09/26/c_1123487123.html.

［6］王西玉，崔传义，赵阳 . 打工与回乡：就业转变和农村发展——关于部分进城民工回乡创业的研究［J］. 管理世界，2003（7）：99-109+155.

［7］张建民，窦垚，赵德森 . 返乡创业研究（2001—2021）：阶段划分、主题演进与未来展望［J/OL］. 当代经济管理，https：//kns.cnki.net/kcms/detail/13.1356.F.20220909.1530.004.html.

［8］王亚欣，宋世通，彭银萍，等 . 基于交互决定论的返乡农民工创业意愿影响因素研究［J］. 中央民族大学学报（哲学社会科学版），2020，47（3）：120-129.

［9］石智雷，谭宇，吴海涛 . 返乡农民工家庭收入结构与创业意愿研究［J］. 农业技术经济，2010（11）：13-23.

［10］蒋剑勇，钱文荣，郭红东 . 社会网络、先前经验与农民创业决策［J］. 农业技术经济，2014（2）：17-25.

［11］MCCORMICK B，WAHBA J. Overseas work experience，savings and entrepreneurship amongst return migrants to LDCs［J］. Scottish Journal of Political Economy，2001，48（2）：164-178.

［12］徐超，吴玲萍，孙文平 . 外出务工经历、社会资本与返乡农民工创业——来自 CHIPS 数据的证据［J］. 财经研究，2017，43（12）：30-44.

［13］韩长赋 . 中国农民工发展趋势与展望［J］. 经济研究，2006（12）：4-12.

［14］费孝通 . 乡土中国·生育制度·乡土重建［M］. 北京：商务印书馆，2012.

（作者单位：北京联合大学旅游学院）

# 广东潮州单丛茶文化系统茶农生计维持功能评估研究 *

杨 伦

[摘 要] 在农业文化遗产中，农户及其生计活动是关键性要素。关注并研究农业文化遗产地农户生计及其维持功能，不仅是农业文化遗产保护与发展的现实需求之一，也是农业文化遗产研究的重要议题之一。本文基于农户生计的研究进展，建立了适用于农业文化遗产的农户生计维持功能评估框架，并以广东潮州单丛茶文化系统为例对当地茶农的生计维持功能进行了评估。从结果来看，广东潮州单丛茶文化系统内的典型茶农面临着来自区域气候变化和经济形势，以及来自遗产系统的自然、人文、社区和家庭方面的脆弱性背景因素，但仍然在长期的茶叶生产实践中积累了较为丰富的生计资本，多样化和专业化程度较高的生计策略，以及可持续性较高的生计结果。

[关键词] 农业文化遗产；单丛茶；可持续生计；生计资本；生计策略

## 1. 研究背景

2002 年，联合国粮食及农业组织发起了全球重要农业文化遗产系统的保护计划，旨在确定和保护全球重要农业文化遗产系统及其相关景观、农业生物多样性、知识体系和文化。经过 20 多年的发展，学术界普遍认识到：农业文化遗产是一类传承至今的活态的农业生产系统，也是一类典型的社会－经济－自然复合生态系统，具有丰富的生物多样性，可以满足当地社会经济与文化发展的需要，有利于促进区域的可持续发展[1]。

在农业文化遗产中，农户及其生计活动是关键性要素。一方面，联合国粮食及农业组织为全球重要农业文化遗产地所设立的 5 项基本遴选标准分别是：粮食与生计安全，农业生物多样性，知识体系与适应性技术，农业文化、价值体系和社会组织，景观特征。这表明在重要农业文化遗产的动态保护与可持续发展中，维持农户粮食与生计安全

---

* 本文系"潮州单丛茶文化系统申报全球重要农业文化遗产项目"的阶段性成果。

将始终是重点内容之一。另一方面，与传统的自然与文化遗产不同，农业文化遗产有着突出的"动态性"，是农户社区与其所处环境协同进化和适应而形成的一类典型的活态遗产。农户及其生计活动不仅会影响农业文化遗产系统结构与功能的稳定维持，更会对农业文化遗产的动态保护和可持续发展产生深远影响[2]。因此，关注并研究农业文化遗产地农户生计及其维持功能，不仅是农业文化遗产保护与发展的现实需求之一，也是农业文化遗产研究的重要议题之一。

农户生计是可持续发展领域的一个重要研究方向。20世纪80年代，英国国际发展署、世界环境与发展委员会等国际发展援助组织和英国Sussex大学等在解决农村贫困问题时开始关注农户生计问题。随着研究的深入，学者们提出了"可持续生计"的概念和分析框架，并将其作为评估农户生计维持功能的重要基础。学界对可持续生计的一般性共识是在不破坏自然资源基础的前提下，能够自主应对压力和冲击，能从中恢复，并维持或增加其能力和资产的生计[3]。目前，应用最为广泛的可持续生计分析框架是由英国国际发展署于2000年提出的，包含生计脆弱性、生计策略、生计资产、生计输入和制度转变五个部分。农业文化遗产地农户生计及其维持功能研究大多是以该分析框架为基础展开的应用性评估研究，例如有学者在"迭部扎尕那农林牧复合系统""哈尼稻作梯田系统"和"河北涉县旱作石堰梯田系统"等中国的全球重要农业文化遗产地展开农户生计及其维持功能评估研究[2, 4]。

## 2. 茶农生计研究进展

茶农作为一类以茶叶的栽培、加工、管理和销售为主要生计活动的农户，对其生计维持功能的研究主要从以下两个方面展开：其一是茶农生计评估研究，其二是茶农生计影响因素及其机制研究。

在茶农生计评估研究中，除了基于可持续生计分析框架围绕茶农的生计策略、生计资本和生计结果等展开的应用性评估外，部分学者以茶农与一般农户的异质性为切入点，构建了包含缓冲能力、自组织能力、学习能力在内的茶农生计恢复力测度指标体系。在茶农生计影响因素及其机制研究中，学者们的研究视角可被归纳为家庭尺度和外部区域尺度的影响因素。家庭尺度的影响因素主要包括茶农自身的生计资本状况、选择的生计策略类型等。就外部区域尺度的影响因素而言，有学者将其总结为包含环境、市场、政策、经营、就业和健康风险的多元扰动指标体系[5]。同时，大部分学者认为茶产业、与茶相关的旅游业、茶叶价格等产业发展因素，以及退耕还林等政策性因素是影响茶农生计的重要因素，茶农生计的部分研究进展见表1。

表 1　茶农生计的部分研究进展

| 研究主题 | 研究内容 | 主要研究进展 |
|---|---|---|
| 茶农生计评估研究 | 茶农生计恢复力评估 | 以福建安溪茶农为例，构建包含缓冲能力、自组织能力、学习能力在内的茶农生计恢复力测度指标体系，评估结果呈现由非农收入主导向纯农业收入逐渐减弱的态势[6] |
| | 茶农生计资本、生计结果的对比评估 | 基于广西金花茶保护区的农户调研，综合对比了不同生计策略类型农户的生计资本与生计结果。茶农物质资本最高，自然资本水平最低；兼业户的生计状况（生计资本、生计结果）比纯农户、非农户更好[7] |
| 茶农生计影响因素及其机制研究 | 生计要素之间的相互影响 | 生计资本是影响茶农生计策略选择的核心要素，其中自然资本对其生计策略选择的影响最大，其次是物质资本和金融资本[8]。<br>茶农生计策略选择的关键影响因素是自然资本与人力资本[7] |
| | 多元扰动因素对茶农生计的影响 | 在包含环境、市场、政策、经营、就业和健康风险在内的多元扰动因素中，技能培训、信贷能力、社会联结度、多源扰动影响强度是促进纯农业型茶农生计转型的正向驱动因素，而生产性设备数量、家庭成员健康状况、组织参与、领导潜力和邻里信任度是阻碍其生计转型的主要因素[5] |
| | 产业发展对农户生计的影响 | 茶产业对茶农生计的影响：随着茶产业的发展，茶农生计资本得到提高，生计状况得到明显改善；规划不足、病虫害多发、培训缺位是当前发展的主要问题[9] |
| | | 旅游业对茶农生计的影响：参与茶旅融合的农户一般具有较高的制茶经验和地方影响力；农户的生计资本（人力、自然、社会）对其参与旅游的影响较大，户主的受教育程度、茶园面积、社会连接度、旅游政策知晓度是关键影响因素[10] |
| | | 茶叶价格对茶农生计的影响：茶叶价格下降使部分茶农缩小甚至荒废家中茶园，选择外出从事非农工作；部分茶农由于缺乏文化、技术或资金支持使得转型困难、转型风险较大，只能不断扩大家中茶园面积以维持家庭生计[11] |
| | 政策制度对茶农生计的影响 | 退耕还林政策对茶农生计的影响：退耕还林政策确实减少了茶农粮食的收入。同时，政策对居住在低海拔的茶农影响大于中高海拔的茶农[12] |
| | | 政策感知对茶农生计的影响：人力、金融、社会资本对政策感知有正向显著作用；自然、人力、物质和金融资本对生计策略有正向显著作用；政策感知对生计策略有正向显著作用[13] |

## 3. 广东潮州单丛茶文化系统茶农生计维持功能评估

### 3.1 农业文化遗产地农户生计维持功能评估框架

本文以 DFID 提出的可持续生计分析框架为基础，综合考虑农业文化遗产的基本特征和"广东潮州单丛茶文化系统"等多个重要农业文化遗产系统的核心价值，建立包含脆弱性背景和农户生计两个部分的农业文化遗产地农户生计维持功能评估框架（见图 1）。

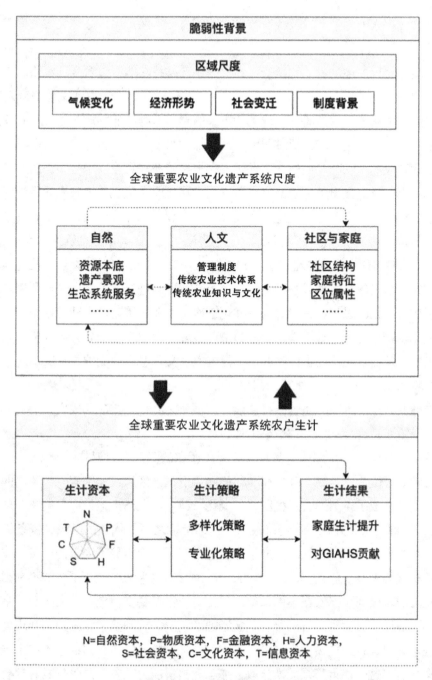

图1 农业文化遗产地农户生计维持功能评估框架

脆弱性背景用以描述农业文化遗产地农户在维持生计的过程中所面临的外部环境及其变化，分为空间尺度较大的区域脆弱性背景和空间尺度较小的农业文化遗产系统的脆弱性背景。其中，区域脆弱性背景一般涵盖农业文化遗产所在区域的气候变化趋势、经济发展形势、社会变迁和制度背景等。农业文化遗产系统的脆弱性背景分为自然资源本底、遗产景观、生态系统服务等自然因素，管理制度、传统农业技术体系、传统农业知识与文化等人文因素，以及社区结构、家庭特征、区位属性等社区与家庭因素（见图 1）。

农户生计用以描述农业文化遗产地农户的生计维持功能，包含生计策略、生计资本和生计结果三个部分（见图 1）。其中，生计资本表征为农户在农业文化遗产地所拥有的选择机会、采用的生计策略和实现生计结果的物质基础和非物质基础。在农业文化遗产地，农户在长期的生产和生活过程中，形成并积累了丰富的传统知识。同时，随着互联网的全面普及和移动互联网的快速发展，农户接受新兴农业技术与知识的途径不断拓宽。因此，本文重点突出了传统文化与信息技术在农业文化遗产地农户的生计活动中的重要作用，构建了适宜农业文化遗产发展现状的生计资本评价框架，将生计资本类型划分为自然资本、物质资本、金融资本、人力资本、文化资本和信息资本六大类（杨伦，2021）。生计策略用于表征农业文化遗产地的农户基于所处的自然背景、社会环境，以及自身的家庭状况等，主动或被动地对土地等自然资源进行选择、组合与利用，以获取收入实现生计结果的过程，一般分为多样化策略和专业化策略。生计结果用于表征农户在农业文化遗产地开展生计活动所获取的最终成效，即农户基于各类生计资本采取适应性生计策略，从而实现家庭生计提升，并促进农业文化遗产的保护与发展。

### 3.2 潮州遗产地茶农的脆弱性背景

以农业文化遗产地农户生计维持功能评估框架为基础，梳理形成广东潮州单丛茶文化系统内茶农维持生计功能评估结果（见图 2）。

在区域尺度上，广东潮州单丛茶文化系统所在的潮州市属亚热带海洋性季风气候，地形以山地和丘陵为主。在全球气候变化的趋势下，该区域也面临着较为突出的气候变暖趋势，由此造成了茶树适宜栽植区域的变化。此外，潮州市地处广东省东北部，靠近"经济特区"汕头市，处在中国经济最为发达的地区之一。优越的区域经济条件促使茶叶作为一种高价值的品牌化饮品形成了广泛的销售渠道，培养了稳定的消费群体，有助于茶农获得较高的经济收入。然而，区域经济的发达也为茶农带来了一些不利因素。当地的劳动力成本较高，茶农在集中采茶、加工时节，需要支付较高的人工费用来雇佣必要的劳动力。同时，为了迎合消费者不断增加的消费需求和要求，潮州茶叶市场的"寡头化"现象突出，茶园规模大、加工和销售能力强、社会资源丰富的茶农在市场竞争中总是占据优势，这也使得茶园规模分散、加工和销售能力较差、几乎不具有社会资源的茶农面临着茶叶生产成本高、直接销售困难、投资回报率低等问题，严重打击了小规模茶农继续从事茶叶生产、加工和销售的积极性。因此，从区域尺度来看，广东潮州单丛茶文化系统内茶农面临着气候变暖、经济发达的不利影响等脆弱性背景因素。

在农业文化遗产系统尺度上影响农户生计维持的自然因素主要是凤凰山脉适宜茶树栽植的海拔、气候和土壤条件，这些自然因素在较长的历史时期内体现出适宜性和可持续性，但在区域气候变化的影响下存在着一定程度的脆弱性风险。人文因素主要是茶园管理技术、茶叶加工技术以及相关的茶文化等，这些技术、知识和文化体系经过历史积淀和一代代茶农的传承，逐渐形成为专利和技术标准，尽管标准化的技术规范具有较高的传承性，但过度的专利化可能会为数量众多的小农户带来"技术壁垒"，从整个遗产系统保护与发展的角度不利于传统技术、知识和文化体系的传承与发展。社区与家庭因素主要是茶叶生产、加工和销售等环节的生产者或生产单元，在较长的历史时期，这些生产者或生产单元主要为规模较小的分散的小农户，但随着区域社会经济发展和社区机构变化，生产者或生产单元逐渐扩展为家庭茶园、合作社、公司＋基地等多种类型。规模各异的多类型生产者和生产单元有效提高了广东潮州单丛茶文化系统的茶叶供给能力，但也在一定程度促使农业文化遗产所关注的小农户逐渐远离茶叶生产的核心环节。

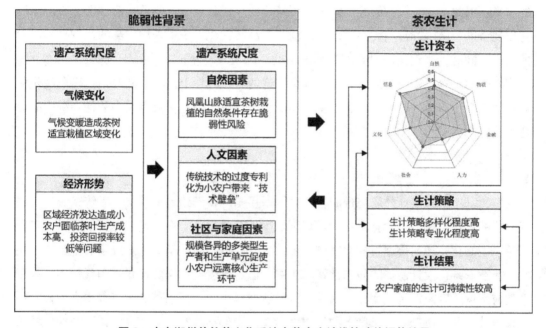

图2　广东潮州单丛茶文化系统内茶农生计维持功能评估结果

### 3.3 潮州茶农生计的评估结果

以农业文化遗产地农户生计维持功能评估框架为基础，以广东潮州单丛茶文化系统内典型茶农的实地调查为数据来源，分别从生计资本、生计策略和生计结果3个方面对广东潮州单丛茶文化系统内茶农生计进行评估（见图2）。

从生计资本的角度来看，广东潮州单丛茶文化系统内典型茶农的生计资本评估值整体较高；7类单项生计资本中，自然资本、物质资本、金融资本和信息资本较高。这意味着广东潮州单丛茶文化系统内典型茶农在生计维持过程中形成了较高的生计资本水平，尤其是积累了相对丰富的自然资本、物质资本、金融资本和信息资本。

从生计策略的角度来看，广东潮州单丛茶文化系统内的茶叶生产环节可以概括为茶叶栽培、茶叶加工、茶叶流通和茶叶品牌化4个环节。以此生产环节为基础，可以将茶农分为普通茶农、技术型茶农和规模型茶农 3 种类型。其中，普通茶农主要参与茶叶栽培、加工过程，但不掌握茶叶流通能力或对茶叶流通的参与度较小；技术型茶农主要参与茶叶栽培、加工和流通过程，但尚未拥有成规模的茶叶品牌；规模型茶农参与茶叶栽培、加工、流通和品牌化全部过程，尤其是拥有了具有一定区域影响力的茶叶品牌。总体来看，广东潮州单丛茶文化系统内农户生计策略类型丰富，多样化程度较高。同时，许多茶农在茶叶品种、茶园管理、茶叶加工等方面积累了丰富的技术，取得了相关的技术认证，具有较高的专业化水平。

从生计结果的角度来看，在经济维度的可持续性上，广东潮州单丛茶文化系统在较长的历史时期内，都促进了遗产地茶农的经济状况，使其生计资本水平稳定维持在较高的水平。因此，具有较高的经济维度的可持续性。在自然维度的可持续性上，在沿海地区出现台风、暴雨等自然灾害时，广东潮州单丛茶文化系统呈现出较高的抵御自然风险的韧性。同时，当地茶农对自然资源的消耗程度及其环境成本均处于较低水平。因此，具有较高的自然维度的可持续性。在社会维度的可持续性上，在不同时期，广东潮州单丛茶文化系统均能促进当地茶农维持基本的生计目标。因此，具有较高的社会维度的可持续性。

## 4. 结论

本文基于茶农生计的研究进展，建立了适用于广东潮州单丛茶文化系统茶农生计维持功能的评估框架，包含脆弱性背景和茶农生计两大部分。在此基础上，本文以广东潮州单丛茶文化系统内典型茶农为案例，评估了广东潮州单丛茶文化系统茶农生计维持功能。从茶农维持生计面临的脆弱性背景来看，区域尺度上的脆弱性背景因素包括气候变暖造成茶树适宜栽植区域变化，区域经济发达造成小农户面临茶叶生产成本高、投资回报率低等问题；遗产系统尺度上的脆弱性背景因素包括凤凰山脉适宜茶树栽植的自然条件面临脆弱性风险，传统技术的过度专利化为小农户带来"技术壁垒"，规模各异的多类型生产者和生产单元促使小农户远离核心生产等。尽管受到这些脆弱性背景的影响，广东潮州单丛茶文化系统茶农在生计资本、生计策略和生计结果方面的评估仍然体现为较好的结果。在生计资本方面，当地茶农的生计资本水平总体较高，尤其是积累了相对丰富的自然资本、物质资本、金融资本和信息资本。在生计策略方面，当地茶农的生计策略多样化程度和专业化程度较高。在生计结果方面，当地茶农的生计维持在经济维度、自然维度和社会维度均体现出了一定的可持续性。

## 参考文献：

[1] 李文华. 亚洲农业文化遗产的保护与发展 [J]. 世界农业, 2014（6）: 74-77+227.

［2］YANG L，LIU M，MIN Q，et al. Specialization or diversification? the situation and transition of households' livelihood in agricultural heritage systems［J］. International Journal of Agricultural Sustainability，2018（16）：455-471.

［3］DFID. Sustainable livelihoods guidance sheets［R］. London：Department for International Development，1999.

［4］张灿强，闵庆文，张红榛，等.农业文化遗产保护目标下农户生计状况分析［J］.中国人口·资源与环境，2017，27（1）：169-176.

［5］纪金雄，洪小燕，雷国铨.多源扰动、生计资本与茶农生计转型研究［J］.林业经济问题，2021，41（3）：328-336.

［6］纪金雄，洪小燕，朱永杰.茶农生计恢复力测度及影响因素研究——以安溪县为例［J］.茶叶科学，2021，41（1）：132-142.

［7］张成虎，廖南燕，刘菊，等.少数民族地区自然保护区社区农户可持续生计分析——以广西防城金花茶国家级自然保护区为例［J］.林业经济，2021，43（10）：37-51.

［8］苏宝财，陈祥，林春桃，等.茶农生计资本、风险感知及其生计策略关系分析［J］.林业经济问题，2019，39（5）：552-560.

［9］鲁静芳，黄端庆.茶产业发展对农户生计的影响研究——以湄潭县石莲镇黎明村为例［J］.乡村科技，2018（36）：40-42.

［10］王晗.茶农参与乡村旅游发展的影响因素及对策分析［D］.福州：福建农林大学，2018.

［11］陈怡.铁观音价格波动对安溪茶农生计策略影响分析［D］.福州：福建农林大学，2018.

［12］赵筱青，杨树华，张青.怒江茶山小流域农户生计及农业土地利用模式研究［J］.云南地理环境研究，2008（4）：84-88.

［13］徐文楼.茶农生计资本、政策感知与生计适应分析［D］.福州：福建农林大学，2019.

（作者单位：中国科学院地理科学与资源研究所）

遗产地旅游发展研究

# 农户视角下农业文化遗产地生态产品的旅游价值实现路径 *

## ——以广东潮州单丛茶文化系统为例

常　谕　孙业红　杨海龙　程佳欣　王博杰

[摘　要] 本文旨在探索农业文化遗产地不同类型农户适合的生态产品旅游价值实现路径，以期为农业文化遗产地生态产品价值实现提供科学依据。基于广东潮州单丛茶文化系统农户访谈数据，本文从农户视角构建了旅游价值转化生计资本测量指标体系，运用熵值法评价不同类型农户所持的资本情况，并进一步采用单因素方差分析讨论不同类型农户所持资本之间是否具有显著性差异。得到如下结果：①高山种茶区农户参与旅游的优势资本为经济资本和物质资本；低山种茶区 F1 农户参与旅游的优势资本为自然资本，低山种茶区 F2 农户参与旅游的优势资本是人力资本和社会文化资本。②不同类型农户所持的五大资本中，高山种茶区与低山种茶区农户之间经济资本和物质资本具有显著性差异。③高山种茶区与低山种茶区农户可进一步归纳为 3 种具有代表性茶类农业文化遗产地农户类型：强经济资本 - 弱自然资本型、强自然资本 - 弱经济资本型和强人力资本 - 强社会文化资本型。从而针对性地提出 3 条农业文化遗产地生态产品的旅游价值实现路径。旅游对于实现农业文化遗产的多功能价值、增强遗产的传承利用具有重要作用。遗产地不同类型农户所持生计资本不同，可以通过不同资本组合实现生态产品的旅游价值，从而助力农户更好地实现生态产品的经济效益、增强其生计韧性，促进农户生态保护和遗产保护意识的提升，以经济收益反哺生态系统修复，使遗产更好地被保护传承。

[关键词] 农业文化遗产地；生态产品；价值实现；旅游参与；农户生计；单丛茶文化系统；潮州

---

* 本文发表于《资源科学》2023 年第 2 期，系国家自然科学基金项目"旅游扰动与农业文化遗产地韧性的互动响应关系研究"（41971264）的阶段性成果。

## 引言

联合国粮食及农业组织 2002 年发起了全球重要农业文化遗产系统的保护计划，旨在"建立全球重要农业文化遗产及其有关的景观、生物多样性、知识和文化保护体系，并在世界范围内得到认可与保护，使之成为可持续管理的基础"[1]。截至 2023 年底，中国已有 22 项传统农业系统入选。农业文化遗产作为一种典型的"社会－生态"系统，其具有的丰富生态系统服务价值是遗产系统可持续发展的保证，同时也蕴含着经济价值和社会价值。

生态产品价值实现是资源要素价值的保值与增值，其本质是通过经济手段实现生态产品使用价值与价值的双向转化与生态保护[2]。国外对"生态产品"一词研究较少，但与之概念相关的研究开始于 20 世纪 70 年代，聚焦于生态系统服务概念[3-4]、生态系统服务价值评估[5-6]、生态系统服务付费（PES）[7-8]等方面。进入 21 世纪，国内许多学者基于生态系统服务的研究成果开始尝试对"生态产品"进行定义。直到 2010 年，国务院发布《全国主体功能区规划》对生态产品的概念进行了明确描述[9]。随着认识不断深入，政府文件逐渐用"生态产品"代替学术领域的"生态系统服务"，这是生态文明建设领域重大的创新性战略措施[10]，生态产品也成为独具特色的中国化表达[11]。2018 年，习近平总书记在全国生态环境保护大会上发表重要讲话后，学术界对相关问题展开了大量的研究和探讨，研究成果主要集中在生态产品价值实现的概念内涵与理论基础[12-13]、生态产品价值的评估核算[14-15]、生态产品价值实现的路径[16-18]等方面。

旅游是生态产品价值实现的重要路径，也是农业文化遗产动态保护的有效途径，合理的旅游发展可更好地维护生态系统的完整性，实现遗产地生态系统的多重价值。在农业文化遗产旅游相关研究中，国外重点关注遗产地的旅游发展模式[19]、游客偏好[20]、社区旅游参与[21]等方面，国内研究则从旅游资源开发与评价[22-23]逐步过渡到社区参与[24]、游客行为[25]等多个方面；但总体来看，基于旅游视角开展生态产品价值实现的研究较少。

作为农业文化遗产系统稳定和发展的守护者和受益者，农户的支持和参与对农业文化遗产旅游发展至关重要，但目前研究少有从农户发展的角度探讨生态产品的旅游发展问题。广东潮安凤凰单丛茶文化系统在 2014 年入选第二批中国重要农业文化遗产，与已经入选第七批中国重要农业文化遗产的广东饶平单丛茶文化系统，二者共同构成了完整的潮州单丛茶文化系统。因此，本文以潮州单丛茶文化系统为例，基于农户视角构建农业文化遗产地旅游价值转化生计资本测量指标体系，结合不同类型农户所持资本的特点，提出相应的生态产品旅游价值实现路径，为农业文化遗产地的可持续旅游发展提供科学依据。

## 1. 理论基础

本文基于农户行为理论和生态系统服务理论，结合英国国际发展署（DFID）提出的可持续生计分析框架（SLA）[26]，解释农户在拥有不同生计资本情况下对资源合理配置而采取的经济行为，并提出不同类型农户依靠自身生计资本可采取的生态产品旅游价值实现路径。农户行为理论最早可追溯到西欧学者提出的以家庭经营为特点的小农生产问题以及马克思主义小农经济学说[27]。随着研究的不断深入，国内外形成诸多小农理论流派用于解释不同时空、不同社会经济发展阶段下农户的经济行为。根据舒尔茨的"理性小农"理论，农户与企业家拥有相同的经济理性，根据自身需求和偏好进行理性决策，通过市场竞争机制达到现有生产要素的优化配置，从而实现利润最大化[28]。在本文中，农业文化遗产地多数农户已从生存困难状态转变为追求生活质量状态，此时的农户符合理性经济人假设，以利润为动机改造传统农业。同时，现代农业生产要素的引进会导致土地、劳动、资本等投入要素发生变化，继而影响家庭劳动分工决策，产生参与旅游等非农就业的结果。在具备一定旅游发展条件时，考虑到农业文化遗产地生态环境的脆弱性，农户基于地方依恋会对生计资本合理配置开展旅游生产经营活动，以达到经济与生态效益的最大化。

探索农业文化遗产地生态产品价值实现路径需要紧密围绕农业文化遗产地的生态系统服务功能。1997年，Daily将生态系统服务定义为"自然生态系统为维持人类生存所供应的自然环境条件与效用[3]"。2005年，联合国《千年生态系统评估》阐释生态系统服务为人类能够从生态系统中获取的各种惠益，并进一步将其划分为供给服务、调节服务、文化服务、支持服务四大类[4]。农业文化遗产地生态产品价值实现是指遗产地生态系统服务中直接、终端的产品或服务的价值实现[10]。根据联合国粮食及农业组织的定义，农业文化遗产的生态系统服务功能包括：食物与其他物质生产、生物多样性与生态多功能性、传统农业知识与技术体系、独特农业文化价值体系与社会组织、独特生态与文化景观。综合农业文化遗产特征和生态系统服务内涵，本文将农业文化遗产地生态产品划分为生态物质产品、生态文化产品、生态服务产品和自然生态产品4种类型[12]。

在农业文化遗产地生态系统中，农户是生态系统服务功能的主要经营者与维护者，也是生态系统服务的直接受益者。从人地关系耦合视角来看，为达到经济发展与生态保护之间的平衡，农户需要依托自身生计资本做出理性经济决策，其生产经营行为会对生态系统服务存量价值产生直接影响，并对生态产品价值实现的多个交易环节产生作用。逻辑分析框架如图1所示。

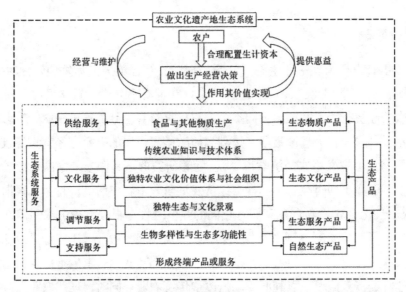

**图 1   农户行为理论和生态系统服务理论支持农户视角下生态产品价值实现的逻辑分析框架**

## 2. 研究区数据与方法

### 2.1 研究区概况

潮州市是粤东地区的主要茶叶产地，潮安区凤凰镇和饶平县浮滨镇为潮州凤凰山单丛茶两大主要种植区。潮安凤凰单丛茶始于南宋末年，现有茶园 7 万亩。饶平县浮滨镇的岭头单丛茶有 300 多年的种植历史，现有茶园 5.3 万亩。

潮州单丛茶文化系统目前有两种不同生计模式的农户：高山种茶区农户和低山种茶区农户。①高山种茶区农户的茶园位于海拔 800~1200 m，农户以一年一季采制春茶为主，采用生态化茶园管理模式，茶树生长条件优越，古茶树资源丰富。高山茶品质较高，加上通过雇佣大量工人进行规模化经营，农户通常都能获得较高的经济收益。高山种茶区农户生计策略单一，因此茶产量极易受到自然灾害等外部因素的影响。同时，高山种茶区附近旅游资源丰富，旅游发展空间较大，已存在小部分农户为游客提供膳宿设施的经营状况。一年一季的采收模式也使得农户有充足的旅游参与时间。②低山种茶区农户的茶园位于海拔 300~800 m，由于历史、自然和地域文化等原因又分为两种类型：低山种茶区 F1 农户、低山种茶区 F2 农户。低山种茶区 F1 农户以凤凰单丛茶产业发展为主，一年采收 4~5 季茶叶，茶园普遍使用化肥和农药，这使得茶树生长条件较差，且园内多种植和更替新茶树，茶叶品质和价格都低于高山茶，利润较少。与同地区高山种茶农户相比，其劳动力付出与收益回报不成正比，缺乏空闲时间，附近也少有可供开发的旅游资源。低山种茶区 F2 农户以岭头单丛茶产业发展为主，根据茶叶生长状态和经济需求一年采收 1~5 季不等，采制春茶会雇佣少量工人，机械化程度较高。农户风险意识较高，少数农户经营茶叶批发、餐饮等其他副业，生计多样化程度高。旅游发展处于摸索期，有零星观光游客。

结合经济发展程度、茶叶种植海拔以及古茶园分布位置，本文选取两个高山茶村落（凤凰镇乌岽村和凤西村）和四个低山茶村落（凤凰镇凤北村和福北村，为低山种茶区 F1 农户；浮滨镇岭头村和上社村，为低山种茶区 F2 农户）为研究区域。

### 2.2 数据收集和整理

通过预调研验证指标的适宜性后，于 2022 年 7~8 月正式调研，采用参与性农村评估法（PRA）对农户进行半结构式深度访谈和开放式提问。访谈内容主要包括农户的生计资本、农户的旅游参与情况与意愿、农户的旅游参与技能与遗产保护态度、当地旅游发展现状等。访谈范围涉及两个乡镇 6 个村，历时 19 天，获取 51 份半结构式深度访谈资料，其中凤凰镇 39 个样本户（高山茶村落 25 户、低山茶村落 14 户），浮滨镇 12 个样本户（均为低山茶村落），每户访谈时间均在 30 min 以上。在访谈结束后分析数据确定不再出现新的内容，即现有访谈数据已达到饱和。受访者基本信息见表 1。

#### 表 1　受访者基本信息

| 属性 | | 样本量（份） | 占比（%） |
|---|---|---|---|
| 年龄（岁） | 16~25 | 3 | 5.9 |
| | 26~40 | 20 | 39.3 |
| | 41~60 | 21 | 41.2 |
| | 61 及以上 | 7 | 13.7 |
| 性别 | 男 | 47 | 92.2 |
| | 女 | 4 | 7.8 |
| 文化程度 | 小学及以下 | 7 | 13.7 |
| | 初中 | 28 | 54.9 |
| | 中专或高中 | 13 | 25.5 |
| | 大专或本科 | 3 | 5.9 |
| 职业 | 种茶农民 | 30 | 58.8 |
| | 种茶 & 开茶叶店 | 10 | 19.6 |
| | 种茶 & 民宿 | 3 | 5.9 |
| | 种茶 & 农家乐 | 1 | 2.0 |
| | 种茶 & 村干部 | 4 | 7.8 |
| | 种茶 & 其他 | 3 | 5.9 |
| 家庭生计方式（种） | 1 | 36 | 70.6 |
| | 2 | 13 | 25.5 |
| | 3 | 2 | 3.9 |

| 属性 | | 样本量（份） | 占比（%） |
|---|---|---|---|
| 家庭年总收入（万元） | 10~25 | 6 | 11.8 |
| | 26~50 | 9 | 17.6 |
| | 51~150 | 14 | 27.5 |
| | 151~300 | 14 | 27.5 |
| | 301~500 | 4 | 7.8 |
| | 501 及以上 | 4 | 7.8 |

### 2.3 研究方法

#### 2.3.1 测量指标体系

在农户的行为决策中，农业文化遗产地生态产品的旅游价值实现受到农户生计资本、农户的旅游参与意愿、旅游参与技能与经验等因素的影响。本文参考可持续生计分析框架（SLA）中的五大资本（自然资本、物质资本、经济资本、人力资本、社会文化资本），融入社区居民的旅游参与能力[29-31]，考虑科学性、可操作性和地域特性，最终共选取 21 个二级指标测量农户所持的旅游价值转化生计资本（见表 2）。需要特别说明的是，农户的生态保护意识和传统文化保护与传承意识是农业文化遗产地生态产品旅游价值实现的重要推动力，本研究区农户的生态保护意识和传统文化保护与传承意识普遍较高，这使获取数据的离散程度高、指标权重小，因此本文未将"生态保护意识"和"传统文化保护与传承意识"放入人力资本层。该指标体系的原始数据均通过实地调研的入户访谈所得。

表 2　旅游价值转化生计资本测量指标体系

| 一级指标 | 二级指标 | 指标计算方法 | 赋值依据 |
|---|---|---|---|
| 自然资本（N） | 茶叶种植实际面积 | 各农户实际种植茶叶的面积/亩 | 实际数据后续进行归一化处理 |
| | 茶叶种植土地质量 | 非常差 =0.00；差 =0.25；一般 =0.50；好 =0.75；非常好 =1.00 | 根据遗产地实际情况进行自然断点赋值 |
| | 家庭剩余可支配土地 | 无 =0.0；原始森林 =0.0；荒地（沼泽、石头）=0.5；耕地 =1.0 | 同上 |
| | 旅游资源开发程度 | 未开发 =0.00；探索阶段 =0.25；参与阶段 =0.50；发展阶段 =0.75；稳固阶段 =1.00 | 根据遗产地实际情况和旅游地生命周期进行断点赋值 |
| 物质资本（P） | 住房类型 | 土木房 =0.00；砖木房 =0.25；砖瓦房 =0.50；混凝土房 =0.75；高端别墅 =1.00 | 指标细则参考［32］ |
| | 住房面积 | 各农户家庭住房总面积/间 | 实际数据后续进行归一化处理 |
| | 旅游可利用房屋面积 | 各农户家庭可用于旅游利用的房屋面积/间 | 同上 |
| | 旅游可利用固定资产 | 各农户家庭可用于旅游利用的交通工具、家电家具等固定资产数量/个 | 同上 |

| 一级指标 | 二级指标 | 指标计算方法 | 赋值依据 |
|---|---|---|---|
| 经济资本（F） | 家庭年总收入 | 各农户一个自然年度的家庭总收入 / 元 | 同上 |
| | 获得信贷机会 | 各农户能从银行或信用社、亲朋好友、高利贷三方面获取贷款的机会：1 种 =0.33；2 种 =0.67；3 种 =1.00 | 根据遗产地实际情况进行自然断点赋值，指标细则参考［33］ |
| 人力资本（H） | 家庭整体劳动能力 | 儿童 =0.00；工作的儿童 =0.30；成人的助手 =0.60；成年人 =1.00；老年人 =0.50；残疾人 =0.00；长期患病者 =0.00，赋值后求总和 | 指标细则参考［33］ |
| | 成年劳动力受教育程度 | 文盲 =0.00；小学 =0.25；初中 =0.05；高中或中专 0.75；大学及以上 =1.00，赋值后求总和 | 指标细则参考［33］ |
| | 家庭旅游可支配时间 | 各农户家庭可用于旅游利用的时间 / 月：3 个月 =0.33；6 个月 =0.67；9 个月 =1.00 | 根据遗产地实际情况自然断点进行赋值 |
| | 销售及管理能力 | 各农户是否成立茶企、茶厂或其他类型企业：是 =1；否 =0 | 根据遗产地实际情况进行二分赋值 |
| | 旅游相关特长技能 | 各农户家庭成员是否拥有旅游相关的特长技能：是 =1；否 =0 | 同上 |
| | 旅游从业经验 | 从未涉及 =0.0；有过相关经历 =0.5；正在经营 =1.0 | 根据遗产地实际情况自然断点进行赋值 |
| | 旅游参与意识 | 各农户旅游参与意愿：不愿意 =0.00；意愿参与 1 类 =0.25；意愿参与 2 类 =0.50；意愿参与 3 类 =0.75；意愿参与 4 类 =1.00 | 同上 |
| 社会文化资本（S） | 参与家庭农业组织情况 | 各农户是否加入茶叶合作社、茶叶相关协会、茶叶供销社等家庭农民组织：是 =1；否 =0 | 根据遗产地实际情况进行二分赋值 |
| | 家庭中有无干部 | 各农户家庭中是否有成员担任干部，如村主任、村委书记等：是 =1；否 =0 | 指标细则参考［34］ |
| | 与朋友或邻居交往情况 | 很少往来 =0.0；一般往来 =0.5；往来频繁 =1.0 | 指标细则参考［32］ |
| | 参与协会或合作社培训情况 | 各农户家庭成员是否参加过相关组织的培训：是 =1；否 =0 | 根据遗产地实际情况进行二分赋值 |

### 2.3.2 权重确定

由于影响生计可持续性的主要因素通常变化程度较大，与熵值法的内在机理高度相似，因此生计研究常采用熵值法的综合指标评价方法[35]。利用熵值法对本文构建的指标体系进行赋权，获得旅游价值转化生计资本的综合评价结果。熵值法所得出的权重是基于样本数据各指标的离散程度产生的[35]，设一级指标项为 $s$（$s=1,2,\cdots,t$）、二级指标项为 $i$（$i=1,2,\cdots,m$）、样本数为 $j$（$j=1,2,\cdots,n$），则 $X_{sij}$ 表示第 $s$ 层一级指标下的第 $j$ 个样本的第 $i$ 项二级指标值。计算步骤如下：

第一步，对 $m$ 项二级指标值进行归一化处理，并进行非负平移处理，对归一化结果统一加 0.01 进行数值平移，因指标体系中所有指标均为正向指标，本文采用表达式（1）进行计算：

$$X'_{sij} = \frac{X_{sij} - \min X_i}{\max X_i - \min X_i} + 0.01 \tag{1}$$

式中：$X'_{sij}$ 表示无量纲化后的指标值，$\min X_i$ 和 $\max X_i$ 分别表示第 $i$ 项二级指标数据的最小值和最大值。然后，计算第 $s$ 层的第 $i$ 项二级指标的第 $j$ 个样本指标值的比重 $P_{sij}$：

$$P_{sij} = \frac{X'_{sij}}{\sum_{j=1}^{n} X'_{sij}} \tag{2}$$

第二步，计算第 $s$ 层的第 $i$ 项指标的熵值 $e_{si}$：

$$e_{si} = -\frac{1}{\ln n} \sum_{j=1}^{n} P_{sij} \ln P_{sij} \tag{3}$$

第三步，计算第 $s$ 层的第 $i$ 项指标的信息熵冗余度系数 $d_{si}$：

$$d_{si} = 1 - e_{si} \tag{4}$$

第四步，计算第 $s$ 层的第 $i$ 项指标的权重 $w_{si}$：

$$w_{si} = \frac{d_{si}}{\sum_{i=1}^{n} d_{si}} \tag{5}$$

将样本的各项指标值乘以指标对应的权重 $w_{si}$，即可得到第 $s$ 层样本各项指标的单项评价得分，加总即可得到第 $s$ 层样本的综合评价得分，按照上述步骤依次计算，即可得到其余一级指标层二级指标的各项权重、一级指标层的综合评价得分和一级指标层的权重 $w_s$。

根据上述熵值法公式逐步计算得出权重。农业文化遗产地旅游价值转化生计资本测量指标权重见表 3。其中，权重最大的是社会文化资本，人力资本次之。作为二级指标数量最多的人力资本，"销售及管理能力""旅游相关特长技能""旅游从业经验" 3 个指标权重较大，其得分的高低能够直接影响农户人力资本的综合得分。经济资本的二级指标权重值差别最大，"家庭年总收入"的指标权重值达 0.944，表明指标离散程度高，农户之间家庭年总收入的差异较大。

表 3　农业文化遗产地旅游价值转化生计资本测量指标权重

| 一级指标 | 二级指标 |
|---|---|
| 自然资本（0.203） | 茶叶种植实际面积（0.280） |
| | 茶叶种植土地质量（0.034） |
| | 家庭剩余可支配土地（0.551） |
| | 旅游资源开发程度（0.135） |

| 一级指标 | 二级指标 |
|---|---|
| 物质资本（0.140） | 住房类型（0.024） |
| | 住房面积（0.228） |
| | 旅游可利用房屋面积（0.316） |
| | 旅游可利用固定资产（0.432） |
| 经济资本（0.183） | 家庭年总收入（0.944） |
| | 获得信贷机会（0.056） |
| 人力资本（0.211） | 家庭整体劳动能力（0.054） |
| | 成年劳动力受教育程度（0.031） |
| | 家庭旅游可支配时间（0.021） |
| | 销售及管理能力（0.319） |
| | 旅游相关特长技能（0.243） |
| | 旅游从业经验（0.242） |
| | 旅游参与意识（0.090） |
| 社会文化资本（0.263） | 参与家庭农业组织情况（0.233） |
| | 家庭中有无干部（0.500） |
| | 与朋友或邻居交往情况（0.022） |
| | 参与协会或合作社培训情况（0.245） |

## 3. 结果与分析

### 3.1 农户视角下生态产品的旅游价值实现机制

在《环境经济核算体系——生态系统核算》（SEEA-EA）中生态产品只包括生态系统为经济活动和人类福祉提供的最终产品，即供给服务、文化服务、调节服务三方面，不包括发生在生态系统内部和不同生态系统之间的中间性服务，如支持服务[36]。因此延伸于支持服务的自然生态产品是前3类生态产品的基础，难以通过旅游的形式进行直接或间接的价值转化。故本文在农业文化遗产地选取前3类生态产品进行旅游价值转化的尝试性探索（见表4）。

农业文化遗产地生态产品与一般意义上生态产品不同的是：①对于列入全球重要农业文化遗产和中国重要农业文化遗产保护名录的遗产系统，其生态产品价值还包括品牌溢出价值，来源于品牌的知名度、美誉度和普及度[37]；②生态文化产品不仅具有审美休闲、科普教育、科学研究等方面的价值，还包括促进农耕知识与文化创造、保护、传承所具有的传承价值[38]。当前3类生态产品通过旅游进行价值实现时，上述的潜在价值也会相应地转化为经济价值和社会价值。

表4  农业文化遗产地进行旅游价值转化的生态产品

| 生态产品 | 具体内容 | 广东潮州单丛茶文化系统 |
|---|---|---|
| 生态物质产品 | 农产品；野生生物资源、水源供给、能源供给 | 单丛茶种质资源、单丛茶古茶树、单丛茶茶叶及其附加产品等；野生名树古木、山泉水、烤茶薪柴、水力发电等 |
| 生态文化产品 | 传统农业工具、传统农事经验和知识、农业景观；山水景观、传统建筑、民间歌舞、文化节事、传统技艺、历史精神 | 传统单丛茶种植加工的技术与工具、传统单丛茶种植加工经验、古茶树与茶园景观等；凤凰山区域的相关旅游景区、单丛茶历史文化、畲族文化、潮州工夫茶冲泡技艺等 |
| 生态服务产品 | 空气质量、清洁水源、适宜气候 | 森林覆盖、清洁水源、高山宜人气候、富足氧气等 |

生态产品价值实现路径通常包括政府主导路径、市场主导路径以及政府与市场混合路径3种（见图2）。本文重点探讨的旅游价值实现路径是指以市场主导路径为主，政府主导路径以及政府与市场混合路径为辅的路径。拥有直接使用价值的生态物质产品和生态文化产品可通过市场交易或生态产业开发等形式在旅游市场直接进行价值转化，具有市场主导、政府引导的特征；拥有非直接使用价值的生态服务产品适用政府主导、政府与市场混合路径，通过生态载体溢价、生态资本收益、资源产权流转等形式在旅游市场间接进行价值转化。在此过程中，不同类型的农户会对自身所持的生计资本进行优化配置，生态产品的内在价值通过农户参与旅游市场交易的形式进行显性化和货币化，最终形成完整的农业文化遗产地生态产品旅游价值实现模式。

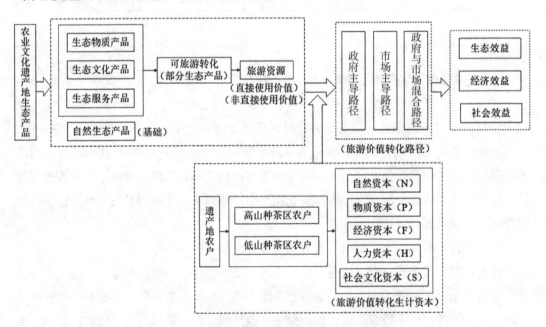

图2  农业文化遗产地生态产品的旅游价值实现机制

### 3.2 遗产地不同类型农户所持的旅游价值转化生计资本组成

研究结果表明（见表5），不同类型农户所持的旅游价值转化生计资本的综合平均得分为 1.129，五大资本得分明显不均衡。人力资本、社会文化资本的平均得分最高，表明遗产地具有良好的人力资源基础，存在较强的外部支持与协助。物质资本权重最小，平均得分也最低。

表 5　不同类型农户所持的旅游价值转化生计资本评价得分

| 类型 | 自然资本（N）平均值 | 物质资本（P）平均值 | 经济资本（F）平均值 | 人力资本（H）平均值 | 社会文化资本（S）平均值 | 综合得分平均值 |
|---|---|---|---|---|---|---|
| 高山种茶区 | 0.227 | 0.191 | 0.256 | 0.267 | 0.286 | 1.227 |
| 低山种茶区 F1 | 0.264 | 0.066 | 0.115 | 0.204 | 0.229 | 0.877 |
| 低山种茶区 F2 | 0.189 | 0.097 | 0.132 | 0.358 | 0.444 | 1.219 |
| 总体 | 0.228 | 0.134 | 0.188 | 0.271 | 0.308 | 1.129 |

为表示不同类型农户所持五大资本是否有显著性差异，对农户类型和资本类型进行单因素方差分析。经检验，方差显示齐性，可以采用单因素方差分析方法。单因素 ANOVA 检验（见表 6）和 LSD 多重比较检验（见表 7）结果表明：不同类型农户间，经济资本和物质资本具有显著性差异。在经济资本中，高山种茶区与低山种茶区 F1 在 0.05 水平上差异显著。在物质资本中，高山种茶区与低山种茶区 F1 在 0.01 水平上差异显著，与低山种茶区 F2 在 0.05 水平上差异显著。

表 6　农户类型与资本类型的单因素 ANOVA 检验

| 因变量 | 组别 | 平方和 | 自由度 | 均方 | F | Sig. |
|---|---|---|---|---|---|---|
| 自然资本 | 组间 | 0.037 | 2 | 0.018 | 0.296 | 0.745 |
|  | 组内 | 2.984 | 48 | 0.062 |  |  |
|  | 总计 | 3.02 | 50 |  |  |  |
| 物质资本 | 组间 | 0.163 | 2 | 0.081 | 4.614 | 0.015 |
|  | 组内 | 0.847 | 48 | 0.018 |  |  |
|  | 总计 | 1.01 | 50 |  |  |  |
| 经济资本 | 组间 | 0.228 | 2 | 0.114 | 3.373 | 0.043 |
|  | 组内 | 1.621 | 48 | 0.034 |  |  |
|  | 总计 | 1.849 | 50 |  |  |  |
| 人力资本 | 组间 | 0.153 | 2 | 0.076 | 1.011 | 0.371 |
|  | 组内 | 3.629 | 48 | 0.076 |  |  |
|  | 总计 | 3.782 | 50 |  |  |  |
| 社会文化资本 | 组间 | 0.321 | 2 | 0.161 | 1.913 | 0.159 |
|  | 组内 | 4.033 | 48 | 0.084 |  |  |
|  | 总计 | 4.354 | 50 |  |  |  |

表 7　农户类型与资本类型的 LSD 多重比较检验

| 因变量 | （I）农户类型 | （J）农户类型 | 均值差（I–J） | 标准误 | 显著性 | 95% 置信区间 | |
|---|---|---|---|---|---|---|---|
| | | | | | | 下限 | 上限 |
| 自然资本 | 高山 | 低山 F1 | −0.037 | 0.083 | 0.657 | −0.205 | 0.130 |
| | | 低山 F2 | 0.038 | 0.088 | 0.665 | −0.138 | 0.214 |
| | 低山 F1 | 高山 | 0.037 | 0.083 | 0.657 | −0.130 | 0.205 |
| | | 低山 F2 | 0.075 | 0.098 | 0.446 | −0.122 | 0.273 |
| | 低山 F2 | 高山 | −0.038 | 0.088 | 0.665 | −0.214 | 0.138 |
| | | 低山 F1 | −0.075 | 0.098 | 0.446 | −0.273 | 0.122 |
| 物质资本 | 高山 | 低山 F1 | 0.125* | 0.044 | 0.007 | 0.036 | 0.214 |
| | | 低山 F2 | 0.094* | 0.047 | 0.049 | 0.001 | 0.188 |
| | 低山 F1 | 高山 | −0.125* | 0.044 | 0.007 | −0.214 | −0.036 |
| | | 低山 F2 | −0.031 | 0.052 | 0.558 | −0.136 | 0.074 |
| | 低山 F2 | 高山 | −0.094* | 0.047 | 0.049 | −0.188 | −0.001 |
| | | 低山 F1 | 0.031 | 0.052 | 0.558 | −0.074 | 0.136 |
| 经济资本 | 高山 | 低山 F1 | 0.141* | 0.061 | 0.026 | 0.018 | 0.265 |
| | | 低山 F2 | 0.124 | 0.065 | 0.061 | −0.006 | 0.254 |
| | 低山 F1 | 高山 | −0.141* | 0.061 | 0.026 | −0.265 | −0.018 |
| | | 低山 F2 | −0.017 | 0.072 | 0.810 | −0.163 | 0.128 |
| | 低山 F2 | 高山 | −0.124 | 0.065 | 0.061 | −0.254 | 0.006 |
| | | 低山 F1 | 0.017 | 0.072 | 0.810 | −0.128 | 0.163 |
| 人力资本 | 高山 | 低山 F1 | 0.063 | 0.092 | 0.494 | −0.121 | 0.248 |
| | | 低山 F2 | −0.090 | 0.097 | 0.355 | −0.284 | 0.104 |
| | 低山 F1 | 高山 | −0.063 | 0.092 | 0.494 | −0.248 | 0.121 |
| | | 低山 F2 | −0.153 | 0.108 | 0.162 | −0.371 | 0.064 |
| | 低山 F2 | 高山 | 0.090 | 0.097 | 0.355 | −0.104 | 0.284 |
| | | 低山 F1 | 0.153 | 0.108 | 0.162 | −0.064 | 0.371 |
| 社会文化资本 | 高山 | 低山 F1 | 0.057 | 0.097 | 0.559 | −0.138 | 0.252 |
| | | 低山 F2 | −0.158 | 0.102 | 0.127 | −0.363 | 0.047 |
| | 低山 F1 | 高山 | −0.057 | 0.097 | 0.559 | −0.252 | 0.138 |
| | | 低山 F2 | −0.215 | 0.114 | 0.065 | −0.444 | 0.014 |
| | 低山 F2 | 高山 | 0.158 | 0.102 | 0.127 | −0.047 | 0.363 |
| | | 低山 F1 | 0.215 | 0.114 | 0.065 | −0.014 | 0.444 |

注：＊均值差的显著性水平为 0.05。

（1）高山种茶区农户的五大资本得分较为均衡。自然资本与低山种茶区 F1 相比得分较低，原因在于高山种茶区农户的家庭剩余可支配土地多为山顶原始森林，山体茶叶种植范围已达到林地生态保护红线，不能再开垦种植茶叶，只能通过旅游或其他方式来增强生计多样性。家庭年总收入较高，旅游可利用房屋面积大，使得高山种茶区农户的经济资本和物质资本远高于低山种茶区和总体平均水平，是参与旅游的优势资本，适合选择非农产业的生计模式。在旅游发展处于起步阶段的情况下，农户所持资本的综合得分最高，能够从事多种类型的旅游经营活动，市场竞争压力较小。

（2）低山种茶区 F1 农户的经济利润与高山种茶区相比差异较大，但足以维持家庭生活、满足日常消费需求。该类型农户所持的优势资本是自然资本，因其茶叶种植面积较大，少部分农户拥有可开垦土地，大部分剩余可支配土地为荒地、沼泽和石块堆积地，可进一步改造升级、再利用。除自然资本外，其余资本得分明显低于其他类型农户和总体平均水平，其中经济资本与物质资本的得分最低，旅游发展的经济和物质基础最为薄弱。纯农业发展的生计策略使得家庭生计脆弱性较强，需要通过生计多样化路径来提高家庭的风险抵御能力。

低山种茶区 F2 农户因其生计多样性较高，经济资本与物质资本良好，但与高山种茶区农户相比并不具备优势。自然资本得分最低，其成因与高山种茶区农户相似。由于多数人拥有较强的旅游参与意愿、旅游相关技能及从业经验，并积极参与各类社会组织活动，人力资本与社会文化资本得分最高，为该类型农户所持的优势资本。因此，该类型农户对旅游发展的接受能力大，社区及个人构建的社会网络支持力度大，参与旅游也较为容易。

低山种茶区的两类农户相比，F2 农户比 F1 农户的经济水平高，有相对充足的旅游可利用时间和良好的旅游发展基础，家庭收入受灾害和风险的影响较小。不同类型农户所持的旅游价值转化生计资本评价得分分布，如图 3 所示。

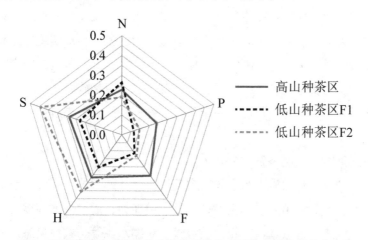

**图 3　不同类型农户所持的旅游价值转化生计资本评价得分分布图**

根据上述分析，本文将高山种茶区与低山种茶区农户归纳为 3 种具有代表性的茶类农业文化遗产地农户类型：强经济资本－弱自然资本型（高山种茶区农户）、强自然资本－弱经济资本型（低山种茶区 F1 农户）和强人力资本－强社会文化资本型（低山种茶区 F2 农户），分别代表了遗产地不同海拔高度、不同经济发展水平、不同旅游发展程度下农户的生计资本与策略（见表 8）。

表 8　遗产地 3 种类型农户的生计资本与策略

| 类型 | 区域 | 旅游发展程度 | 特点 | 生计多样化程度 |
|------|------|------|------|------|
| 强经济资本－弱自然资本型 | 高山（800~1200 m） | 景区配套设施齐全，部分农户提供食宿 | 经济与物质基础较好，生计自由度高，参与旅游市场竞争压力小 | 单一 |
| 强自然资本－弱经济资本型 | 低山（300~800 m） | 未开发 | 经济与物质资本有限，自然资本强，参与旅游认知弱 | 单一 |
| 强人力资本－强社会文化资本型 | 低山（300~800 m） | 初建旅游配套设施，有零星观光游客 | 经济基础良好，人力与社会文化资本强，参与旅游的接受能力强、正向认知较强 | 多样 |

### 3.3 遗产地生态产品的旅游价值实现路径

基于前述理论基础及结果分析，结合国内外相关研究启示[16]，本文探索性地提出适合农业文化遗产地不同类型农户的生态产品旅游价值实现路径。

（1）强经济资本－弱自然资本型路径。

本路径是在经济基础与物质基础丰富的前提下充分利用优势资本扩大生态产品的供给并对其进行的旅游价值转化。农户可在以往生计模式的基础上扩大自身生态产品的供给，实现从农产品到旅游产品的价值增值。例如通过生态农产品认证、建立生态农业品牌、延长茶叶产业链等方式向旅游商品进行多维度转化。引导农户创新和丰富生态旅游业态，建设多功能综合性的生态旅游示范区，改变单一的观光旅游形式，将生态资源转化为经济资本，无形的公共性生态产品也会通过旅游服务的形式实现生态载体溢价。此外，在旅游发展的过程中通过明晰农户房屋、耕地、林地等生态资源的产权，利用资源产权买卖、入股、租赁等流转方式可以实现资源价值增值和旅游集中经营；或对村内空闲集体土地进行租借、投资，都可在一定形式上弥补在旅游发展过程中农户的自然资本短缺问题。

（2）强自然资本－弱经济资本型路径。

本路径是以农户的自然资本为主导来实现生态载体的溢价。可改善小部分可持续利用耕地继续进行农产品种植来增加生态产品的供给能力；通过恢复和提升低山废弃地的生态景观带动区域土地价值增值，将清洁空气、干净水源等公共性生态产品价值附加在旅游产品上实现生态载体溢价。利用有限的经济资本、人力资本和社会文化资本，对生态农产品进行初级加工和包装，通过市场向初级旅游商品转化；结合茶园景观、已修复废弃地和其他旅游资源激活休闲农业，实现旅游业态从无到有的转变，创新生态旅游就业的帮扶机制。

（3）强人力资本－强社会文化资本型路径。

本路径是在经济基础良好的情况下，充分利用人力资本和社会文化资本的优势发展生态旅游产业。可推进绿色农产品产业链建设，使多形式的农产品进入旅游市场实现作为旅游商品的价值；结合附近茶园、山水等其他景观大力发展生态观光旅游，探索不同类型的生态旅游产业模式。可建立"企业＋农户"的旅游发展带动机制，引导投资者主动让渡住宿、餐饮等产业的就业创业机会，完善附近食宿、交通等旅游配套基础设施。

在上述 3 条路径的基础上，可通过完善生态补偿制度、开展绿色金融扶持、开展资源产权投融资、开展补偿收益抵押融资等方式进行旅游经营或开发。如对农户保护和修复生态环境、退耕还林等放弃自身经济发展的行为开展多元化补偿方式；对农户参与环保、节能、清洁的绿色旅游项目提供信贷、债券、基金等金融服务；将公共生态资源产权分配给村集体或个体农户，村集体或个体农户可将生态资源的使用权通过一定形式入股或抵押来获取经济收益，提高农户对生态资源保护的积极性；将政府生态补偿的各类财政资金量化为村集体或农户持有的股金，投入旅游经营主体，从而享有股份权利获取收益或抵押融资开展旅游经营。

## 4. 结论与讨论

### 4.1 结论

本文以农户行为理论和生态系统服务理论为基础，以广东省潮州单丛茶文化系统为例，运用熵值法评价不同类型农户所持的旅游价值转化生计资本组成，并探讨不同类型农户适合的生态产品旅游价值实现路径，主要研究结论如下：

（1）经济资本和物质资本为高山种茶区农户参与旅游的优势资本；低山种茶区农户可分为两种类型，F1 农户参与旅游的优势资本是自然资本，F2 农户参与旅游的优势资本是人力资本和社会文化资本。

（2）五大资本中，高山种茶区与低山种茶区农户之间的经济资本和物质资本具有显著差异。高山种茶区农户与低山种茶区 F1 农户的经济资本差异显著。高山种茶区农户与低山种茶区 F1 农户的物质资本差异极为显著，与低山种茶区 F2 农户的物质资本差异显著。

（3）高山种茶区与低山种茶区农户可进一步归纳为 3 种具有代表性的茶类农业文化遗产地农户类型：强经济资本－弱自然资本型、强自然资本－弱经济资本型和强人力资本－强社会文化资本型，从而根据各自资本特点与旅游发展程度针对性地提出 3 条生态产品旅游价值实现路径。

### 4.2 讨论

作为农业文化遗产生态产品价值实现的一种重要方式，旅游对于实现农业文化遗产的多功能价值、增强遗产的传承利用具有重要作用，通过旅游业发展可以带动"绿水青山转化为金山银山"的发展进程。本文的贡献主要有以下 3 点：

（1）理论上，国内目前对生态产品价值实现的研究较为宽泛，缺少微观的实证研究，而国外对生态系统服务付费的研究具有丰富的理论和实践经验，结合国内外相关模式的启示，分析农业文化遗产地生态产品的旅游价值实现路径具有一定的理论研究价值；其次，多数研究讨论的是旅游对生计资本的影响，本文从生计资本的内在机理出发，结合社区居民的旅游参与能力来评价农户所持的旅游价值转化生计资本，为测量农户的旅游参与能力提供了新的方向。

（2）本文从农户视角研究生态产品的旅游价值实现，不仅可以提高农户的经济收益、增强其生计韧性，而且可以促进农户生态保护和遗产保护意识的提升，以经济收益反哺生态系统修复和遗产保护传承。对于进一步促进社区增权，推动农业文化遗产的动态保护和适应性管理也有一定帮助。

（3）本文提供了不同类型农户的生态产品旅游价值实现路径，对于同类型农业文化遗产地或生计模式类似的山区农户合理有效地利用生态资源、实现家庭生计和生态系统的可持续性具有重要的参考价值。

值得注意的是，在生态产品价值实现的过程中，政府、游客等不同利益相关者都发挥着重要作用，尤其是政府政策很大程度上决定了农户生计资本组成、旅游用地条件、生态景观修复、基础设施修建等，这些都是未来需要进一步探索的重要内容。

## 参考文献：

［1］闵庆文.全球重要农业文化遗产：一种新的世界遗产类型［J］.资源科学，2006，28（4）：206-208.

［2］谢花林，陈倩茹.生态产品价值实现的内涵、目标与模式［J］.经济地理，2022，42（9）：147-154.

［3］DAILY G C. Nature's services［M］. Washington DC：Island Press，1997.

［4］UN. Millennium ecosystem assessment（MA），ecosystems and human well-being［M］. Washington DC：Island Press，2005.

［5］COSTANZA R，ARGE，GROOT R D，et al. The value of the world's ecosystem services and natural capital［J］. Nature，1997，387（15）：253-260.

［6］RAI P B，SEARS R R，DUKPA D，et al. Participatory assessment of ecosystem services from community-managed planted forests in Bhutan［J］. Forests，2020，11（10）：1062.

[7] LANGLE-FLORES A, RODRIGUEZ A A, ROMERO-URIBE H, et al. Multi-level social-ecological networks in a payments for ecosystem services programme in central Veracruz, Mexico [J]. Environmental Conservation, 2021, 48 (1): 41-47.

[8] DEXTRE R M, ESCHENHAGEN M L, HERNANDEZ M C, et al. Payment for ecosystem services in Peru: assessing the socio-ecological dimension of water services in the upper Santa River basin [J]. Ecosystem Services, 2022.

[9] 国家发展和改革委员会. 全国主体功能区规划 [M]. 北京: 人民日报出版社, 2015.

[10] 张林波, 虞慧怡, 李岱青, 等. 生态产品内涵与其价值实现途径 [J]. 农业机械学报, 2019, 50 (6): 173-183.

[11] 靳诚, 陆玉麒. 我国生态产品价值实现研究的回顾与展望 [J]. 经济地理, 2021, 41 (10): 207-213.

[12] 刘伯恩. 生态产品价值实现机制的内涵、分类与制度框架 [J]. 环境保护, 2020, 48 (13): 49-52.

[13] 丘水林, 靳乐山. 生态产品价值实现: 理论基础、基本逻辑与主要模式 [J]. 农业经济, 2021, 408 (4): 106-108.

[14] 林场焱, 徐昔保. 长三角地区生态系统生产总值时空变化及重要生态保护空间识别 [J]. 资源科学, 2022, 44 (4): 847-859.

[15] 邱凌, 罗丹琦, 朱文霞, 等. 基于 GEP 核算的四川省生态产品价值实现模式研究 [J]. 生态经济, 2023, 39 (7): 216-221.

[16] 张林波, 虞慧怡, 郝超志, 等. 国内外生态产品价值实现的实践模式与路径 [J]. 环境科学研究, 2021, 34 (6): 1407-1416.

[17] 朱新华, 李雪琳. 生态产品价值实现模式及形成机理: 基于多类型样本的对比分析 [J]. 资源科学, 2022, 44 (11): 2303-2314.

[18] 白雨, 丁黎黎, 赵昕. 时间偏好影响下的海洋牧场蓝碳生态产品价值实现机制 [J]. 资源科学, 2022, 44 (12): 2487-2500.

[19] LIM K UK, A study on the development of rural tourism resources through the agricultural heritage of the dumbeung irrigation system in the Goseong coastal area [J]. Journal of the Association of Korean Photo-Geographers, 2022, 31 (4): 110-123.

[20] SANTORO A, VENTURL M, AGNOLETTI M. Agricultural heritage systems and landscape perception among tourists: The case of Lamole, Chianti (Italy) [J]. Sustainability, 2020, 12 (9): 1-15.

[21] KAULEN-LUKS S, MARCHANT C, OLIVARES F, et al. Biocultural heritage construction and community-based tourism in an important indigenous agricultural heritage

system of the southern Andes［J］. International Journal of Heritage Studies，2022，28（10）：1075-1090.

［22］孙业红，王静．农业文化遗产地旅游资源开发与产品设计的问题探讨［J］.旅游学刊，2022，37（6）：3-5.

［23］王博杰，何思源，闵庆文，等．开发适宜性视角的农业文化遗产地旅游资源评价框架：以浙江省庆元县为例［J］.中国生态农业学报（中英文），2020，28（9）：1382-1396.

［24］苏明明，杨伦，何思源．农业文化遗产地旅游发展与社区参与路径［J］.旅游学刊，2022，37（6）：9-11.

［25］苏莹莹，王英，孙业红，等．农业文化遗产地游客环境责任行为与饮食旅游偏好关系研究：以浙江青田稻鱼共生系统为例［J］.中国生态农业学报（中英文），2020，28（9）：1414-1424.

［26］DFID. Sustainable Livelihood Guidance Sheets［R］. London：Department for International Development，1999.

［27］黄振华．"小农户"研究的经典理论与中国经验：基于"小农生产"理论的源流考察［J］.内蒙古社会科学（汉文版），2018，39（5）：47-54.

［28］马良灿．理性小农抑或生存小农：实体小农学派对形式小农学派的批判与反思［J］.社会科学战线，2014，226（4）：165-172.

［29］邱心怡．森林公园居民社区参与诉求与能力契合分析［D］.长沙：中南林业科技大学，2017.

［30］寇张妮．农民参与乡村旅游开发能力提升的小组工作介入研究［D］.兰州：西北民族大学，2022.

［31］柴健．祁连山国家公园青海片区社区居民参与旅游能力及意愿关系研究［D］.西宁：青海师范大学，2022.

［32］王洪辰．桂林阳朔遗产旅游地乡村居民可持续生计资本与策略研究［D］.南宁：广西大学，2020.

［33］李小云，董强，饶小龙，等．农户脆弱性分析方法及其本土化应用［J］.中国农村经济，2007（4）：32-39.

［34］郭秀丽，李旺平，孙国军等．高寒生态脆弱区农户生计资本及其耦合协调度分析：以甘南州夏河县为例［J］.水土保持研究，2022，29（6）：330-335+343.

［35］杨琨，刘鹏飞．欠发达地区失地农民可持续生计影响因素分析：以兰州安宁区为例［J］.水土保持研究，2020，27（4）：342-348.

［36］UN. System of Environmental Economic Accounting［EB/OL］.（2021-03-05）［2023-03-01］. https：//seea.un.org/ecosystem-accounting.

［37］何思源，闵庆文，李禾尧，等.重要农业文化遗产价值体系构建及评估（Ⅰ）：价值体系构建与评价方法研究［J］.中国生态农业学报（中英文），2020，28（9）：1314-1329.

［38］王国萍，闵庆文，何思源，等.生态农业的文化价值解析［J］.环境生态学，2020，2（8）：16-22.

（作者单位：常谕，北京联合大学旅游学院；孙业红，北京联合大学旅游学院；杨海龙，国家发改委国际合作中心；程佳欣，北京联合大学旅游学院；王博杰，中国科学院地理科学与资源研究所）

# 农业文化遗产旅游目的地形象感知<sup>*</sup>

## ——以潮州为例

刘志华　孙梦阳　刘　铮

[摘　要] 游客对目的地的形象感知会影响旅游资源开发与农业文化遗产保护之间的关系。本文以潮州这一茶文化农业文化遗产地为研究对象，选取携程网、去哪儿网和马蜂窝旅游网游记和评论数据进行语义分析，提取潮州形象感知高频词，探索游客对潮州的旅游形象感知。研究发现：①文化、历史、美食是游客对潮州旅游形象的基本认知，牌坊、古城和各类特色美食是游客对潮州形象最直观的认知；②游客对潮州的情感认知以积极情感为主，消极情感认知相对较少，愉快和兴奋是游客在潮州旅行时的主要情感认知；③游客对潮州整体形象的感知是历史文化名城，游记语义网络图呈现以"潮州"为核心、以"文化""历史""古城"为次核心和以"美食""酒店""交通""景点"等为外围三层结构，潮州－文化、潮州－历史、潮州－美食是语义网络图中最重要的关系连接。

[关键词] 农业文化遗产；旅游目的地；形象感知；潮州；文本语义分析

## 引言

随着互联网、移动互联网技术的迅猛发展，信息技术逐步渗透至旅游活动的各个领域、环节。越来越多的游客借助互联网获取旅游信息来进行旅游目的地选择或行程规划，并且在游后通过互联网发布自己的游记或攻略，这使得互联网成为营造旅游目的地感知形象的重要渠道。通过收集在线游记及评论文本建立文本数据库，来获取游客对旅游目的地的综合感知形象，是目前对旅游目的地形象的研究热点之一。

潮州作为"岭头单丛茶之乡"，"广东潮州单丛茶文化系统"正在进行全球重要农业文化遗产申报的准备工作，为促进潮州农业文化遗产旅游发展，实现农业文化遗产的

---

* 本文系国家社会科学基金（22BGL301）和"潮州单丛茶文化系统申报全球重要农业文化遗产项目"的阶段性成果。

保护与可持续发展，本研究以携程网、去哪儿网、马蜂窝旅游网游记和评论数据作为研究样本，基于旅游目的地形象感知"认知－情感"模型，运用文本分析法提取潮州这一农业文化遗产旅游目的地形象感知的高频特征词，探索游客对潮州旅游的形象感知。

## 1. 相关研究综述

### 1.1 农业文化遗产旅游

近年来随着农业文化遗产资源的不断开发与利用，农业文化遗产旅游也引起了相关学者的关注。目前有关农业文化遗产旅游的研究集中于如下几个方面：

#### 1.1.1 农业文化遗产旅游保护性开发

在农业文化遗产旅游中，大多学者将农业文化遗产作为一种旅游资源进行研究，将农业文化遗产旅游作为农业文化遗产动态保护的一种途径，在此基础上探索农业文化遗产旅游的开发模式及可持续发展路径。

韦国友等借鉴系统动力学相关理论，建立广西农业文化遗产旅游活化保护的驱动机制模型，并基于此提出广西农业文化遗产旅游活化保护的优化路径[1]。王德刚指出旅游化生存与产业化发展是实现农业文化遗产活化与保护性开发的最有效方式[2]。常旭等提出生态旅游能够化解农业文化遗产保护与开发间的矛盾，是农业文化遗产旅游发展的方式之一[3]。

#### 1.1.2 农业文化遗产旅游价值评估

对农业文化遗产地的旅游价值进行客观评价，有助于农业文化遗产地的可持续发展，为现代农业创建多产业、多业态融合发展的新模式[4-7]。

徐小琴等研究了浙江各地农业文化遗产的特征及农业生产的自然条件和演进历史过程，在此基础上构建了浙江省农业文化遗产的旅游价值评价体系，并利用该体系对浙江省的8项全国重要农业文化遗产进行了定量评估[8]。何悦等建立了农业文化遗产旅游资源价值评价体系，并利用此体系对四川省8项中国重要农业文化遗产旅游价值进行分析，基于此提出促进四川省农业文化遗产旅游活化发展的模式[9]。

#### 1.1.3 乡村振兴与农业文化遗产旅游开发

党的二十大报告指出，全面推进乡村振兴。农业文化遗产保护与乡村振兴战略目标是一致的[10-11]。

孙业红等提出农业文化遗产的评价标准与乡村振兴战略的耦合关系，并以云南哈尼梯田为例探索农业文化遗产旅游对农村地区乡村振兴战略实施的现实意义[12]。白鸽指出在乡村振兴过程中，农业文化遗产与旅游的关系日趋紧密，其在对广西农业文化遗产旅游发展所面临的困难进行研究的基础上，构建了农业文化遗产旅游活化保护的新模式，以此推动广西乡村振兴和农业文化遗产的可持续创新发展[13]。

### 1.2 旅游目的地形象

旅游目的地是旅游经营者、游客进行旅游活动的主要场所，是旅游系统的重要组成部分[14]，因此旅游目的地形象是影响游客旅游决策的重要因素之一。目前有关旅游目的地形象方面的研究主要为：

#### 1.2.1 旅游目的地感知形象的测度

旅游目的地游客感知形象对提升目的地旅游高质量发展具有重要意义[15]。对旅游目的地形象的有效测度与分析，有助于目的地营销组织打造特色鲜明的目的地品牌形象，从而提升目的地的知名度与影响力[16]。

王钦安等基于旅游凝视理论对皖南国际文化旅游示范区的感知形象进行测度，指出"旅游"和"文化"是该旅游区感知形象的双核心节点[17]。刘家博以崇礼为例，对冰雪旅游目的地的感知形象进行测度，指出游客对崇礼冰雪旅游服务设施认知和满意度都较高，崇礼冰雪旅游目的地整体感知呈现以冰雪旅游为主，可进入性强的形象[18]。王鹏飞等以嘉兴南湖景区为例，研究红色旅游目的地感知形象，指出游客对景区的红色文化感知强烈，但在目的地整体形象的构建上有待进一步提升[19]。

#### 1.2.2 旅游目的地形象感知理论

游客在进行旅游决策时，在经历复杂的认知－情感变化后，做出最终的决策[20]，"认知－情感"模型在旅游目的地感知形象研究领域被广泛应用[21]。

王承云等对上海红色旅游形象感知与情感评价进行研究，指出游客对上海红色旅游认知形象感知呈现"上海－历史－教育"的层次模式，在情感形象方面，传承红色精神文化是游客产生积极情绪的最重要因素，研究成果有利于从游客的视角切入红色文化通过红色旅游目的地的传播机制研究[22]。谭红日等基于"认知－情感"模型，探索游客对大连市旅游形象感知，大连整体感知形象是"滨海旅游胜地""广场之城"，情感形象以积极情感为主，指出大连应以广场为依托形成城市文化创意集市从而构建大连休闲文化旅游的品牌形象，提升大连旅游形象的认知度和影响力[23]。

综上所述，目前有关农业文化遗产旅游研究集中于旅游保护性开发、旅游价值评估，以及乡村振兴与农业文化遗产旅游开发的关系等方面，并未有学者从旅游目的地的视角出发，研究游客感知的农业文化遗产旅游目的地形象。因此本文以潮州这一茶文化农业文化遗产地为研究对象，选取携程网、去哪儿网和马蜂窝旅游网游记和评论数据进行语义分析，提取潮州旅游形象感知高频词，探索游客对潮州的旅游形象感知，为潮州农业文化遗产地旅游形象的提升提供参考。

## 2. 研究区域与数据来源

### 2.1 研究区域概况

潮州位于广东省，拥有1600多年的历史文化，是中国国家历史文化名城、优秀旅游城市，是潮州文化的重要发源地，同时是粤东地区的文化中心，享有"南国邦郡""岭海名邦""海滨邹鲁""文化橱窗"等美誉。潮州人文环境优秀，文化底蕴非常深厚，木雕、潮绣、潮剧、工夫茶等非物质文化遗产，与潮州菜、牌坊、广济桥、韩文公祠等共同构成了具有浓郁地方色彩的潮州文化。潮州作为岭头单丛茶之乡，是驰名中外的单丛茶主要产地，其单丛茶素有"茶中的香水"之美誉，广东潮安凤凰单丛茶文化系统于 2014 年入选第二批中国重要农业文化遗产，茶产业成为潮州的支柱产业，引领潮州产业整体高质量发展。依托茶产业，潮州的旅游产业也持续发展，"茶旅小镇""茶旅走廊"引领潮州茶产业与旅游产业融合发展。2015 至 2019 年，潮州市接待国内外游客总人数达 8 270.77 万人次，年均增长 28.30%，旅游总收入达 1 262.26 亿元，年均增长 28.04%。2020 年即使受新冠疫情影响，旅游总收入也达 199.93 亿元，游客总量1 607.34 万人次。旅游成为推动潮州经济发展的生力军。

### 2.2 数据来源

本研究选取携程网、去哪儿网和马蜂窝旅游网由游客发布的游记文本和评论作为研究样本，按如下原则进行游记文本筛选：

（1）游记内容翔实，图文并茂，评论数 20 条及以上；

（2）游记中涉及的广告内容予以删除；

（3）游记中重复的内容予以删除。

经过上述筛选后，共获取 460 篇游记，其中携程网 273 篇，去哪儿网 137 篇，马蜂窝旅游网 50 篇。

### 2.3 研究方法

本研究以潮州这一农业文化遗产旅游目的地作为研究对象，使用爬虫技术获取携程网、去哪儿网和马蜂窝旅游网游记和评论数据；采用内容分析法提取认知和情感高频词，并对词频进行统计，以获取游客对潮州的认知形象和情感形象；采用聚类分析法对认知高频词进行分类，获取游客对潮州旅游形象各要素的认知情况；采用语义网络分析法，构建共现矩阵，分析高频词间的更深层次的结构关系，构建潮州旅游目的地的整体感知形象。如图 1 所示。

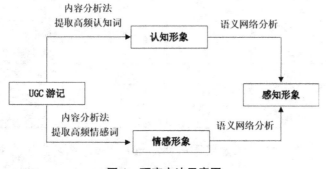

图 1　研究方法示意图

## 3. 潮州旅游目的地感知形象分析

### 3.1 潮州旅游目的地认知形象分析

#### 3.1.1 高频特征词分析

本文采用 ROST Content Mining6 对 UGC 游记和评论数据进行分析，提取高频认知特征词，并运用停词表和自定义词表排除无意义的词汇，将高频词汇按照词频由高到低的顺序进行排序，其中排名前 50 的认知形象高频词如表 1 所示。

**表 1　潮州旅游认知形象高频词汇表**

| 序号 | 词汇 | 词频 | 序号 | 词汇 | 词频 |
|---|---|---|---|---|---|
| 1 | 潮州 | 3521 | 26 | 交通 | 143 |
| 2 | 牌坊街 | 877 | 27 | 机场 | 140 |
| 3 | 广济桥 | 753 | 28 | 民宿 | 137 |
| 4 | 古城 | 705 | 29 | 自驾 | 130 |
| 5 | 历史 | 569 | 30 | 潮曲 | 130 |
| 6 | 美食 | 507 | 31 | 新鲜 | 121 |
| 7 | 酒店 | 398 | 32 | 广场 | 117 |
| 8 | 公园 | 356 | 33 | 单丛茶 | 117 |
| 9 | 韩江 | 294 | 34 | 龙湖古寨 | 116 |
| 10 | 凤凰山 | 290 | 35 | 凤凰天池 | 115 |
| 11 | 味道 | 282 | 36 | 西马路 | 112 |
| 12 | 景点 | 277 | 37 | 广济门 | 111 |
| 13 | 艺术 | 262 | 38 | 高铁 | 106 |
| 14 | 开元寺 | 242 | 39 | 口感 | 106 |
| 15 | 好吃 | 227 | 40 | 工夫茶 | 103 |
| 16 | 博物馆 | 227 | 41 | 滴滴 | 97 |
| 17 | 西湖 | 225 | 42 | 方便 | 93 |
| 18 | 门票 | 223 | 43 | 海鲜 | 88 |
| 19 | 韩文公祠 | 212 | 44 | 陶瓷 | 86 |
| 20 | 客栈 | 201 | 45 | 潮绣 | 85 |
| 21 | 粿条 | 189 | 46 | 湘子桥 | 83 |
| 22 | 泥塑 | 183 | 47 | 蚝烙 | 81 |
| 23 | 温泉 | 180 | 48 | 甘草水果 | 80 |
| 24 | 城楼 | 157 | 49 | 广济楼 | 77 |
| 25 | 木雕 | 153 | 50 | 海滩 | 77 |

词频越高表明游客对相关形象要素的认知与关注度越高。高频词中，以名词居多，主要涉及景区景点、美食等方面。由表 1 可知，"牌坊街""广济桥""凤凰山""开元

寺""西湖""韩文公祠"等知名旅游景点，词频分别位于第2、3、10、14、17、19，说明游客对这些景点的认知与关注度都比较高，属于游客到潮州旅游的必打卡地，体现了潮州作为国家历史文化名城的旅游目的地形象。"粿条""海鲜""蚝烙""甘草水果"等潮州知名美食，词频分别位于第21、43、47、48，说明游客对这些潮州美食认可度较高。"机场""自驾""高铁""滴滴"等出行交通方式，词频分别位于第27、29、38、41，说明游客选择赴潮州旅游的出行方式，大量游客选择高铁或飞机，说明潮州交通便利，通达性好；也有部分乘客选择自驾出行，这主要是由于潮州知名旅游景区较多，且都位于自然村或古镇，相对比较分散，选择自驾出行更为便利。"泥塑""木雕""陶瓷""潮绣"等潮州著名工艺品，词频排名分别为第22、25、44、45，说明游客对潮州非物质文化遗产认可度较高。另外潮州作为农业文化遗产地，"单丛茶""工夫茶"词频排名分别为第33、40，说明游客对潮州茶文化有一定的认知。

### 3.1.2 认知维度聚类分析

本文进一步对认知形象高频特征词进行聚类分析，将词频高于50的词汇进行聚类，构建潮州游客认知形象类目表，总计得到自然、文化、美食、交通、基础设施及服务5个认知类目，如表2所示。其中文化和美食词频最高，分别为5477、1681，说明潮州的文化旅游资源丰富，饮食文化为广大游客所认可。

**表2　潮州游客认知形象类目表**

| 序号 | 类目 | 词频 | 词汇 |
|---|---|---|---|
| 1 | 自然 | 1537 | 公园（356）、韩江（294）、凤凰山（290）、西湖（225）、温泉（180）、凤凰天池（115）、海滩（77） |
| 2 | 文化 | 5477 | 牌坊街（877）、广济桥（753）、古城（705）、历史（569）、艺术（262）、开元寺（242）、博物馆（227）、韩文公祠（212）、泥塑（183）、城楼（157）、木雕（153）、潮曲（130）、单丛茶（117）、广场（117）、龙湖古寨（116）、西马路（112）、广济门（111）、工夫茶（103）、陶瓷（86）、潮绣（85）、湘子桥（83）、广济楼（77） |
| 3 | 美食 | 1681 | 美食（507）、味道（282）、好吃（227）、粿条（189）、新鲜（121）、口感（106）、海鲜（88）、蚝烙（81）、甘草水果（80） |
| 4 | 交通 | 476 | 机场（143）、自驾（130）、高铁（106）、滴滴（97） |
| 5 | 基础设施及服务 | 1472 | 酒店（398）、景点（277）、门票（223）、客栈（201）、交通（143）、民宿（137）、方便（93） |

（1）自然旅游资源。由表2可知潮州的旅游资源以人文为主，自然为辅。潮州既有山地、丘陵，又有海洋，自然旅游资源十分丰富，气候温和、终年常绿、四季宜耕，旅游季长，可以针对不同季节开发特色旅游产品。"韩江""凤凰山""西湖""海滩""凤凰天池"等，充分体现了潮州作为潮汕地区之一，以及作为岭头单丛茶之乡的独特自然风光。2021年仅凤凰天池景区就接待了22.1万人次的游客。

（2）人文旅游资源。潮州历史悠久，潮州文化作为"民系文化"，是中华文化的重要支脉，为海内外潮州人所共有，拥有"中国历史文化名城""中国瓷都""中国岭头单丛茶之乡"等众多称号。在高频词表中，"牌坊街""广济桥""开元寺""韩文公祠"等人文景区（点）词频处于较高水平，说明潮州历史文化名城的城市形象深入人心。以"木雕""工夫茶"等为代表的非物质文化遗产享誉国际，词频均高于100，说明游客对潮州文化的认可度较高。因此如何依托潮州深入人心、享誉全球的人文旅游资源，同时融合丰富的自然旅游资源，开发季节性、差异化且具地方特色的品牌个性化旅游产品，是目前潮州旅游亟待解决的问题。

（3）美食。潮州美食别具一格，饮食文化不仅是潮州文化的重要组成部分，也是潮州目的地形象最亮眼的名片和最具辨识度的品牌形象之一。潮州菜以海鲜见长，配料考究、制作工艺精细，游客对海鲜这一美食感知度较高。潮州菜的一大特色为素食烹制的多样化，形成了潮州菜的又一风味特色。"粿条""蚝烙""甘草水果""咸水粿"这些知名潮州美食的词频均较高，说明游客对这些美食的认知度较高。另外，在高频词表中可见，好吃、新鲜的评价在游记中出现频次较高，说明游客对潮州美食及餐饮服务水平均比较满意。

（4）交通。潮州位于我国东南沿海地区，有揭阳机场，以及潮州、潮汕、饶平和潮安四个火车站，交通便利。不少游客由于距离潮州较远，大多选择飞机或高铁出行；广东省及周边省份游客，多自驾出游，主要原因在于潮州知名旅游景区较多，且都位于自然村或古镇，相对比较分散，选择自驾出行更为便利。

（5）基础设施及服务。在基础设施及服务方面，游客主要关注的是住宿问题，对酒店、客栈和民宿的关注度都较高。相比客栈和民宿，游客更愿意选择酒店，原因在于酒店能够为游客提供更为舒适的休息环境及服务，从而提升了游客对潮州旅游形象的认知。近年来随着旅游民宿的兴起，潮州依托其特色古镇和乡村旅游资源，开发了独具特色的客栈和民宿，相比酒店，客栈和民宿距离景区（点）更近，出行更为便利，且客栈和民宿的主题一般依托区域旅游资源特色进行设置，使游客感觉更能融入当地的生活，体验特色人文旅游资源，丰富游客的体验感，从而提升了游客对潮州的认知。

### 3.2 潮州旅游目的地情感形象分析

#### 3.2.1 高频特征词分析

游客情感感知是潮州旅游形象感知的重要组成部分，本研究采用 Russel 和 Pratt 提出的 8 种情感形象特质，用于分析潮州旅游目的地的情感形象。通过对情感形象特征词进行词频分析，得出潮州旅游目的地情感形象，如表 3 所示。由表 3 可知，潮州游客情感形象包含了 Russel 和 Pratt 提出的 8 种情感形象特质中的 7 种，其中积极情感形象特质 4 种，消极情感形象特质 3 种。总体而言，游客对潮州的情感认知以积极情感为主，消极情感认知相对较少。

"令人愉快"的出现频率最高，说明游客在潮州旅游时，始终保持心情愉悦的状态。

尤其是"美味"这一情感，词频排名第一，说明游客对潮州美食的认可度较高，这与潮州营造的"潮州菜之乡"这一品牌形象一致。"令人兴奋"的出现频率次之，说明潮州的旅游资源为游客提供了各种惊喜，无论自然或人文景区（点），抑或美食都为游客提供了不同于日常生活的惊喜体验。

表3　潮州旅游目的地情感形象高频词表

| 序号 | 情感特质 | 情感形容词 | 词频 | 序号 | 情感特质 | 情感形容词 | 词频 |
|---|---|---|---|---|---|---|---|
| 1 | 令人振奋（34） | 强烈 | 28 | 4 | 令人愉快（1113） | 美丽 | 135 |
| | | 吃惊 | 6 | | | 更好 | 40 |
| 2 | 令人兴奋（897） | 伟大 | 114 | | | 极好 | 132 |
| | | 很棒 | 56 | | | 可爱 | 149 |
| | | 难以置信 | 62 | | | 美味 | 324 |
| | | 华丽 | 147 | | | 愉悦 | 82 |
| | | 精彩 | 78 | | | 小的 | 89 |
| | | 疯狂 | 7 | | | 有意思 | 73 |
| | | 有趣 | 104 | | | 幸运 | 76 |
| | | 赞叹 | 43 | | | 惹人喜爱 | 13 |
| | | 杰出 | 40 | 5 | 令人沮丧抑郁 | 沮丧抑郁 | 4 |
| | | 超级 | 246 | 6 | 令人不愉快 | 不愉快 | 3 |
| 3 | 令人放松 | 自然 | 269 | 7 | 令人忧虑 | 忧虑 | 8 |

### 3.2.2 负面形象分析

由表3可知，游客对潮州的情感认知中消极情感认知相对较少，但游客游记或评论中提及的消极情感因素应引起经营者和管理者的重视。游客之所以会产生消极的情感，主要原因在于游客对其旅游过程中的体验感到不满。结合游客游记中的消极情感词进行情感分析，潮州情感负面旅游形象主要原因在于：

（1）管理与服务方面。旅游经营者的管理水平，服务从业人员的知识和服务技能直接影响游客的旅游体验，使游客可能产生消极情感。分析结果可见，管理与服务方面的消极情感感知主要来自用餐高峰期等候时间过长，且服务人员态度差、不能耐心服务游客；酒店员工服务响应性、服务态度差；在景区（点）客流量高峰期时，游客分流管理能力差等。

（2）游客不文明行为。少数游客出游时只注重自己的个人体验而忽略他人感受，会有一些不文明行为，如插队、乱丢垃圾、破坏公共设施等。少数游客的不文明行为破坏了潮州的美丽与和谐，从而给其他游客带来消极的情感体验，破坏了潮州营造的美丽、和谐的旅游形象。究其根源，一方面在于少数游客素质不高、自我控制能力差；另一方面是由于旅游管理存在不足，惩戒措施不够，从而使少数不文明游客有恃无恐、肆意妄为。

### 3.3 潮州旅游目的地整体感知形象分析

高频词尽管能在一定程度上反映旅游目的地认知和情感形象的主要因素，却无法反映词汇间的关系以及层次结构，难以构建游客对旅游目的地整体形象的感知。因此本文采用语义网络分析图分析高频词间的语义关系以及关系的强弱，从而进一步探索游客对潮州总体形象的感知，语义网络分析如图 2 所示。

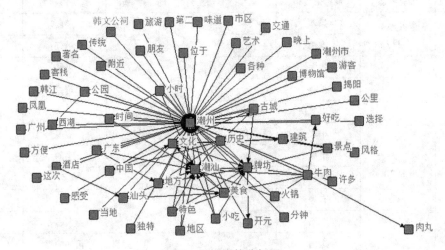

**图 2　语义网络分析图**

由图 2 可知，语义网络分析图以"潮州"为核心，向四周辐射，呈现放射状。其次联系较多的为"文化""历史""古城"，这也是潮州旅游形象的最直接体现——中国国家历史文化名城，是对潮州旅游特色的最直接概括，也是游客对潮州形象感知最直接、深刻的城市印象和记忆。次级圈层包括"美食""酒店""交通""景点""韩文公祠""西湖"等，进一步补充与完善了潮州旅游形象，同时表明游客对于食住行游这些旅游要素的关注度较高，这些要素也是潮州旅游形象的代表。外围圈层则主要是一些特色旅游景点以及游客对潮州基础设施及服务的感知，是对核心和次级圈层所代表的潮州旅游感知整体形象的补充，使潮州作为旅游目的地的游客感知形象更加丰满。图 2 较完整地表达了潮州旅游资源及其他旅游要素的层级关系，为潮州旅游品牌形象营销与推广、旅游资源与产品的开发等提供了依据。

## 4. 潮州旅游目的地形象提升对策与建议

### 4.1 加强农业文化遗产旅游目的地茶文化的宣传与推广

潮州历史文化旅游资源丰富，但作为茶文化农业文化遗产地，游客认知相对欠缺。在潮州申报全球重要农业文化遗产之际，应加强农业文化遗产旅游目的地茶文化的宣传与推广，以茶文化作为目的地营销的重要元素。目前旅游目的地营销组织营造的"茶旅小镇""茶中的香水"等旅游目的地形象，与游客整体感知形象有一定的差距。目的地营销组织在展开目的地营销时应可适当重视茶（如茶农的生活、种茶制茶的工艺等）这一重要元素在旅游各营销渠道素材的投射，以增强游客对潮州茶农业文化遗产地的感知形象的认知。

### 4.2 将茶文化与游客认知度高的旅游资源融合，推出特色茶文化旅游产品

潮州游客感知形象显示游客非常喜爱潮州牌坊、广济桥、开元寺、韩文公祠这些文化旅游资源，另外潮州美食也是游客感知形象的重点元素，因此目的地营销组织在进行目的地营销时可将这些文化与饮食元素、茶文化有机融合，开发特色茶文化旅游产品，以茶文化农业文化遗产充实潮州旅游目的地的品牌特色。

## 5. 结论与展望

### 5.1 研究结论

本文采用爬虫技术采集携程网、去哪儿网、马蜂窝旅游网游客发布的潮州游记和评论数据，采用内容分析法和语义网络分析法，构建游客对潮州的感知形象，结果表明：

（1）文化、历史、美食是游客对潮州旅游形象的基本认知。潮州作为中国历史文化名城和潮州菜之乡，人文旅游资源丰富，牌坊、古城和各类特色美食是游客对潮州形象最直观的认知。

（2）游客对潮州的情感认知以积极情感为主，消极情感认知相对较少。愉快和兴奋是游客在潮州旅行时的主要情感认知，尤其以面对潮州美食、潮州牌坊、古城等特色旅游资源所表现出来的积极情感为主。

（3）游客对潮州整体形象的感知是中国历史文化名城，游记语义网络图呈现核心、次核心和外围三层结构，潮州－文化、潮州－历史、潮州－美食是语义网络图中最重要的关系连接，次核心圈层包括美食以及酒店等基础设施和服务，外围圈层则为潮州主要旅游景区（点）。

### 5.2 研究不足与展望

本研究选取携程网、去哪儿网、马蜂窝旅游网中游客发布的游记和评论数据构建潮州旅游目的地游客感知形象，数据来源较为单一。未来可以选取大众点评、飞猪、美团，以及潮州旅游官方网站等作为数据源，丰富数据来源的同时，亦可进行不同渠道数据的对比研究。另外仅对潮州这一农业文化遗产地进行研究，研究对象相对单一，未来可以选取安溪铁观音、普洱古茶园等茶文化系统作为研究对象，对比不同农业文化遗产地游客感知形象的差异。

## 参考文献：

［1］韦国友，张潇潇. 乡村振兴背景下广西农业文化遗产旅游活化保护的驱动机制

研究［J］.改革与战略，2022，28（4）：80-90.

　　［2］王德刚.旅游化生存与产业化发展——农业文化遗产保护与利用模式研究［J］.山东大学学报（哲学社会科学版），2013（2）：56-64.

　　［3］常旭，吴殿廷，乔妮.农业文化遗产地生态旅游开发研究［J］.北京林业大学学报（社会科学版），2008，7（4）：33-38.

　　［4］孙业红，闵庆文，成升魁."稻鱼共生系统"全球重要农业文化遗产价值研究［J］.中国生态农业学报，2008，16（4）：991-994.

　　［5］石鼎.从遗产保护的整体框架看农业文化遗产的特征、价值与未来发展［J］.中国农业大学学报（社会科学版），2022，39（3）：44-59.

　　［6］刘调兰.黄河流域旱作梯田农业文化遗产的价值及保护利用——以甘肃庄浪梯田为例［J］.陇东学院学报，2022，33（3）：69-75.

　　［7］吴灿，王梦琪.中国农业文化遗产研究的回顾与展望［J］.社会科学家，2022（12）：147-151.

　　［8］徐小琴，汪本学.浙江农业文化遗产地旅游价值评价与客源市场分析及其开发策略［J］.经济地理，2021，41（6）：232-240.

　　［9］何悦，王辉，吕波，等.四川省中国重要农业文化遗产旅游资源价值评价及开发探析［J］.西部经济管理论坛，2021，32（3）：49-57+79.

　　［10］马小斐.农业文化遗产在乡村振兴中的价值研究［J］.现代农业研究，2022，28（2）：9-11.

　　［11］黄巨永.重要农业文化遗产对乡村振兴的当代价值［J］.浙江农业科学，2022，63（6）：1356-1358+1370.

　　［12］孙业红，武文杰，宋雨新.农业文化遗产旅游与乡村振兴耦合关系研究［J］.西北民族研究，2022（2）：133-142.

　　［13］白鸽.乡村振兴背景下广西农业文化遗产旅游活化保护模式构建［J］.南方农业，2021，15（7）：133-134.

　　［14］袁超，孔翔，李鲁奇，等.基于游客用户生成内容数据的传统村落形象感知——以徽州呈坎村为例［J］.经济地理，2020（8）：203-211.

　　［15］刘逸，保继刚，朱毅玲.基于大数据的旅游目的地情感评价方法探究［J］.地理研究，2017，36（6）：1091-1105.

　　［16］李晓萌.旅游目的地象征性形象对游客消费偏好的影响研究：基于多群组分析［J］.商业经济研究，2022（18）：181-184.

　　［17］王钦安，曹炜.基于凝视理论的皖南国际文化旅游示范区投射——感知形象对比分析［J］.三峡大学学报（人文社会科学版），2022，44（6）：46-53.

　　［18］刘家博.基于网络文本分析的冰雪旅游目的地形象感知——以崇礼冰雪旅游

度假区为例［J］.旅游纵览，2022（19）：6-10.

［19］王鹏飞，宋军同，徐紫嫣.红色旅游品牌塑造与目的地形象感知研究［J］.价格理论与实践，2021（7）：133-136.

［20］肖拥军，王璐.新冠疫情对武汉乡村旅游购买决策的影响机制——基于乡村旅游地形象感知视角［J］.国土资源科技管理，2020，37（5）：104-117.

［21］陆利军，廖小平.基于UGC数据的南岳衡山旅游目的地形象感知研究［J］.经济地理，2019，39（12）：221-229.

［22］王承云，戴添乐，蒋世敏，等.基于网络大数据的上海红色旅游形象感知与情感评价研究［J］.旅游科学，2022，36（2）：138-150.

［23］谭红日，刘沛林，李伯华.基于网络文本分析的大连市旅游目的地形象感知［J］.经济地理，2021，41（3）：231-239.

（作者单位：北京联合大学旅游学院）

# 农业文化遗产地旅游品牌个性研究 *

葛中天　孙梦阳　徐　航

[摘　要] 2023 年中央一号文件发布《中共中央　国务院关于做好 2023 年全面推进乡村振兴重点工作的意见》明确指出，"深入实施农耕文化传承保护工程，加强重要农业文化遗产保护利用"。在乡村振兴战略背景下，农业文化遗产地受到广泛关注，一跃成为重要的旅游目的地，游客在旅游景点撰写网络点评和游记已经成为游览过程中的一部分，学术界广泛关注和利用起这些旅游者生成内容的网络大数据作为旅游研究数据的重要来源，但目前在农业领域方向，已有研究较少涉及识别与分析农业文化遗产地的品牌个性。为此，本研究基于旅游者视角，以提升区域形象为出发点，探索农业区域旅游品牌形象，运用网络文本分析法、德尔菲法、访谈法等研究方法和 SPSS27.0、ROST CM6 等软件对数据进行辅助分析，以 10 处全球重要农业文化遗产和两处实地调研过的中国重要农业遗产为案例，将点评内容中出现的高频词分类处理，探索农业遗产地品牌个性维度。研究发现：（1）农业文化遗产地旅游品牌个性词汇包含感官吸引、生态体验、多元魅力、精神享受和文化底蕴 5 个维度，吸引旅游者前来游览参观的主要是感官吸引、生态体验和多元魅力 3 个维度。（2）全部农业文化遗产地都表现出感官吸引的维度。（3）不同农业文化遗产地在品牌个性不同维度的差异，茶类遗产地的品牌个性主要表现在生态体验和精神享受两个维度，梯田类遗产地则主要表现在多元魅力维度。文章结论丰富了农业旅游地相关理论与实证研究，拓展了品牌个性在旅游领域中的应用，并具有一定的实践借鉴意义，有利于促进农业文化遗产地生态价值和文化价值共同发展，实现遗产地的可持续发展。

[关键词] 农业文化遗产地；旅游；品牌个性

---

* 本文系"潮州单丛茶文化系统申报全球重要农业文化遗产项目"的阶段性成果。

# 引言

2023 年中央一号文件指出，"深入实施农耕文化传承保护工程，加强重要农业文化遗产保护利用""实施文化产业赋能乡村振兴计划"等具体要求。顺应时代要求，积极地保护和发展这些活的文化遗产，有利于文化、农业、旅游融合发展，对全面推进乡村振兴具有重要意义，深入挖掘农业文化遗产地旅游品牌个性也有利于以鲜活的姿态向世界展现灿烂悠久的农耕文明，分享农耕智慧，讲好农遗故事。研究农业文化遗产地的旅游品牌个性有助于提升其在旅游市场中的竞争力；有助于挖掘其深层次的文化内涵；有助于推动其可持续发展。

"品牌个性"这个名词很早就有学者提出，但一直以来，对品牌个性理论的研究进展比较缓慢，大部分品牌个性研究中，学者们偏重基于消费者视角的品牌个性定义。纵观国内外对旅游目的地品牌个性的研究，主要集中在对旅游目的地品牌个性的描述和维度的探讨，已有量表涉及多尺度、多类型的旅游地，包括古村镇旅游地、海滨旅游城市、国家地质公园、乡村旅游地、红色旅游地、主题公园等，目前仍缺少农业方向的研究文章。通过白凯、高静、寇方译等人的研究可以得知旅游目的地的品牌个性测量不能简单地套用一般消费品品牌个性维度量表。

因此本研究将弥补当前缺乏旅游目的地品牌个性维度量表的现状，开发出与农业文化遗产地相关的旅游目的地品牌个性维度量表，为品牌个性研究视角做出补充，也方便今后获得关于旅游目的地品牌个性一般规律的认识，同时为旅游目的地品牌化实践提供参考。

## 1. 绪论

### 1.1 研究背景

#### 1.1.1 农业文化遗产地赋能推进乡村振兴

农业文化遗产地蕴含着丰富的文化遗产和历史信息，具有独特的价值和意义。在2022 年中央一号文件中，"加强农耕文化传承保护，推进非物质文化遗产和重要农业文化遗产保护利用"被明确提出，这表明了国家对农业文化遗产保护和利用的高度重视[1]。

在乡村振兴和大众旅游复苏的新时代背景下，农业文化遗产的价值和意义更加凸显。农业文化遗产不仅有助于激发乡村旅游的吸引力，也可以为农业生产和乡村振兴带来更多的机遇和发展。近年来，随着乡村旅游的兴起，越来越多的人开始重视农业文化遗产的保护和利用，农业文化遗产也成了乡村旅游的重要资源和吸引物。通过将农业文化遗产转化为旅游产品，可以激发乡村旅游的吸引力和创新，推动乡村经济的发展和繁荣。

在今天，随着农业的现代化发展，我们需要更加注重传承和发扬农业文化遗产的精髓，重视农业文化遗产的当代价值。自 2002 年联合国粮食及农业组织发起全球重要农业文化遗产系统的保护计划以来已经过了20多年，农业文化遗产的保护理念已经广泛普及，并得到了国际社会的认可。同时，中国在农业文化遗产保护方面也作出了重要的贡献，提出了许多中国方案和中国智慧。浙江青田稻鱼共生系统在2005年被联合国粮食及农业组织列为中国第一个全球重要农业文化遗产保护试点，青田县坚持走出了一条稻鱼共生助力乡村振兴，推动全县共同富裕的路子。中国是全球重要农业文化遗产保护的倡议者和支持者，同时也是成功实践者、主要推动者和重要贡献者。未来，中国的乡村发展将更加深耕于挖掘农业文化遗产所蕴含的人类智慧与价值，探讨如何发挥价值最大化，造福当代社会。而用什么样的姿态传递给未来，塑造什么样的品牌个性，如何更好地传承中华文明都是当下需要持续探索的重要课题。

**1.1.2 农业文化遗产地具备旅游发展潜力**

农业文化遗产地作为一个综合载体，承载着农业发展的历史和劳动人民的智慧，展现出人与自然和谐共生的思想，是可持续发展的重要体现。农业文化遗产地是座基因库，每一个遗产地的土地利用方式都不尽相同并且自成系统，而且具有独特的农业景观以及深厚的物种多样性，在满足当地经济建设与文化建设的同时，也促进了区域的可持续化进程。不仅如此，农业文化遗产地还兼具多项功能，在经济建设方面拉动了农业经济的发展；在生态保护方面针对自然遗产进行了宣传和维护；在文化传承方面做好了物质文化遗产和非物质文化遗产的保存与记录。而且，每个地区都形成了具有当地特色的农业生产生活方式，农业文化的多样性激发了地域文化的创造性，呈现出"美丽共享"的独特景观，延续至今，成为中华卓越农耕文化的现代传承。

这些特点足以证明农业文化遗产地具备发展旅游的先决条件，所以面对这些先民万年农耕实践的智慧结晶、祖先留给我们后人的宝贵财富，我们如何在发掘中保护、在利用中传承，是发展过程中必须思索的问题。目前，农业文化遗产地的保护利用主要通过自上而下的政府推动和地方参与的方式开展。目前农业文化遗产地普遍经济落后、文化丰厚等特点，导致公众对其认知较少，旅游形象模糊。为了更好地传承和利用农业文化遗产，需要正确发挥其资源独特性，打造出地区品牌的竞争优势。只有这样，才能提升旅游景点知名度，推动旅游经济的发展，吸引更多游客前来参观游览，形成良性循环，为农业文化遗产地注入新的活力。

**1.1.3 农业文化遗产地逐渐受到人们关注**

中国拥有悠久的农耕历史和文明，各地形地貌的差异孕育了丰富多样的生产生活方式。例如，浙江青田的稻鱼共生系统和桑基鱼塘生态农业模式等都展现出了先辈智慧的辉煌；云南红河哈尼稻作梯田系统的壮观美景和江苏兴化垛田传统农业系统的万岛耸立、千河纵横也为中华优秀农耕文化增添了独特的魅力；安溪铁观音茶文化系统中悠久而丰富的茶文化也被越来越多的人所关注，这些优秀的农业文化遗产地蕴藏的和谐、绿色理念对我们今天发展绿色农业、建设美丽乡村依旧具有借鉴意义。

从国家角度来看，农业文化遗产地保护和发展，已经成为农业国际交流合作中的一个亮点，古人高超的种植技巧到了今时今日依旧闪耀着智慧的光芒，丰富粮食供给利泽万民；从政府角度来看，农业文化遗产所涉及的县域中，有三至四成属于国家扶贫工作重点县，选择适合的发展道路或许可以成为一地摘掉穷帽、走出自己发展之路的重要支撑。从旅游从业者来看，一个独特、鲜明的品牌形象也有助于提升农业文化遗产的知名度和声誉，可以为农业文化遗产地区提供更好的宣传和营销平台，吸引更多游客前来参观和体验，推动其更好地保护和传承。农业文化遗产地具有独特的价值，对其加强保护和发展势在必行。

### 1.2 研究意义和方法

#### 1.2.1 研究意义

##### 1.2.1.1 实践意义

第一，有助于提高公众对农业文化遗产的认知。农业文化遗产的保护和利用需要政府和地方相互配合、双管齐下。政府可以通过出台相关法律法规和政策，制定专项规划和资金扶持等措施来保护和利用农业文化遗产；地方政府则可以组织相关人员来开展农业文化遗产的保护、修缮、展示和推广工作。此外，民间组织和社会力量也可以参与其中，发挥其积极作用，形成政府、地方和社会多方合力，共同推动农业文化遗产的保护和开发。现在实际情况是老百姓对农业文化遗产缺乏了解，认为农业文化遗产地处于落后、脏乱差的局面，负面的刻板印象根深蒂固，致使公众对农业文化遗产的旅游形象还很模糊，旅游者对其旅游形象认知不足，因此无法确定旅游目的地是否能满足个人旅游需求，导致旅游者不能产生强烈的旅游动机。目前保护和利用工作正在进行，正确的认识有助于指导保护农业文化遗产的实践活动，迎合久居大城市的人们从繁忙紧张的工作中跳脱出来回归大自然的渴求，创造出更符合大众旅游需求的农业文化遗产地，有助于吸引更多消费者产生出游动机，让更多人参与到农业旅游活动中来，了解其中蕴含的经济价值、文化价值、生态价值、社会价值和示范价值，有利于提高公民参与感，扩大农遗的影响力，打响农遗的知名度。

第二，为农业文化遗产地可持续发展创造有利条件。尽管目前中国对农业文化遗产地的保护与管理等事项进入了有据可循的规范化阶段，但不可否认的是，从旅游者角度展现目的地品牌个性和旅游景区景点所投射出的官方形象仍存在差异。本文希望通过对农业文化遗产地品牌个性进行相关研究，既实现增加农业生产的附加值，又构建起农业文化遗产地和品牌个性之间的桥梁，品牌个性的建立能够帮助品牌与其竞争对手形成差异化，使其在消费者与品牌之间建立强有力的情感连接，提升消费者忠诚度，促进农业文化遗产地朝着健康、可持续的方向发展。

第三，提出切实有效的农业文化遗产地发展对策。纵观国外农业文化遗产地的发展情况，每个国家和地区都有其独特的性质、定位、经营等方面的特点，发展模式、发展阶段各不相同。对于中国开发农业文化遗产地旅游而言，要注重农业资源的合理分配和有效利用，建立生态和文化相结合的农业旅游模式。同时，要加强农村基础设施建设，提升农村旅游接待能力，引入专业的旅游管理机构，提高旅游服务质量。此外，要积极发挥地方政府和农村居民的积极性和创造力，开展旅游特色产品的开发和推广，吸引更多游客前来游览和体验。在保护好农业文化遗产的基础上，传承和弘扬传统文化，使农业旅游成为推动文化传承和乡村振兴的有效途径。

#### 1.2.1.2 理论意义

第一，有利于丰富旅游目的地品牌个性维度量表。早在20世纪60年代，品牌研究就以品牌个性研究为主，旅游目的地品牌个性研究出现相对较晚。因此，从品牌个性理论的角度而言，对阶段性的旅游目的地品牌个性研究进行梳理与分析，以描绘其基本的发展脉络。这既对我国旅游目的地品牌建设活动具有重要意义，又能让国内学术界全面掌握国外旅游目的地品牌个性研究的基本动态。与一般消费品品牌个性领域的大量研究相比，对旅游目的地品牌个性的研究较少，国内则更为缺乏。而本文恰好是从旅游者角度出发，探讨中国农业文化遗产地的品牌个性，可为开发出相应的旅游目的地品牌个性维度量表做出补充，也有助于获得对旅游目的地品牌个性一般规律的认识，同时为旅游目的地的品牌化实践提供参考。

第二，丰富和发展旅游目的地品牌个性研究视角。弥补当前农业文化遗产地品牌个性研究缺口，为与农业文化遗产相关的品牌个性研究补充理论基础，增加农业领域的品牌个性内容，推动国内外农业文化遗产地全方位、多视角的发展，拓宽研究领域的广度和深度，进一步在不同领域和不同维度上认识农业文化遗产地，挖掘目的地与目的地之间、目的地与旅游者认知之间、目的地与品牌个性之间的相互本质的、内在的联系，完善品牌个性领域的相关性研究理论，使基础理论研究和实际应用融合发展，为农业文化遗产地和品牌个性两个领域作出贡献。

#### 1.2.2 研究方法

##### 1.2.2.1 文献查阅法

通过对与品牌个性、农业文化遗产地等关键词相关文献资料进行查阅，了解品牌个性、农业遗产地等相关理论知识，掌握现有针对各旅游目的地的品牌个性研究案例的研究进展情况，将大量的研究对比、归纳，总结已有的旅游目的地品牌个性测量维度和测量方法等，对旅游目的地品牌个性的发展形成一个较为清楚明晰的认知，取长补短并整理本文行文思路和最终阐述观点，为后续的研究内容夯实基础。

##### 1.2.2.2 网络文本分析法

网络文本分析法是指利用网络上公开的文本数据进行系统性分析和研究的方法。它主要基于文本挖掘技术，通过自然语言处理、数据挖掘、机器学习等方法，从大量的网络文本中提取有用的信息，进行统计、分类、聚类等分析，以揭示其中的规律、趋势和意义。本文运用网络文本分析法，主要是通过挖掘高频词进行品牌个性的分析。为了得出与农业文化遗产地更加匹配的品牌个性词汇和品牌个性特征，本文利用网络文本分析法，在携程、马蜂窝、美团三个大型平台上，以浙江青田稻鱼共生系统、云南红河哈尼稻作梯田系统、江西万年稻作文化系统、贵州从江侗乡稻鱼鸭系统、浙江绍兴会稽山古香榧群、内蒙古敖汉旱作农业系统、云南普洱古茶园与茶文化系统、河北宣化城市传统葡萄园、江苏兴化垛田传统农业系统、福建福州茉莉花和茶文化系统、陕西佳县古枣园、浙江湖州桑基鱼塘系统、甘肃迭部扎尕那农林牧复合系统、中国南方稻作梯田、安溪铁观音茶文化系统、河北涉县旱作石堰梯田系统、山东夏津黄河故道古桑树群、内蒙古阿鲁科尔沁草原游牧系统、广东潮安凤凰单丛茶文化系统、北京京西稻保护性种植区这20个中国农业文化遗产地为案例地进行搜索，从旅游者角度获取我国农业遗产地品牌个性词汇，通过对其进行对比、趋势和特征的多维度分析，总结出农业遗产地的品牌个性词汇。

### 1.2.2.3 访谈法

访谈法是一种通常用于获取个人或群体的意见、经验和观点的研究方法。它通常涉及研究人员与被访者面对面或通过电话、视频等媒介进行交流的过程。访谈法可以采用半结构化或非结构化的形式进行。在半结构化访谈中，研究人员会准备一份问题清单，但也允许自由讨论和探究。非结构化访谈则更为开放，研究人员仅提供一个基本的话题或问题，然后让被访者自由发言。访谈法的优点包括能够获取深入的个人或群体观点和经验，同时还允许研究人员进一步追问或探究。缺点则包括可能存在的主观性和偏见，以及可能需要更多的时间和资源来进行调研。

本文于线下实地调研时，随机访谈了在广东潮安凤凰单丛茶文化系统和北京京西稻保护性种植区的三名儿童、三名成年女性、三名成年男性、四名老年人以及两位宠物携带者，平均访谈时间在四分钟，均是以口头形式进行的面对面交谈，采用的是没有定向标准化程序的自由交谈，即非结构型访谈，不对被访者的言论进行任何主观性的评价，尽量保证调查结论的客观性。由于访谈结果具有很强的灵活性，不同年龄段、不同性别和不同性格表达出的信息也不尽相同，难以进行定量分析，所以经过被访者同意后我们对采访进行了录音并在访后加以归纳整理，并将整理后的访谈信息作为研究结论的补充内容。

### 1.3 研究内容及路径

### 1.3.1 研究内容

本文对旅游目的地品牌个性的相关概念进行文献梳理，并对中国农业文化遗产的现状进行了简要综述，明确了目前农业文化遗产地市场和品牌个性之间的关系，从旅游者感知视角探索了农业文化遗产地品牌个性，总结出农业文化遗产地独树一帜的品牌个性。以上研究一方面可以促进旅游业朝正确方向发展，并使产品的设计更有针对性，另一方面可以为旅游者在进行旅游决策时提供有意义的参考内容。本研究探讨的内容主要包括以下几个方面：

第一部分：研究背景、研究意义及研究内容的绪论。

第二部分：文献综述与理论基础。通过梳理相关文献资料，对农业文化遗产地、品牌个性以及旅游目的地品牌个性等相关概念进行界定，总结和评述国内外研究的现状和进展。

第三部分：农业文化遗产地旅游品牌个性的研究。选取 20 个著名农业文化遗产地为研究对象，收集网络点评，运用统计分析、内容分析及归纳分析等方法，获取品牌个性词汇表。基于该词汇表，进行农业文化遗产地旅游品牌个性维度的分析，运用 SPSS 软件，对应分析方法得到农业文化遗产地旅游品牌个性量表与维度。

第四部分：结论与展望。总结中国农业文化遗产品牌个性词汇、个性维度，寻找出其相似特征及个性特征，对旅游目的地品牌个性维度量表做出补充。同时，本研究根据研究问题提出具有发展性的意见，并总结其创新之处以及现有研究的不足之处，并从中提炼出现实指导意义和未来研究的方向。

### 1.3.2 研究路径

本文的研究路径如图 1 所示。

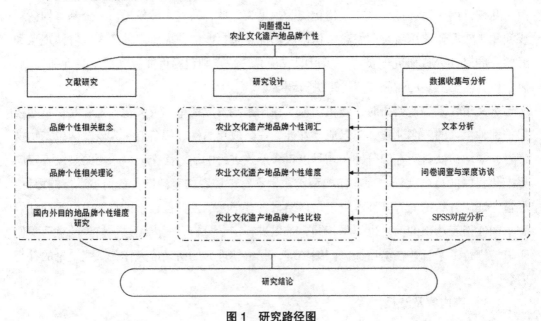

图 1　研究路径图

## 2. 文献综述

### 2.1 品牌个性及相关概念的探讨

### 2.1.1 品牌个性概念

品牌个性是指品牌在消费者心中所具有的人格化特征，它是消费者对品牌的感性认知，反映了品牌在消费者心目中所具备的独特个性和特征。品牌个性可以被看作品牌形象的一部分，是品牌在消费者心中树立起的独特形象和品牌价值观的体现，同时也是品牌和消费者之间建立联系和信任的重要纽带。品牌个性这个概念提出的时间很早，但长期以来对其研究的进展比较缓慢。

自 20 世纪 80 年代起，Sirgy 等提出任何公司的产品都应该具有独创性[2]，以及 Aaker 根据心理学中的"大五"人格理论模型[3]对品牌个性维度探究以来，国内外众多学者开始涉足品牌个性的研究，品牌个性已经成为营销学、心理学研究领域的焦点之一[4]。对于品牌个性的范畴界定，部分研究者也从消费者视角进行了界定，例如 Plummer 提出品牌个性将消费者与品牌在情感上联系起来，消费者与品牌建立关系后往往会把品牌视为"伙伴"，并赋予品牌人的个性特质[5]；Aaker 认为品牌个性反映了"与品牌相联系的一组人格特征"[4]，倾向于向消费者提供一个象征性的或自我表达的功能，因此，当面对雷同产品时，消费者对品牌的选择往往出于这样的主观认识："我觉得这个品牌与我个性一样"或者"我希望成为使用这个品牌的这类人"。但其他的部分学者则从品牌视角进行了定义。比如，Upshaw 将品牌个性定义为该品牌向外展示的品质或魅力[6]。

另外，也有部分专家综合认为品牌个性主要可以通过两个方面来认识：一是品牌所展示出的形式，包括商品本身、品牌、新产品、营销手段等；二是品牌最终是怎样被人们所认识的[5]。

目前，对品牌个性的定义确实存在一些分歧。然而，多数学者都支持品牌个性是指品牌所呈现的独特、可识别的、与众不同的特点和特质。品牌个性可以从不同的视角进行定义和解释，例如消费者视角、品牌内部视角、社会视角等。而在当前的品牌个性研究中，对消费者视角的研究较为广泛，因为消费者视角可以更好地反映品牌在消费者心目中的形象和定位，这对品牌的营销和推广具有重要的意义。

### 2.1.2 旅游目的地品牌个性概念

品牌个性延伸到旅游业中，即旅游目的地品牌个性，相比之下目的地品牌个性属于一个较新的学术领域，最早可以追溯到 20 世纪 70 年代。Keller 认为与产品类似，地理位置也可以品牌化[7]，即依据某个特定的地理名称来吸引人们认识某地，并使人们对其产生向往。Ekinci 和 Hosany 从旅游者的角度，将旅游目的地个性定义为与旅游目的地相联系的一组人格特征[8]，并采用 Aaker 开发的品牌个性量表，研究证明旅游目的地品牌个性[9]具有"真诚""刺激"和"欢乐"三个维度。后来也陆续有许多对旅游目的地品牌个性的研究，Ekinci 等对土耳其[10]、Murphy 等对澳大利亚昆士兰以及昆士兰的圣灵群岛[11-12]、Pitt 等对十个非洲国家[13]、Prayag 对开普敦[14]、Usakli 和 Baloglu 对拉斯维加斯[15]、Kim 等对韩国旅游目的地品牌个性进行了研究[16]。

国内对旅游目的地品牌个性研究起步较晚[17]。从现有的研究来看，国内外对旅游目的地品牌个性形成的研究相对较少。不过，一些学者在研究中指出，旅游目的地品牌个性的形成是一个复杂的过程，需要考虑多个因素的影响，包括地理环境、历史文化、经济发展、旅游资源、营销手段等。因此，对旅游目的地品牌个性形成的研究还需要更深入的探讨和分析。

### 2.1.3 投射形象和感知形象

投射形象是指组织或目的地主动向外界传递的形象，通常是通过营销、宣传等手段传达的，包括品牌标识、口号、广告、宣传册等。感知形象则是指消费者对组织或目的地的印象和认知，是在消费旅游或购物等实际体验中所形成的。感知形象受投射形象、口碑传播、亲身体验等多种因素影响。在旅游目的地品牌建设中，投射形象和感知形象的一致性非常重要，只有当投射形象和感知形象相符合，才能提高消费者对目的地品牌的好感度和忠诚度。

与旅游目的地品牌个性关联度高的概念是目的地形象。虽然两者是不同的概念，但它们之间相互联系。目的地形象含义更丰富，它同时包含着意识形态与情感形式，而目的地个性与情感形象较为接近。目的地个性给游客们带来了象征性利益，也代表着对目的地的情感形象。所以，了解目的地的品牌个性和形象对于旅游目的地的市场营销和品牌建设至关重要。

Govers 等指出，目的地形象分为两种研究视角，即投射形象（projected image）和感知形象（perceived image）[18]；Kim 等对目的地形象的分类方法将目的地品牌个性划分为投射品牌个性（projected brand personality）和感知品牌个性（perceived brand personality）[16]，目的地品牌个性可以从目的地营销者和旅游者两个角度进行解读，前者是指目标形象通过对各种品牌化行为期望所构成的产品个性，而后者则是根据旅游者实际体验的产品目标形象个性[19]。本文是从旅游者实际感知角度，探讨目的地品牌个性，具有重要的理论意义和现实意义。

### 2.2 品牌个性维度

品牌个性维度是指用于描述品牌个性的一组特征或属性。品牌个性维度可以根据不同的研究目的和理论框架而有所不同。一些常见的品牌个性维度包括：诚实、可靠性；个性化、独特性；充满活力、激情；优雅、高贵；诙谐、幽默；友善、亲切；充满挑战、冒险；成功、野心勃勃；专业、可信赖；环保、社会责任感。品牌个性维度的研究旨在探究品牌在消费者心目中的个性特征及其影响因素。该研究通常采用定性和定量研究方法，通过收集和分析消费者对品牌的态度、印象、感受等信息，识别出品牌个性特征的维度，并探究其对消费者购买行为和忠诚度的影响。品牌个性维度的研究对企业开展品牌建设和推广具有重要意义，可以为企业提供科学的品牌管理决策。同时，该研究也为学术界对品牌建设、消费心理等方面提供了理论支持和实证基础。

关于品牌个性维度的研究，就直接关系到怎样将品牌的个性理论运用到品牌管理的实践之中。20 世纪 90 年代，国际品牌研究学术界开始借用人格理论，进行对品牌个性维度的深入研究[20]。并通过对不同人格理论的借鉴研究，将对品牌个性维度的研究成果着重集中于如下两个方面：

其一是基于人格类型论的品牌个性维度，多采用演绎法。在基于人格类型论的品牌个性维度方面，最早的是 Aaker 和 Bruhn 提出的 5 种品牌人格类型，分别是实用型、经济型、社会型、个人型和现代型[3]。其中，实用型品牌被描述为实用、实际和稳重，经济型品牌被描述为廉价、无华和平凡，社会型品牌被描述为友善、仁慈和关心，个人型品牌被描述为独立、自我和自我表达，现代型品牌被描述为前卫、想象力丰富和领导者。

其二是基于人格特质论的品牌个性研究，研究方法一般为归纳法。在基于人格特质论的企业人格维度中，最有特色的是由 Aaker 所提出的企业人格五维度模型，分别是真诚、热情、正能量、稳健和精致[4]。其中，真诚品牌被描述为坦诚、诚实、健康和家庭化，热情品牌被描述为刺激、兴奋、活泼和青春化，正能量品牌被描述为精力充沛、强健有力和现代化，稳健品牌被描述为可靠、负责、自信和成熟化，精致品牌被描述为高贵、优雅、高品质和享受式。

此外，还有其他学者提出的品牌个性维度，如李虹云和曹兵提出的品牌个性四维度模型，分别是真实、独特、完美和温暖；以及 Peter Doyle 提出的品牌个性六维度模型，分别是实用性、个人化、情感性、令人难忘性、品质和社会形象。这些品牌个性维度模型都为品牌管理提供了理论基础和实践指导。

基于人格类型论的品牌个性研究方法主要通过描述人类的特定人格类型来定义品牌个性维度，相对于传统的直接测量品牌个性的方法而言，它还属于品牌个性研究的非主流领域。该方法注重抽象和分类，并且强调品牌个性在不同文化背景下的普适性。其中，最著名的应用包括弗洛伊德和阿德勒的人格理论。该研究的主要成果是将精神分析学家的概念，应用到品牌与个性维度研究当中。

"大五"人格理论模型是基于性格特征论的品牌个性层次理论的一个根本思想来源，它将性格划分为外倾性（extraversion）、神经质或情绪稳定性（neuroticism）、开放性（openness）、随和性（agreeableness）、尽责性（conscientiousness）五个方面[21]。在此基础上，还对美国、日本、西班牙三种传统文化背景下的个性层次进行了比较分析。研究结果表明，不同传统文化背景下，存在着不同的分析角度。尽管 Aaker 的研究方法曾受到过部分学者的批评[22]，但是她的研究开拓了学者们的研究视野，给自己的个性理论研究领域带来了突破。

关于我国品牌的个性维度，黄胜兵和卢泰宏通过对我国品牌的实证调研，设计出了适用于我国的品牌个性维度及量表，并从我国传统文化的角度阐释了品牌个性维度——"仁、智、勇、乐、雅"[3]。何佳讯和丛俊滋与国外品牌相比，中国老字号的个性具有鲜明的"仁和"评价；与年长世代相比，年轻世代对理想品牌个性的"时新"需求显著更高，在中国背景的品牌个性评价存在最关键的两个维度"仁和"和"时新"[23]，这对应于 Aaker 于 1997 年提出的美国背景的品牌个性量表中的"真诚"与"刺激"[4]。黄胜兵等提出的品牌个性维度得到广泛认可。在这些问题中，"仁"对应 Aaker 等研究中的"Sincerity"，强调人们的高尚品质和诚实正直等品行；"智"对应西方研究中的"Competence"，强调人们聪明、可靠、成功等特质；"勇"与"Ruggedness"相关，强调强壮、坚韧、勇敢等形象特征；"乐"则更具有中国特色，除了包括"Excitement"的涵义外，还强调积极、自信、乐观、时尚等品质；"雅"对应西方研究中的"Sophistication"，突出了人类儒雅的行为作风和高尚的生活品质。这些品牌个性维度在中国文化和产品特点的基础上得以深入研究，得到了广泛的认可。向忠宏提供了一个基于品牌搜索结果的全新品牌个性测量方法，该算法根据网络投影理论，建立了我国自己的品牌个性测评量表，并给出了品牌个性的五大层次、十八个维度和五十一种品质人格，建立了一个全新的品牌个性测量系统[24]。

研究结果表明，旅游目的地的品牌个性与一般消费品品牌个性的衡量角度有所不同，所以无法单纯套用一般品牌个性量表进行测量。国内多位学者也在结合中国市场现状的基础上进行了深入分析，总结出多种针对不同旅游目的地的品牌个性维度及量表。白凯和张春晖针对"农家乐"这一典型旅游休闲活动的品牌个性特征进行了探索性的研究，实证研究结果归结出"农家乐"旅游休闲产品品牌存在六个不同的个性特征：喜悦、实惠、交互、闲适、健康和逃逸[25]；高静则研究了城市滨水旅游目的地的品牌个性，认为其品牌个性包括感官吸引、文化魅力、精神利益、生活方式和现代气息五个维度，旅游目的地的品牌个性测量不能简单地套用一般消费品品牌个性维度量表[26]；寇方译利用大五人格理论量表进行"丽江古城"旅游目的地"品牌性格"分析得出丽江古城五个测量维度，即兴奋、真诚、能力强、安静、成熟[27]。这些研究结果证实在不同的旅游目的地背景下将品牌个性量表应用于旅游目的地具有一定的适用性，但细节又存在一些不同之处，体现了和而不同的中国传统儒家思想。

### 2.3 农业文化遗产

农业文化遗产是指在农业生产、传统农村社会和乡村文化传承中形成的一系列具有历史、文化、科学、技术和艺术价值的实物和非物质遗产，包括各种传统耕作方式、种植技艺、乡土知识、食品制作技艺、民间传说和节庆等。农业文化遗产不仅代表了人类农业生产与文化发展的历史和传承，同时也是保护地方文化多样性和促进可持续农业发展的重要资源。

在学术界中，对"全球重要农业遗产系统"和"全球重要农业文化遗产"两个概念的争论并不常见[28]。然而在新闻报道和官方文件中，我们通常可以看到对于"农业文化遗产"这一概念的使用。虽然这种用法有时与"全球重要农业文化遗产系统"的定义有所出入[29]，但它已经约定俗成。

在现今的中文环境中，"农业文化遗产"与"农业遗产系统"彼此等价。虽然在相关研究中很明显地强调了"系统"，但在联合国粮食及农业组织对"全球重要农业文化遗产"的定义中，无论是"土地利用系统""农业景观"，还是"生物多样性"，都是人类文化观念下的产物。因此，"农业文化遗产"实际上包含了"农业遗产系统"及其相关的诸多方面。

为了进一步同国际社会接轨，共同保护我国本土资源丰厚、数量丰富的重要农业非物质文化遗产，早在2012年农业部的《关于开展中国重要农业文化遗产发掘工作的通知》中，就已对China-NIAHS进行了界定，在其中阐述了China-NIAHS的科学性与继承性，并着重强调了它对于推动我国在重要的农业社会主义文明传承、农业可持续发展领域中的重要性与实际意义。到了2015年，农业部发布了《重要农业文化遗产管理办法》[30]，具体指出重要农业文化遗产主要是指联合国粮食及农业组织认定的全球重要农业文化遗产系统（GIAHS）和由农业部认定的中国重要农业文化遗产（China-NIAHS）。2016年至2020年，除了2019年，每一年的中央一号文件都非常明确提出要保护"农业文化遗产"[31]。

### 2.4 文献综述

通过上述的文献梳理足以证明，品牌个性能够较为直观地从旅游者感知视角总结出旅游目的地品牌个性，且不同的旅游目的地背景下的品牌个性量表应用场景不同，旅游目的地和品牌个性量表关联性、针对性较强，能够较为直观地反映出某个旅游目的地的拟人化品牌个性，感知品牌个性是一个重要的、有现实指导意义的研究视角，将品牌个性与旅游相结合进行研究是一种较为科学的分析方法。综合国内学者外对品牌个性的研究可以发现，国外的文献所涉及的研究范围广，开始时间早，研究程度比较深，针对某些问题研究上尽管有分歧，但大体上已经形成了完善的品牌个性概念体系和丰富的基于人格特质论的品牌个性维度研究，发展了针对不同系统的品牌维度量表。而国内的研究仍处于不断完善中，国内学者将品牌个性进行中国本土化，融入了中国传统文化的精神内涵，可受限于研究面窄，开始时间较晚，普遍以具体旅游目的地为研究对象，迄今为止没有形成系统的体系。但是随着国内学者关注力度的增强、研究水平的提升，未来也将研究得更深入，研究的领域也更广。鉴于此，本文正是从不同群体旅游者角度，以农业文化遗产地为案例地，综合分析出农业文化遗产地相较于其他旅游目的地的独特品牌个性，以期为农业旅游发展提供一些新思路，丰富旅游目的地品牌个性维度。

## 3. 农业文化遗产地品牌个性的测量

### 3.1 数据的获取和处理

本文将基于旅游者感知视角来考察农业文化遗产地旅游品牌个性，认真选取了浙江青田稻鱼共生系统、江西万年稻作文化系统、云南红河哈尼稻作梯田系统、贵州从江侗乡稻鱼鸭系统、云南普洱古茶园与茶文化系统、内蒙古敖汉旱作农业系统、浙江绍兴会稽山古香榧群、河北宣化城市传统葡萄园、福建福州茉莉花与茶文化系统、江苏兴化垛田传统农业系统、陕西佳县古枣园、甘肃迭部扎尕那农林牧复合系统、浙江湖州桑基鱼塘系统、中国南方稻作梯田、山东夏津黄河故道古桑树群、安溪铁观音茶文化系统、内蒙古阿鲁科尔沁草原游牧系统、河北涉县旱作石堰梯田系统、广东潮安凤凰单丛茶文化系统、北京京西稻保护性种植区 20 个农业遗产项目作为案例，前 18 个是中国的 18 处全球重要农业文化遗产，后 2 个是经过实地调研后选入的重要农业文化遗产。在研究对象选择与数据采集方面，以遗产地用户评论数高于 20 条为筛选原则，排除难以收集到文本数据的案例地后，本文主要针对其中 10 处全球重要农业文化遗产（浙江青田稻鱼共生系统、云南红河哈尼稻作梯田系统、云南普洱古茶园与茶文化系统、河北宣化城市传统葡萄园、浙江绍兴会稽山古香榧群、江苏兴化垛田传统农业系统、山东夏津黄河故道古桑树群、中国南方山地稻作梯田系统、福建安溪铁观音茶文化系统、内蒙古阿鲁科尔沁草原游牧系统）及 2 处实地调研的中国重要农业文化遗产（广东潮安凤凰单丛茶文化系统、北京京西稻作文化系统）进行分析，调研时间分别为 2023 年 2 月和 2022 年 11 月。

在数据收集形式方面。选择了近年来得到了广泛应用的网络调查，尤其是在线点评等网络资源。在线点评因其数据量大、来源广泛、收集成本低等特点，成为学术研究中的重要数据来源之一。本文选取网络调查的方式，以游客在网络上对旅游目的地认知进行的在线评论作为数据，可信度较高，且保存时间较长、数量众多。

在数据收集来源上，通过对几个知名旅行网络平台的比较数据分析，最终选择携程网、马蜂窝网、美团三个大型平台为数据分析样本，一方面考虑到三个平台成立时间较长，行业内认可度较高；另一方面成熟的旅游网站可以保证网络评价的真实性，发布的内容经过严格的后台团队审核，不允许弄虚作假，因此这三个网站上的点评内容有很高的可信度，从而提高了本研究所采集数据的有效性。通过搜集上述 12 处农业文化遗产系统所对应的 15 处旅游景区 / 景点，包括中国田鱼村、元阳哈尼梯田、茶马古道、中华普洱茶博览苑、宣化古城、会稽山风景区、千垛景区、夏津黄河故道森林公园、龙脊梯田、上堡梯田、联合梯田、紫鹊界梯田、科尔沁草原、潮州凤凰单丛茶博物馆、京西稻保护性种植区，全面获得所需的文本数据。为保证数据的实效性与可分析性，进行如下筛选：（1）剔除纯历史和景点介绍的评论；（2）剔除内容重复的评论；（3）剔除广告评论；（4）剔除与研究主题无关的评论。经过整理得到有效评论共 10846 条，其中携程网 6320 条，美团 4232 条，马蜂窝 294 条。其中茶类遗产项目（云南普洱古茶园与茶文化系统与福建安溪铁观音茶文化系统）有效总评论低于 1000 条，为增加样本量，提高品牌个性可信度，故增添了马蜂窝平台"茶马古道"与"安溪铁观音"的游记，通过剔除纯图片、纯景点介绍、与茶类遗产无关的游记，通过整理得到有效游记 84 篇。

在保证抓取数据的纯净度之后，采用词频分析软件 ROST CM6 对数据进行分析。在分词前进行如下预处理：（1）将无意义词语添加至软件的分词过滤词表进行筛除，如语气词、无关动词；（2）地点表达归一化，专有名词统一化；（3）在分词自定义词表中加入这些与分析单位紧密联系的词汇。本研究在自定义词表中增加了 452 个农业文化遗产地品牌个性相关词汇，提高分词的准确度。

### 3.2 研究过程及方法

基于研究目的，本文选择定性和定量分析相结合的研究方式。整个研究流程主要包括三个部分。第一部分是整个研究工作的基础，而第二、三部分则是根据第一部分的实验结论进行的。

第一部分是中国农业文化遗产旅游品牌个性词汇的识别。研究者的工作重点是对收集到的数据进行内容分析，主要目标是逐句研究每条帖子，从而找出其中用于形容景区的、富有人类个性特征的形容词，并记录下其出现的频数。再进行以下工作：归纳总结，将收集到的个性词汇进行归纳总结，分类别列出；主题分析，根据个性词汇的分类，对其进行主题分析，找出不同主题下的共性特点；提取关键词，在不同主题下，提取出关键词，找出其代表的内涵和特点；情感分析，在关键词的基础上，对旅游品牌的个性特点进行情感分析，探究旅游者对这些特点的情感反应；结果呈现，将分析结果呈现出来，可以采用表格、图表等形式展示，使分析结果更加直观和易于理解。通过对旅游品牌个性词汇进行内容分析，可以深入挖掘旅游品牌的核心竞争力和市场价值，为旅游品牌的营销策略和品牌形象塑造提供有益的参考意见。

第二部分是中国农业文化遗产品牌个性维度的分析。该部分主要是对第一部分得出的品牌个性词汇进行分类。根据词汇本身的含义及其之间的关联进行分组并对分组命名。对于难以分组的词汇则通过多次商讨得出结论，使分组意见基本趋于一致。

第三部分是中国农业文化遗产品牌个性的对应分析。该阶段的重点工作是通过 SPSS27.0 软件，运用对应分析方法对第一部分中提出的品牌个性词汇频数加以分析。在实施对应分析时，只将多个旅游目的地共同拥有的品牌个性词汇加以分析，由此总结出中国农业文化遗产的共性，并以此为基础，总结出品牌个性。

最后，进行研究结果及讨论。首先阐述中国农业文化遗产品牌个性词汇、个性维度，寻找出其相似特征及个性特征，对旅游目的地品牌个性维度量表做出补充。对于研究过程发现的问题，提出科学的、合理的、可实施的未来发展建议。

## 4. 农业文化遗产地品牌个性

### 4.1 农业文化遗产品牌个性词汇

研究第一部分的结果显示，通过网页数据采集器八爪鱼采集上述 15 处景区在携程、美团、马蜂窝三个网站中的用户评价。对以上操作得到的词频结果进行初步处理：

（1）去除结果中与目的地个性无关的词语，如"开车""美食"。（2）删除词频过低（小于10）、缺乏代表性的词组。（3）删除抽象模糊的形容词。最终，统计得出农业文化遗产地旅游目的地品牌个性词汇100个（见表1），其中"壮观""美丽"与"好玩"这三个词出现频次最高，且都与农业文化遗产地关系紧密。表1中的高频特征词大多指向旅游者对农业文化遗产地的回忆、环境感受、期望与实际的体验差异和社会文化氛围感知[32]。表明从旅游者感知视角出发，农业文化遗产地旅游目的地确实具有一定的品牌个性。

表1　农业文化遗产地旅游目的地品牌个性词汇

| 词汇 | 词频 | 词汇 | 词频 | 词汇 | 词频 | 词汇 | 词频 |
|---|---|---|---|---|---|---|---|
| 壮观的 | 648 | 风景如画的 | 65 | 秀美的 | 32 | 奇迹的 | 15 |
| 美丽的 | 406 | 磅礴的 | 64 | 轻快的 | 32 | 平静的 | 15 |
| 好玩的 | 346 | 清香的 | 64 | 缤纷的 | 30 | 山峦起伏的 | 14 |
| 清新的 | 332 | 一望无际的 | 61 | 层峦叠嶂的 | 30 | 和谐的 | 14 |
| 自然的 | 300 | 静谧的 | 61 | 古朴的 | 29 | 别致的 | 14 |
| 绿油油的 | 292 | 魅力十足的 | 56 | 色彩纷呈的 | 27 | 神秘的 | 14 |
| 休闲的 | 268 | 古韵的 | 55 | 朴实的 | 27 | 经典的 | 14 |
| 震撼的 | 267 | 宜人的 | 54 | 喧嚣的 | 26 | 宽阔的 | 13 |
| 有趣的 | 204 | 舒适的 | 54 | 辽阔的 | 23 | 壮美的 | 13 |
| 传统的 | 196 | 宁静的 | 54 | 轻松的 | 23 | 鸟语花香的 | 13 |
| 天然的 | 139 | 曲折的 | 50 | 罕见的 | 21 | 沉醉的 | 13 |
| 放松的 | 136 | 安静的 | 49 | 纯朴的 | 21 | 豁达的 | 13 |
| 独特的 | 134 | 简单的 | 49 | 优美的 | 20 | 浑然天成的 | 12 |
| 丰富多彩的 | 127 | 自由的 | 48 | 完美的 | 20 | 盎然的 | 12 |
| 层层叠叠的 | 125 | 神奇的 | 48 | 舒畅的 | 20 | 青山绿水的 | 12 |
| 有机的 | 114 | 壮丽的 | 45 | 深厚的 | 20 | 沁人心脾的 | 12 |
| 新鲜的 | 104 | 悠闲的 | 44 | 开阔的 | 19 | 整洁的 | 12 |
| 金黄的 | 97 | 惊艳的 | 41 | 雄伟的 | 19 | 潇洒的 | 11 |
| 惬意的 | 95 | 迷人的 | 37 | 治愈的 | 19 | 名不虚传的 | 11 |
| 秀丽的 | 92 | 热闹的 | 35 | 精致的 | 19 | 奇特的 | 11 |
| 舒服的 | 91 | 悠久的 | 35 | 安逸的 | 18 | 恢宏的 | 10 |
| 美好的 | 89 | 尽收眼底的 | 34 | 如诗如画的 | 17 | 陶醉的 | 10 |
| 视野开阔的 | 88 | 流连忘返的 | 34 | 古老的 | 17 | | |
| 干净的 | 80 | 广阔的 | 34 | 优雅的 | 16 | | |
| 有名的 | 79 | 壮阔的 | 33 | 整齐的 | 16 | | |
| 错落有致的 | 78 | 郁郁葱葱的 | 33 | 美不胜收的 | 15 | | |

## 4.2 农业文化遗产品牌个性维度

基于研究第一部分的结果，研究第二部分采用了德尔菲法，邀请5位相关专业的专家对于100个品牌个性词汇进行评价，请他们根据词汇本身的含义以及关联进行近义词合并以精练词汇，并进行分组与命名。多次沟通后，根据专家征询的意见得出农业文化遗产地旅游品牌个性维度及对应词汇。最终结果显示，100个品牌个性词汇最终被划分成5个维度，其中包括感官吸引、生态体验、多元魅力、精神享受和文化底蕴。农业文化遗产地的旅游品牌个性明显向"感官吸引"突出，占总词频的33.5%；"生态体验"其次，占比为26.3%；"多元魅力"占20.4%；"精神享受"占13.0%；而"文化底蕴"明显不足，仅占6.8%。可以看出旅游者在农业文化遗产地旅游品牌个性主要为"感官吸引""生态体验"和"多元魅力"，"精神享受"略显薄弱，很少产生"文化底蕴"的个性。

品牌个性维度中的"感官吸引"囊括了最多的特征词汇，主要包括"美丽的""开阔的""丰富多彩的""震撼的""壮观的""郁郁葱葱的"等给予游客感官体验的形容词，是用户游览的最直观印象，主要和目的地的自然资源禀赋有关，这体现了农业文化遗产地具有浑然天成的自然美感，涵盖多类别的视觉体验，其中"壮观的"一词是梯田类农业文化遗产地词频最高的词汇，"层层叠叠的"一词是其特有的词汇，彰显了农业文化遗产地巧夺天工的魅力，具有独特吸引力。

品牌个性维度中的"生态体验"包含了"清新的""有机的""清香的"等词汇，主要和目的地的田园风光及旅游产品有关，如制茶品茗、麦田收割等体验活动，既满足了游客对自然、绿色的向往需求，又展现了其珍贵的生态价值，给予其沁人心脾、流连忘返的体验。目前国内现有旅游地品牌个性维度探索了古村落、山岳、地质公园、名人故居、城市等，其中自然景观类景区旅游品牌个性大多集中于审美、休闲维度，故"生态体验"是农业文化遗产地独有的、创新的个性维度。

品牌个性维度中的"多元魅力"是对目的地旅游形象特征的概括，包含多个二级维度，既有"精致的""优雅的"特征"雅"，又有"豁达的""潇洒的"特征"飒"，也有"好玩的""有趣的"特征"乐"，还有"神奇的""奇特的"特征"奇"，展现出农业文化遗产地包罗万象、精彩纷呈的特点，给予游客多元化的体验与感受。

品牌个性维度中的"精神享受"包含了"休闲的""放松的""惬意的""舒服的"等词汇，主要与目的地的人文环境有关，也是"感官吸引""生态体验"两个要素作用于游客的直接结果，体现了这些梯田系统、茶文化系统、垛田系统、游牧系统不同于都市快节奏的休闲慢生活，如诗如画的环境让游客得以沉浸其中、修身养性。

品牌个性维度中的"文化底蕴"包含了"传统的""悠久的""古韵的"等词汇，主要与目的地的历史文化有关，既是农业文化遗产地劳动人民智慧的外在表现，也是其能够给予游客以上多个维度感受的内生动力。辛勤的劳动人民创造出因地制宜的农业系统，绵延至今的农业文明、淳朴的风土人情凝结成浓厚的文化底蕴使农业文化遗产地韵味十足。

### 4.3 农业文化遗产品牌个性比较

农业文化遗产地研究过程中发现，12 处农业文化遗产系统中，梯田类农业文化遗产地（元阳哈尼梯田、龙脊梯田、上堡梯田、联合梯田、紫鹊界梯田）与茶类农业文化遗产地（茶马古道、中华普洱茶博览苑）数据丰富，特点明晰。不同的农业文化遗产地之间也存在一定差异，为明晰二者间差异性，展现不同农业文化遗产地类别的鲜明特点，根据五类个性维度进行频数统计（见表 2），绘出品牌个性图谱进行初步分析，并利用 SPSS27.0 进行对应分析。

表 2　中国农业文化遗产地品牌个性维度频数统计

| 农业文化遗产地分类 | 感官吸引 | 生态体验 | 精神享受 | 多元魅力 | 文化底蕴 | 频数总计 |
| --- | --- | --- | --- | --- | --- | --- |
| 全部遗产地 | 2 363 | 1 857 | 916 | 1 434 | 479 | 7 049 |
| 梯田类遗产地 | 936 | 443 | 113 | 396 | 104 | 1 992 |
| 茶类遗产地 | 619 | 915 | 583 | 328 | 96 | 2 541 |

对应分析结果显示，12 处农业文化遗产地整体品牌个性"感官吸引"和"生态体验"突出，分别占 33.5% 和 26.3%；其次是"多元魅力"，占比 20.3%；"精神享受"占比 13.0%；而"文化底蕴"相比不足，仅占 6.8%，结果显示当前在游客感知视角中，农业文化遗产地缺失文化层面的宣传，每一个农业文化遗产地，都是重要的生物、文化和技术基因库，其中系统的农业技术、生物知识和发展历史有待宣传，目前尚未得到旅游者广泛的关注。

梯田类遗产地包括云南红河哈尼稻作梯田系统和中国南方稻作梯田，品牌个性明显突出在"感官吸引"，占比高达 47%，显示了对旅游者吸引力最大的是优美的生态环境，梯田密集，形态原始，充分展示出梯田的自然美；其次是"生态体验"与"多元魅力"分别占比 22.2% 和 19.9%，"精神享受"与"文化底蕴"分别占比 5.7% 和 5.2%。表现了目前梯田类遗产地品牌个性偏向于浅而广的初步吸引，深层次的体验与感悟值得挖掘与开发，旅游者更多的游览方式是到此一游，而容易忽视梯田类遗产地因地制宜、经济高效的思想智慧。

茶类遗产地包括云南普洱古茶园与茶文化系统、福建福州茉莉花与茶文化系统、安溪铁观音茶文化系统和广东潮安凤凰单丛茶文化系统，品牌个性突出在"生态体验"，占比达 36.0%，显示了茶类遗产地采茶、制茶、煮茶、品茶等原生态观光与体验活动得到了游客的认可与喜爱；其次是"感官吸引"与"精神享受"，分别占比 24.4% 和 22.9%，表现了其有机的绿色环境、清新自然的氛围切实给予了游客良好的休闲感受，可以放松身心、舒缓心情，极具独特吸引力；"多元魅力"占比 12.9%，"文化底蕴"仅占比 3.8%，结果表明了制茶技艺及相关习俗知识的传播与宣传有待提高，中国悠久而丰富的茶文化值得被广泛认识和传播。

借助 IBM SPSS27.0 进行对应分析计算，显示卡方值为 486.624（p=0.000），结果表明中国农业文化遗产地与所归纳的品牌个性两个变量间具有较高的相关性，可以进行对应分析。第一维度的奇异值为 0.16，所解释的惯量比例为 68.1%，第二维度的奇异值为 0.11，所解释的惯量比例为 31.9%，前两个维度的解释量累计比例达到 100%，表示二维图形完全可以表示变量间的信息。

从品牌个性对应分析图（见图 2）中可以清楚看出，不同农业文化遗产地在品牌个性不同维度的差异，此图可以非常直观地反映出全部农业文化遗产地都表现出"感官吸引"的维度，茶类遗产地的品牌个性主要表现在"生态体验"和"精神享受"两个维度上，茶类遗产地的采茶、制茶等活动具有难以复制性，参与其中的旅游者在进行体验活动的同时会获得精神层面的放松和享受。梯田类遗产地则主要表现在"多元魅力"维度，不同地理位置的梯田会因地制宜采取不同的设计以提升土地利用率，因此多种形态的梯田应运而生供旅游者参观，并从中感受到广袤的大地上凝结出的智慧结晶。"文化底蕴"维度在农业文化遗产地的具体表现中存在但并不明显。

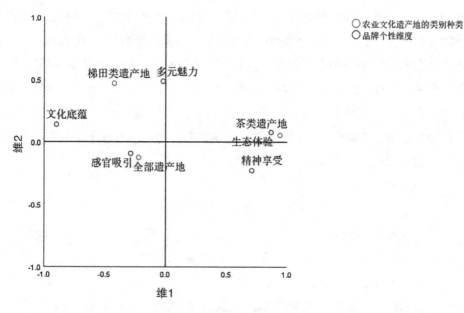

图 2　品牌个性对应分析图

# 5. 结论与展望

## 5.1 研究结论与建议

### 5.1.1 研究结论

本研究共经历三个阶段，分别为相关文献梳理、研究框架构建与实证研究。基于对农业文化遗产、目的地品牌个性和目的地品牌个性的相关概念进行了相关文献研究的回顾分析，总结归纳出农业文化遗产地的旅游品牌个性。

本文选取了 12 处农业文化遗产作为实证研究对象，采用定性与定量分析相结合的方法，进行目的地品牌个性的研究设计。通过非结构访谈、网络文本数据爬取的方法获取农业文化遗产地旅游品牌个性词汇，利用 ROST CM6 对网络文本数据进行分析，得到如下结论：

从旅游者认知视角分析，对农业文化遗产地的回忆、环境感受、期望与实际的体验差异和社会文化氛围感知，总体来说旅游者情感呈现主动倾向，更愿意使用一些偏重精神感受和理解的词汇。游客感知的品牌个性有"壮观的""美丽的""好玩的""清新的"等多种用于描绘农业文化遗产地的词汇，并以其出现的频数高低排序。

基于对农业文化遗产地旅游品牌感知个性与文献梳理个性词汇建立了品牌个性词汇库，通过德尔菲法和对应分析构建农业文化遗产地旅游品牌个性量表，对其品牌个性研究发现：

感官吸引、生态体验、多元魅力、精神享受和文化底蕴是农业文化遗产地五个主要的品牌个性维度。"感官吸引"囊括了最多的特征词汇，丰富多样的旅游景观也是旅游者前往农业文化遗产地的主要原因，所以旅游者使用了"美丽的""辽阔的""丰富多彩的""震撼的""壮观的""郁郁葱葱的"等描绘感官体验的形容词。"生态体验"是农业文化遗产地独有的、创新的个性维度，包含了"清新的""有机的""清香的"等词汇，在农业文化遗产地体验制茶品茗、麦田收割等活动具有特殊性和稀缺性，会给旅游者留下难以忘怀的体验，从而刺激旅游者反复多次光临。"多元魅力""精神享受""文化底蕴"维度中可以清楚了解到旅游者旅游感知和旅游目的地的投射形象之间存在差距，从而不能使旅游者深刻感受到农业文化的魅力。

### 5.1.2 发展建议

#### 5.1.2.1 树立品牌意识，挖掘隐性文化旅游资源

我国农业文化浩瀚丰富，农业地域广阔。在农业发展过程中，由于各地区自然环境、生产水平和传统习惯的不同，形成了地域特色鲜明的农业文化，地域、民族、农业生产方式具有差异和多样性，由此产生的独特景观、价值观念、行为体系等有形和无形的农业文化异彩纷呈。旅游目的地营销者要打造品牌效应来面对当前市场的冲击。为了避免激烈的市场竞争，农业文化遗产地应发挥自己视觉体验特点的优势，吸引旅游者前往目的地享受和体验乡村魅力、感受乡村生活、欣赏农业景观。景区景点通过对不同类别的农业文化遗产地进行品牌定位、建设、战略等方面把控，来使其区别于其他旅游目的地。农业文化遗产地的核心竞争力在于其所蕴含的农耕文化、历史文化、习俗文化等。对于旅游景区景点的管理者来说，他们不仅需要对农业景观品质进行控制和管理，同时还需要建立起乡村居民和旅游者之间的情感交流。通过利用独特的品牌个性来打造

核心竞争力，他们可以更好地树立品牌形象，并吸引更多游客前来参观。因此，在打造农业文化遗产地品牌时，除了挖掘其文化底蕴，还需要深入了解旅游市场的需求，不断创新品牌个性，以寻找新的发展机遇。

### 5.1.2.2 增强旅游体验，创新营销农业旅游地特色

农业文化遗产地品牌个性既要深知自身的文化特点，也需推陈出新，创造品牌个性寻找新的突破口。可借鉴浙江丽水市青田县"稻田养鱼"创业模式，其带火了特色乡村旅游，建设了休闲观光农业基地，培育了新的经济增长点。青田县立足"全球重要农业文化遗产"品牌地的资源优势，发挥生态优势，以鱼为载体，形成特色鲜明的田鱼民俗、田鱼艺术、田鱼饮食礼仪，通过观鱼、抓鱼、尝鱼吸引客人，打造吃住行一体的休闲农业旅游，推广绿色乡村正面形象，打造乡村旅游金名片，进一步增强"稻田养鱼"创业模式的驱动力。让农事活动体验和休闲观光相结合，开展抓田鱼、割稻谷、打稻谷等趣味农事活动，让游客在体验中获得知识，在休闲旅游中得到放松。这项措施是青田县近年来积极寻求创新和发展，旨在打造新的旅游目的地品牌名片来吸引更多游客的举措之一。一方面可以融合我国的农耕文化，通过以农为本的思想，打造"农业体验街区"，让游客尝试参与农耕活动；另一方面可以借助网络平台进行营销推广，例如"微博热门话题"、抖音短视频等，更多地宣传农业遗产在世界范围内的影响力，推广传播农业文化遗产地旅游品牌个性，使人们形成认同感、归属感和荣誉感。

### 5.2 研究创新

本研究聚焦于农业文化遗产地旅游品牌个性维度的研究，该领域在过去鲜有学者探讨。传统的 Aaker's BPS 方法难以在旅游环境中应用，并且在使用时存在不同文化语境和不同类型的旅游目的地之间适配性的问题。本研究从旅游者的视角出发，分析了目的地形象及地域文化发展的内涵，提出了农业文化遗产地旅游品牌的个性特征。该研究不仅对目的地品牌个性量表的研究进行了优化和补充，提高了该量表的可靠性和有效性，同时也为类似的农业旅游目的地提供了测量量表研究的基础。

### 5.3 研究不足与展望

本研究主要探讨了农业文化遗产地旅游品牌的个性维度，通过对旅游网站上的游客评论的内容分析，明确了农业文化遗产地旅游品牌个性维度。不过，本研究也面临若干局限，首先本文使用的是定性研究方法，但仍需要借助定量的研究方法来确定和调整品牌个性维度的界定，以及建立具体的产品个性层次量表。其次，因为研究方法的差异，本研究成果还未能明确"不同类型旅游目的地品牌个性维度存在差异"的这一结论，因此未来希望通过整合同类型旅游目的地的方式，并对其他类别的目的地开展同类调研，从而通过研究的结果对比总结出旅游目的地品牌个性的一般规律。

## 参考文献：

［1］刘孝蓉，冯凌．从传承到传播：农业文化遗产旅游形象建构与推广［J］．旅游学刊，2022，37（6）：5-7.

［2］SIRGY M，JOSEPH. Self-concept in consumer behavior：a critical review［J］. Journal of Consumer Research，1982，（9）：287-300.

［3］黄胜兵，卢泰宏．品牌个性维度的本土化研究［J］.南开管理评论，2003，6（1）：4-9.

［4］AAKER J L.Dimensions of brand personality［J］. Journal of Marketing Research，1997，34（3）：347-356.

［5］PLUMMER J T.Brand personality：a strategic concept for multinational advertising［C］. Marketing Educators' Conference，NY：Young and Rubicam，1985，1-31.

［6］UPSHAW L B，Building brand identity［M］. New York：John Wiley&Amp；Sona. Inc，1995.

［7］KELLER K L.Strategic brand management［M］. 2nd ed. Upper Saddle River，NJ：Prentice Hall，2002.

［8］EKINCI Y，HOSANY S.Destination personality：an application of brand personality to tourism destinations［J］. Journal of Travel Research，2006，45（2）：127-139.

［9］李艳娟．旅游目的地品牌个性对旅游者行为倾向影响的实验研究［D］.泉州：华侨大学，2016.

［10］EKINCI Y，SIRAKAYA-TURK E，BALOGLU S. Host image and destination personality［J］.Tourism Analysis，2007，12（5-6）：433-446.

［11］MURPHY L，BENCKENDORFF P，MOSCARDO G.Destination brand personality：visitor perceptions of a regional tourism destination［J］. Tourism Analysis，2007，12（5）：419-432.

［12］MURPHY L，BENCKENDORFF P，MOSCARDO G. Linking travel motivation，tourist self-image and destination brand personality［J］. Journal of Travel&Amp&Tourism Marketing，2007，22（2）：45-59.

［13］PITT L F，OPOKU R，HULTMAN M，et al. What I say about myself：communication of brand personality by African countries［J］. Tourism Management，2007，28（3）：835-844.

［14］PRAYAG G. Exploring the relationship between destination image and brand personality of a tourist destination：an application of projective techniques［J］. Journal of

Travel and Tourism Research，2007，7（2）：111-130.

［15］USAKLI A，BALOGLU S. Brand personality of tourist destinations：an application of self-congruity theory［J］. Tourism Management，2011，32（1）：114-127.

［16］KIM S，LEHTO X Y. Projected and perceived destination brand personalities：the case of the Republic of Korea［J］. Journal of Travel Research，2013，52（1）：117-130.

［17］汤云云，王钦安，李文伟. 基于游客感知的皖南古村落旅游地品牌个性差异性分析［J］. 南宁师范大学学报（自然科学版），2020，37（1）：118-124.

［18］GOVERS R，GO F M，KUMAR K. Promoting tourism destination image［J］. Journal of Travel Research，2007，46（1）：15-23.

［19］周春燕，WANG P. 美国国家公园品牌个性实证研究［J］. 资源开发与市场，2017，33（5）：619-625+642.

［20］淳姣，姜晓，李晓蔚. 社交媒体阅读推广平台的品牌个性塑造模式研究［J］. 国家图书馆学刊，2017，26（6）：26-33.

［21］邓南茜. 旅游地品牌个性与游客游后行为意向关系研究［D］. 杭州：浙江大学，2012.

［22］姜捷萌. 消费者自我概念一致性对品牌依恋影响研究［D］. 大连：大连海事大学，2013.

［23］何佳讯，丛俊滋. "仁和"与"时新"：中国市场中品牌个性评价的关键维度及差异分析——以一个低涉入品类为例［J］. 华东师范大学学报（哲学社会科学版），2008（5）：82-89+102.

［24］向忠宏. 中国品牌个性量表及初步实证［J］. 科技智囊，2010（12）：8.

［25］白凯，张春晖. 乡村旅游地品牌个性特征研究——以西安长安区"农家乐"为例［J］. 西部商学评论，2009，2（2）：113-124.

［26］高静. 基于旅游者网络点评分析的旅游目的地品牌个性研究——以城市滨水旅游目的地为例［J］. 北京第二外国语学院学报，2015，37（1）：50-59.

［27］寇方译. 丽江古城旅游目的地品牌性格对品牌态度及游客行为意向影响研究［D］. 昆明：云南财经大学，2021.

［28］闵庆文，孙业红. 农业文化遗产的概念、特点与保护要求［J］. 资源科学，2009，31（6）：914-918.

［29］苑利. 农业文化遗产保护与我们所需注意的几个问题［J］. 农业考古，2006（6）：168-175.

［30］吴灿，王梦琪. 中国农业文化遗产研究的回顾与展望［J］. 社会科学家，2020，284（12）：147-151.

［31］王思明，李明.中国农业文化遗产研究［M］.北京：中国农业科学技术出版社，2015.

［32］王锦秋.美食旅游目的地品牌个性塑造研究［D］.西安：西安科技大学，2020.

（作者单位：北京联合大学旅游学院）

遗产地传承与认同研究

# 凤凰单丛茶农业文化遗产中的茶农惯习与身份认同 *

陈建华　任　俊　王英伟

[摘　要]广东潮安凤凰单丛茶文化系统于2014年入选中国重要农业文化遗产，目前广东潮州单丛茶文化系统正在申报全球重要农业文化遗产。基于布迪厄社会实践理论中的惯习概念，本文分析了凤凰茶农的身份认同和建构与该农业遗产在个人身份认同、职业身份认同、地方认同等方面的互动关系；并提出了深入认识该文化遗产的活态性和复合性、搭建多方共享的茶文化展示平台及茶旅资源和活动开发等建议，以期利用该遗产强化凤凰茶农的身份认同。

[关键词]身份认同；惯习；凤凰单丛茶；茶农；农业遗产

## 引言

2002年，联合国粮食及农业组织首次提出了全球重要农业文化遗产系统的概念[1]，以保护全球重要农业文化遗产及其有关的景观、生物多样性、知识和文化保护体系。中国重要农业文化遗产，是指"我国人民在与所处环境长期协同发展中世代传承并具有丰富的农业生物多样性、完善的传统知识与技术体系、独特的生态与文化景观的农业生产系统"（《重要农业文化遗产管理办法》）。这类遗产一般"具有悠久的历史渊源、独特的农业产品，丰富的生物资源，完善的知识技术体系，较高的美学和文化价值，以及较强的示范带动能力"[2]。广东潮安凤凰单丛茶文化系统于2014年被认定为中国重要农业文化遗产（第二批），目前广东潮州单丛茶文化系统正在申报全球重要农业文化遗产。凤凰单丛茶的历史可追溯至南宋末年，历经数十代人的传承，资源物种仍基本保持原貌。当地的古茶树也被誉为"中国之国宝，是世界罕见的优稀茶树资源"。这类遗产在复合性、活态性、战略性方面有显著特征，在保护上强调动态保护、适应性管理、可持

---

* 本文系"潮州单丛茶文化系统申报全球重要农业文化遗产项目"的阶段性成果。

续发展[3]。因此，农户的参与及与此相关的日常生产和生活状态成为该农业文化遗产系统的保护和传承的一个重要部分，本文试图通过从布迪厄的惯习视角来考察凤凰茶农的身份认同情况。

## 1. 布迪厄的"场域"和"惯习"

目前，国际上在文化遗产研究方面出现了一种话语转向，兴起了一股"遗产的批判性研究"[4-7]的潮流。它基于批评话语理论，倡导对西方权威化遗产话语作批评性反思，呼吁对遗产多元价值的关注，重新思考"谁的遗产"的问题，建立遗产保护及利用的新框架[8]。Smith 在该研究领域的经典著作《遗产的利用》中提到以往的研究较多关注如何利用遗产来增强国家认同，而她认为日常活动与习惯也能标记国家认同的内涵；特定社区也可利用相同的符号界定身份，强化集体价值观和习惯。她认为法国社会学家布迪厄的"惯习"概念有助于界定人们的"行为、品位和期望，在新环境中也有助于规制他们的言行"，而"公认的身份认同主导了遗产的过程"[8]。

根据布迪厄的社会实践理论，通过考察人们的社会实践，尤其是日常工作，可以解释社会和个人之间的辩证关系如何形成，并在特定社会背景下中持续。该理论也被称为"场域理论"，以"场域"（field）、"惯习"（habitus）、"资本"（capital）为核心概念。其中，场域是指"在各种位置之间存在的客观关系的一个网络，或一个构型"；根据该概念进行思考就是"从关系的角度进行思考"[9]。场域中不同的位置通过"不同类型资本的分配结构"及其实际和潜在的状况，以及各位置之间的相互关系得到界定。占据这些位置的主体以场域为基础，在场域的引导下来保持或优化自己的位置，因此场域也是各主体角力的空间。这里的资本被看作一种"社会物理学的能量"，有三种根本类型，即"经济资本、文化资本和社会资本"，除此之外还有"符号资本"；这些资本之间是可以相互兑换的。资本也依赖于场域而存在，并发挥作用[9]。基于场域中不同的关系，不同主体占有不同的资本，也就把持了获得相关利益的权力。同时，拥有一定资本的主体可能在行动中采用不同的策略，其中的关键推动因素就是所谓的"惯习"。惯习是指一套相对稳定又可以置换的"知觉、评价和行动的分类图式构成的系统"，"它来自社会制度，又寄居在身体之中"。惯习在实践中获得并持续发挥各种实践作用，既"深刻地存在于性情倾向系统中的"，又是完全基于"实践操持"（practical mastery）的能力。同时，惯习与场域两者相互作用。惯习被场域不断形塑，成为"某个场域固有的必然属性体现在身体上的产物"；而惯习在不断地把场域建构成一个"被赋予了感觉和价值，值得你去投入、去尽力的世界"[9]。

根据上述理论，我们可以将凤凰茶生产看作一个场域，在这个社会空间里，参与主体、各类资本、特定惯习，以及围绕各类茶叶资源展开的实践行动是凤凰茶生产场域中最重要的四种要素。在这种特殊的实践中，农户、政府、茶商/市场、机构组织、其他村民及从业者等是该场域中最主要的参与主体，它们之间存在着错综复杂的关系[10]。通过考察茶农在该场域中惯习的形塑、以茶农为中心的各种关系和资本的变迁，我们可以更好地把握茶农的心理和行为倾向等，解读有关茶农的惯习及其对身份归属方面的特性如何影响和推动凤凰茶文化遗产系统的发展变化，为分析农户在凤凰茶生产中的角色和作用提供一种新的视角。

## 2. 田野调查情况简介

基于此理论思路，笔者于 2022 年 7~8 月对 12 位凤凰单丛茶农进行了线上或线下的面对面深度访谈。该访谈为半结构式访谈，主要针对农户对身份归属的认知，有关茶叶种植、采摘、制作等的实践，对凤凰单丛茶的认识及评价，从业中遇到的困难及应对，作为凤凰人的感受等话题进行非正式访谈。受访者在访谈前提供了包括所在村及自然村、年龄、文化程度、从事茶叶行业的起始年份、从事茶叶行业的年限、主要负责的茶叶生产的环节、茶园是否家传、茶园海拔、茶叶年产量、种植品种、年采茶季数、主要销售渠道、是否有实体店、是否在凤凰以外务工后返乡及相关经历等方面的基本信息。后文的讨论主要依据此次访谈内容及调研中所得的相关文献资料展开。受访者基本信息见表 1。

### 表 1 受访者基本信息

| 序号 | 受访人编号 | 年龄（岁） | 性别 | 学历 | 职业 |
|------|-----------|-----------|------|------|------|
| 1 | TZ20220729FH | 42 | 男 | 初中 | 茶农 |
| 2 | HF20220730FH | 40 | 男 | 初中 | 茶农、茶企经营者 |
| 3 | YJ20220815FH | 35 | 男 | 初中 | 茶农 |
| 4 | HH20220816FH | 33 | 男 | 中专 | 茶农 |
| 5 | WX20220816HF | 51 | 男 | 高中 | 茶农 |
| 6 | LJ20220817FH | 38 | 男 | 高中 | 茶农 |
| 7 | KS20220817FH | 40 | 男 | 高中 | 茶农、茶企经营者 |
| 8 | CT20220818FH | 38 | 女 | 大专 | 茶农 |
| 9 | LZ20220818FH | 31 | 男 | 大专 | 茶农、茶企经营者 |
| 10 | WD20220818FH | 54 | 男 | 高中 | 茶农 |
| 11 | HK20220819FH | 45 | 男 | 初中 | 茶农、茶企经营者 |
| 12 | KA20220819FH | 42 | 女 | 初中 | 茶农 |

## 3. 基于惯习的凤凰茶农身份建构

如果将凤凰茶农对身份的确认和共识以及由此带来的对社会关系的影响看作凤凰单丛茶文化遗产的意义生产的一个层面，那么透过凤凰茶农该遗产实践中的身份认同情况，我们可以反观凤凰单丛茶文化遗产的建构。"身份认同"（identity）的概念源自哲学，后在心理学、社会学等领域获得持续发展，成为一个综合性的概念。它反映了个人与社会、个人与集体的关系；身份的建构是一个不断变化的过程，特定的历史文化背景和当前特定的社会结构及情景对身份建构起制约作用[11]。身份认同结构主要包含"认知、相伴随的情感和相应的行为表现"三个方面[12]。在建构主义的视角下，身份"是社会通过一系列知识的教化机制和权力的惩罚机制而强制建构的"[13]。因此，茶农身份建构是一个动态和开放的过程。茶农的身份认同也显示该人群"对他们自身的定位、他们的行动规则及其所在的社会的理解"[9]。

而在遗产实践研究中，布迪厄的惯习概念被认为是"一种反映特定个体及群体持久性情与价值观的理论图式"，人们会以此来"界定他们的行为、品位和期望，并借此在新环境中规制他们的言行"[8]。因此，我们认为身份认同作为一个动态和开放的过程，茶农惯习与其有联系，尤其是与茶农身份结构中有关茶叶生产的职业传承和创新行为表现有密切联系。茶农的惯习可显示其"对他们自身的定位、他们的行动规则及其所在的社会的理解"[9]。

### 3.1 惯习与茶农群体身份的认知与确立

在凤凰除了那些从祖辈继承茶园、天然获得茶农身份的农户外，更多的农户是在离开凤凰从事了其他行业之后，转而成为茶农的。许多受访者都提及 20 世纪 90 年代初，尽管许多凤凰人家里都有祖上传下来的茶园，他们却都选择离开凤凰外出务工。一方面是想离开山里，出去闯一闯，见见世面。另一方面是当时茶叶价格不高，只靠种茶并不能完全维持生计。不过，此后不管他们是发展不顺，还是小有成就，都选择回家种植制作茶叶，成为一名凤凰茶农。这些受访者基本上都有类似经历，都在外乡从事过其他行业（有一位例外，是从事茶叶销售工作），之后返乡务农种植、制作凤凰茶。从社会实践理论角度看，这种身份的转变与凤凰茶生产实践中的惯习密切相关。

《中国名茶志》认为凤凰单丛"600 年前，由潮安县凤凰镇乌岽村民从山茶中选育而成，并由农户自选培植成大茶树"[14]。学界目前也多认为凤凰单丛自 600~900 年前开始种植。自中华人民共和国成立以来，茶园种植面积从 1949 年的 2975 亩增长至 2018 年的 7 万多亩[15]。凤凰茶种植历史悠久，尽管其间历经兴衰，但茶叶种植几乎是每个凤凰人家生活的一部分。"我们这里家家户户都种茶。"（引自农户访谈）

其中自然也包括人们对从事茶叶生产的态度和认识。一方面，尽管由茶叶带来的收入在不同时期成为不同家庭的部分或全部的生计保障，茶叶生产长期以来却被视为"辛苦的"农业劳作。许多受访者提到在有其他更好的选择的情况下，凤凰人会优先选择去周围或更远的城镇里谋求生计。另一方面，1949 年，尤其是 1980 年茶园正式承包到户[16]以来，茶叶生产活动遍及各家各户，凤凰本地人自幼耳濡目染并参与其中。很多受访者提到"小时候要给家里帮忙种茶，就像完成任务一样"（WD20220818FH）；"学校里也会放农忙假给家里帮忙"（CT20220818FH）；"家家户户的小孩都会，都要学"（KA20220819FH）。因此，种茶的技术和做茶的技艺成为多数凤凰人的一种或被动习得或主动获取的惯习。在布迪厄看来，惯习不仅"来自社会制度，又寄居在身体之中（或者是生物性的个体里）"[17]。即使他们外出务工暂时获得另外一种身份，但是凤凰茶生产及凤凰的社会文化也作为他们身份潜在的一部分，随时可能被激活。因此，对凤凰人身份的认同也就意味着对这些惯习的认同和保持。

对于凤凰人而言，这些茶叶生产技艺为其提供了一个可选的，在任何时候可以依赖的生计保障。几乎所有受访者都提到"在外面混不好就回来种茶。""读书出来去打工，找到好的工作，人家不愿意回来的，能做成的也不愿意回来，然后没办法，觉得在外面漂泊，在外面混不好，反正回来创业好。"（HF20220730FH）许多人在环境或客观原因的触发下，便选择了成为茶农。不同受访者提及了以下一些原因："在原来的工作中，发生了一些不太好的事儿。"（HH20220816FH）；"外面生意也不好做，竞争激烈，我怕我做不好。"（YJ20220815FH）；"一个行业已经在变化了，你还再继续做下去？做不下去了。"（HF20220730FH）；"后来茶叶好卖了，不需要干那些了。""年纪大了，原来的活干不了了。"（WX20220816HF）；"（种茶）收起来会辛苦点，比种稻谷收成还好啊，比去外面打工也自由啊。"（WD20220818FH）从惯习的角度看，这意味着相较处于其他场域的人群，这种身份的转变对于凤凰人而言是一种"社会化了的主观性"[9]。几乎所有的受访人都表示他们愿意让他人知道自己的凤凰人身份、自己的茶农身份。这也是他们基于茶叶生产场域对"我是谁"，我归属哪个群体等相关问题清楚、坚定的回答，他们对自己的群体归属认可度普遍较高，对农户这一群体身份有明确的认知，对凤凰单丛茶农户的生产和生活情况非常熟悉。即使他们外出务工暂时获得另外一种身份，但是凤凰茶生产及凤凰的社会文化也作为他们身份归属的潜在部分，随时可能被激活。这为该农业文化遗产的活态性，及其保护与传承提供了重要和必要的基础。

### 3.2 惯习与建构茶农身份的凤凰地方情感

凤凰作为该农业文化遗产的所在方与生活在这里的茶农相互作用，而茶农也对地方赋予了一种体验。如上所述，茶农对其身份归属有明确的认知；同时，农户也对作为凤凰人感到骄傲，对凤凰地方及乡村生活有深厚的情感。尽管我们从访谈中看到部分农户表示在挣得更多的钱之后，希望到周边的城镇去过城市的生活，但是现代化的城市生活的便捷和丰富并没有吸引所有的农户。有受访者表示，城市生活的高度现代化似乎是对传统生活理念的一种挑战，甚至是一定程度的破坏。他们觉得离开喧嚣的城市，来到像凤凰这样的地方生活，是一个"正确的选择"。一位受访者提到：

"我在这里（茶园）很好。不想去住在城里，镇上都没有我这儿好。生活基本上很方便，什么都有人送来卖。买大件你就到镇上去，或者到城里去，但是也不是天天要买。年轻人比较冲动（有活力），可能比较喜欢城里那种生活。我受不了那里的空气，住了几天就回来了。你想去城里也很方便，开车一个小时就到了。我留了几棵树，觉得要不茶园，还有我们这个地方，光秃秃的不好看。我还想在这里，在茶下面多种一些花，把茶园搞得很漂亮，人这样生活起来心情更好。"（WD20220818FH）

另一位受访者提到：

"教育的话不是说看他成绩吧，我主要也不看他成绩，就看他各方面的一个什么吧，然后回来这边也是可以，因为他爷爷奶奶也在家，刚好这个家都在这里，让他们回来这边我觉得还是挺好的。因为现在对比起来，像我七月也有出去广州，那么别家的孩子没有我这个孩子灵活吧。买这小鸭子给小孩养了六只，就让他有这样的一个责任感，你既然要买了你就养，你就让他喂着，到晚上要收回来，这些我觉得城市是可能没有。"（CT20220818FH）

虽然这类的话语并不十分普遍，但是它们的存在也显示了人们正在形成对凤凰乡村生活的积极情感。这种地方感与凤凰单丛茶的生产密切相关。正如 Brett 所言，"当现代化侵蚀过去的习俗和对未来的期望时，个人和社区期待重申或恢复过去以重新协商他们的'惯习'感"[18]。许久以来，基于凤凰茶叶生产者身份以及所涉及的诸多环节和因素，农户对凤凰单丛茶本身及相关的生产生活，逐渐形成了一种积极的、深厚的感情，对地方也形成了独特的价值观念和情感依附，并由此不断地推动该农业文化遗产及凤凰地方的不断发展。若干年来，由于茶叶生产的发展给凤凰带来的变化及其当地社会生活的变化，也在不断重塑农户甚至外来者对凤凰乡土生活的认同感。

### 3.3 惯习与建构茶农身份的职业行为表现

凤凰单丛茶作为凤凰最重要的物产获得过无数的荣誉，在潮汕地区也广受欢迎。我们在访谈中发现，凤凰当地许多村民并不知晓本地的单丛茶文化系统已在 2014 年获得"全国重要农业文化遗产"的称号。然而，他们在日常的劳作中，通过其身份的多重建构，将该地区悠久的茶叶种植和制作技术及工艺与当下的社会经济及文化生产活动结合起来，甚至有意识地促进其传承和发展。

这种职业身份认同的形成也有赖于他们所在的凤凰单丛茶文化场域中的一些共同的惯习。许多受访者谈到，他们的制茶经验除了家传技艺的传承外，很重要的一部分来自同行之间的切磋和交流以及制茶高手和师傅的指点。这种有关制茶经验的交流随时随地可能发生，最常见的场景是在做茶的时候。由于茶叶采摘之后需要连续完成前文提及的六道工序，其中做青环节因为包含静置的步骤，便需要等候。这时，进度相近的邻里几家便会拿出最近新制的茶叶，大家围坐品鉴，各抒己见，甚至提出改进意见。许多茶农在这种交流中获得了技艺上的提升。同行间的品茗评鉴也成为茶叶生产日常的一部分。

"一般就是边品茶，边研究啊。拿自己的茶，给别人喝看一下怎么样。然后去喝别人的茶，自己评论。评论来评论去啊，就知道了。"（HK20220819FH）

"我的观点是这样的，他可能只是做了几十年茶叶，但是不一定他就能做出好茶叶。

因为他可能就没有喝过，甚至也没有见过更好的，所以说他只是局限在自己的理解中，认为他这个是好的。"（HH20220816FH）

随着现代科技的发展，场域中农户群的交流很多时候是在基于制茶机械的使用背景下完成的。因此，若干年前凤凰茶农这一身份与纯手工制作紧密相连，但是在今天不断扩大的产业规模已经消解了这种绑定。正如前文所述，许多农户认为以目前的产量不使用机械，根本没办法正常完成生产，而实际上机械的使用会对茶叶品质造成明显影响，最关键的要素仍然是茶农所占有的制茶文化资本及相应的制作惯习。社会学在讨论身份时认为，"其核心内容包括特定的权利、义务、责任、忠诚对象、认同和行事规则，还包括该权利、责任和忠诚存在的合法化理由"[12]。从我们的访谈可以看出，茶农们早已调整了其茶农身份的配置，将制茶机械的使用合理地纳入其中。但是，农户们对机械的使用也以不影响茶叶品质为限。

"责任。就是要把我们单丛茶，把我们的特点做出来。比如说我们单丛茶品质的把控，单丛茶里面含的物质，所有，凤凰单丛茶是最多的。所以我们要把单丛茶原来有的东西呈现出来。"（HF20220730FH）

从文献和采访中我们都能发现，制茶机械的使用有助于凤凰单丛茶叶产量的不断提高。不过，正如前文的讨论提及的，化肥、农药虽然最初被认为有助于产量的提高，但是它们的使用在经历一个反复的过程之后，最终被排除在茶农日常生活之外，取而代之的只有适量的生物农药。茶叶种植的效益是农户非常关心的问题，最初为了提高产量也曾被大量使用，但是市场类似品牌的负面事件的警示效应，以及政府的宣传培训使农户认识到过量使用化肥、农药的危害。许多农户都主动提到无公害绿色种植，不使用化肥、农药，甚至村民还会互相监督，滥用的人很少了。这些是农户茶叶种植惯习的变化，而对此的描述则可以看作农户语言惯习上的变化。这意味农户在根据场域的变化调整着自身的职业身份认同，在逐步地将农药使用排除到茶农职业身份配置之外。

正是与此类似的许多与茶叶生产相关的操作，支撑了参与者凤凰茶农身份的建构，标记了他们参与协商什么是好的凤凰茶，什么是需要保留下来的经验，什么是需要传承的技艺等问题的过程。而在农户的层面上，他们在进行农业文化遗产相关活动时作出自己的选择，开展自己的实践行为，也在持续建构着自己的茶农身份。从场域的视角看，茶农是凤凰茶发展最重要的内在动力。茶农的实践与凤凰茶生产场域的变迁相互作用，不断变化。而与凤凰茶农身份建构关系最紧密的行为表现，主要体现在他们日常的茶叶种植、制作、品鉴的实践及其独特技艺的传承中。农户参与协商什么是好的凤凰茶，什么是需要保留下来的经验，什么是需要传承的技艺等过程，这同时也标记了他们对凤凰单丛茶农业文化系统的建构。

## 4. 场域与茶农惯习的形塑互动

从场域的视角看，茶农是该生产场域中的主体之一，也是凤凰茶发展最重要的内在动力。茶农的实践与凤凰茶生产场域的变迁相互作用，不断变化。在此过程中，惯习推动资本活动，场域也形塑着惯习[9]。

### 4.1 场域中政府生态元资本对茶农种植惯习的形塑

茶农的日常劳作是一种特定的社会实践，涉及场域中各参与主体之间的关系建构。其中，政府是凤凰茶生产场域，也是其他茶生产场域中最大的政治资本持有者，是"元资本"的持有者。这意味着政府据此可支配其他种类资本的再生产[9]，也不断地形塑着该类农业生产场域中的各类主体，同时也是对生产过程中普遍性问题进行治理的最有力主导者。

为了提高茶叶产量，20世纪60年代当地政府曾给凤凰茶农户奖励化肥[15]。后来，随着茶叶价格持续提高，农户的种植热情也持续上涨，寻求更多增加收益降低成本的办法，其中也包括化肥、农药的大量使用。不止一位受访者提到，在过去若干年中，部分茶农中出现了滥用农药化肥等影响茶叶品质安全的行为；部分茶农对茶园进行过度开发，植物类型减少，造成茶树所在的生态环境被破坏，茶树病虫害增加甚至枯死。调研中，由潮安区提供多份工作汇报资料中也提及该问题。"潮安区推动凤凰单丛茶产业高质量发展工作总结"也提到"部分茶农片面追求茶叶产量，滥用农药、化肥等，茶叶品质安全和环境污染存在风险"，这表明当地对该问题已有相当的重视，并采取了相应的措施。从当地的各类活动及文件中可以看出，生态话语成为当地有关茶叶种植和茶园发展的主流话语之一。当地发布了以《潮州市生态茶园建设方案》（2016、2020年修订）、《潮安区生态茶园建设指引》（2019）、《潮州市凤凰山区域生态环境保护规划》（2021）为代表的文件；《潮州市生态茶园建设与管理规范化技术》《潮州市生态茶园验收要求》等技术规范。而在《潮州单丛茶产业发展规划（2018~2027）》中也提出了"2027年在全市范围内打造8万亩标准化生态茶园，建设4~8个1000亩高标准生产示范区和8~14个生态茶园示范点"这样具体的建设目标。

这些治理措施也在深刻地影响着农户的语言惯习[9]及种植惯习。就我们的田野调查来看，绝大多数受访农户对农药化肥的滥用持反对态度，并在访谈中比较频繁地使用了"生态""绿色""无公害""安全"一类的术语来描述自家的茶叶种植。

"就是说我现在做的这些都是有自己的客户、固定客户，然后我现在做的是生态茶，然后在外面推广的就是健康，健康饮品哦，反正保证到客户手中，喝到嘴里都是喝得放心，喝得安心，保证春茶。茶叶都没有打农药，也没有施肥，都是人工。"（KS20220817FH）

"种植生态茶叶。就是不要去喷农药啊，让它自然生长，每一亩茶园里边要有好几十棵树，让它自然生成，让它坚固坚定。（购买的人，有没有人就是提起来认这个生态茶园？）现在还没有这个习惯，不过一定时间过后肯定会的，自然它做生态园了，茶的质量都会起来，特别这个茶的香啊，原汁原味闻起来很好。"（WD20220818FH）

"因为现在主要就是都讲无公害嘛，像我们高山老丛一点的，就是一般每年都会除草啊，这些都可以请人。"（LZ20220816FH）

同时，在种植实践中，农户也表示目前自家茶园的种植没有此类滥用的情况，非必要时不使用化肥、农药，需要时会按相关技术要求及标准使用。他们认为减少化肥、农药的使用，有助于提高茶叶品质，进而提升茶叶价格，使自身获益。此外，许多受访者表示，目前从政府各级各类部门和机构所获得的帮助，主要也是关于茶叶的科学种植技术和生态化管理的知识。

"政府提倡我们这些茶农赶着科技变化。这几年还算可以，都是经常培训那些病虫害的，这对我们茶农也起到一个很好的作用。每次每场病虫害培训我们都去。"（YJ20220815FH）

"我们这边不是有举办很多活动嘛，比如说新素质农民的培训，还有'一村一品'这些，还有很多供给我们这个乡村的一些培训项目，我都会去参加，去学习。"（CT20220818FH）

不过，有农户也表示，政府需要在这方面加大投入以取得更明显的成效。

"所以说我们作为当地的这些农民，我们迫切希望政府还有协会，在这两个方面（农药、化肥）能介入到我们单丛这边，实事求是地为这些农民来谋福利啊。应该把这个规范起来呢，是不是？"（KS20220817FH）

随着中国发展高效生态农业目标的提出，茶叶生产作为中国农业产业的一个重要事部分，有关茶叶生态种植和生态茶园建设的政策成为政府在农业生产场域中重要的元资本，在其中开展实践行动的农户及其惯习必然受到这种元资本的形塑。与此同时，这种形塑也影响场域中其他资本的活动，一同推动农户不断形成有关生态茶叶种植的惯习，并持续影响场域中其他的实践行动。

### 4.2 场域中市场经济资本对茶农采摘惯习的形塑

正如上文所述，在凤凰茶生产这个社会空间里除了农户、政府外，茶商／市场和其他从业者也是该场域中的参与主体。自中华人民共和国成立以来，凤凰单丛茶的种植面积及产量逐步提高，从1980年的87.18万斤提高到2018年的1 000多万斤[15]。2021年产量更是达到了8 761吨，种植面积达到了90 317亩（潮州市农业农村局统计数字）。在计划经济时代国内茶叶价格少有畸高畸低的情况。自20世纪80年代茶叶市场全面放开起，单丛茶生产成为许多凤凰人日常生活的一部分。不过，在很长时间内茶叶价格不高，最初只能成为家庭收入的一部分。之后随着茶叶价格逐步上涨，有越来越多的茶农以茶叶种植为唯一或主要的收入来源。潮安区的统计数据显示，2011年全区的茶叶平均售价不足 20 元 / 斤，2016 年约为 53 元 / 斤，到 2019 年约达 117 元 / 斤。凤凰单丛的价格高些，2015~2019 年低山单丛为 150~700 元 / 斤（例如，2017 年棋盘村的白叶大约 150 元 / 斤），中山单丛为 300~1500 元 / 斤，高山单丛约为 800~5 000 元 / 斤[15]。这与我们的采访基本吻合，多数受访者表示茶叶 2015 年后更好售卖，2018、2019 年价格开始大幅增长。

价格的上涨使凤凰茶种植规模不断扩大，在其生产流程中，除了种植和制作环节，茶叶的采摘也受到了极大的影响。凤凰单丛的高山茶区只采春茶一季，低山茶区每年采 5~6 轮次；低山茶在 3 月中、下旬开始采摘，中高山茶在 4 月上、中旬开始采摘[16]，整个春茶采摘期大约为 50 天。根据农户们的经验，春茶采摘需要抢时间，如果嫩芽采摘不及时，成品茶品质便会受影响，进而影响收益。而随着凤凰山茶区产量的增长，出现了春茶采茶工短缺的问题。这既增加了农户的茶叶生产成本，也带来了很多困难。有受访人提到，目前的采茶工多为外来务工人员，农户通常需要在自家住宅中解决其生活起居问题，因此农户在建造或翻修其住宅时多数需要考虑此因素，这带来了用地和资金上较大的压力，甚至在一定程度上制约了农户的生产规模。

"就是说我不人工修剪的，让它自生然生长，然后我人工采摘，可能茶农他会觉得说，像福建那边的茶叶，我把它修剪得很平然后用那个机器采摘，省时省力。但是说这样的茶叶做出来的品质肯定不是最好的。我一直想改变这个模式。后来我发现呢，你的茶叶做出来，这些茶商，其实是认可的。"（HH20220816FH）

"因为春茶每家每户都很忙，都没有人腾得出时间，所以的话就得请一些外地的，比如说像福建啊、广西啊、贵州啊，或者我们潮州附近的一些，梅州或者其他的一些地方来的人员，像今年的话都来了，整个凤凰据统计都有两三万茶工。就长住在这里，住在我们家这里，包吃，然后吃完早餐就去茶园采完茶，下午四五点钟就回来。"（CT20220818FH）

市场作为场域中的重要力量，在界定特定资本的同时，也在不断地推动着其他主体进行各类资本的再生产和兑换，建构了农户的生产行为。

然而，我们的访谈显示，即便市面上已有可用的采摘机械，但仍几乎为所有凤凰茶农所拒绝。接受采访的农户也无人使用机械采摘。其中最重要的原因是，采摘机械的使用会使茶叶叶面破损，影响茶叶品质和茶汤口感，进而影响收益。他们宁愿为此付出更多的劳力或支付雇采茶工的费用，也仍然保持严格的手摘操作。由此可见，此处建构了农户生产实践行为的影响因素包括市场及其所占有的强大经济资本、农户所占有的单丛茶品鉴和采摘的文化资本、农户自幼获得的品鉴和采摘惯习。而农户的实践行为也使得凤凰单丛茶的采摘工艺得到保持及持续的实践。农户的采摘实践，同时也利用了与之关联的潮汕文化场域中凤凰茶消费者对高品质普通凤凰茶的品饮惯习，及其对消费正宗单丛茶这一文化资本的追逐。农户因此成功地将上涨的生产成本转嫁出去，保留了自己的生产惯习，并可能因此在潜在的境况中获取更多的经济及文化资本。此外，这种惯习的保持也得益于农户对其社会资本的利用。他们在扩大生产的过程中，往往遇到资金和用地的问题。有受访者提到，他们在遇到类似困难时，会求助宗亲或朋友，多数时候会获得帮助。从茶农对于社会资本的占有和利用上看，这也是场域提供的便利。不止一人提到因规模不够大拿不到贷款，且回报周期太长，即使是助农的低息贷款，利率对农户也仍然是个负担。

"比较困难的话我们就找朋友求助咯，朋友借啊，或者是自己姐姐啊这些，亲戚朋友啊。我们以前也是中原人呐，迁徙过来的。家族肯定要互帮的。我们必须团结。客家人最明显的就是建土楼，我们凤凰这边也有七八个土楼，所以我们产生一种文化就是要互相帮助，这是潮汕人的一种（精神）。"（HF20220730FH）

茶商/市场作为场域中的重要力量，在界定特定资本的同时，也在不断地推动着其他主体进行各类资本的再生产和兑换，同时也影响场域中各主体惯习的形成和改变。由上述分析可以得知，脱离这个场域，脱离开单丛茶生产的特点、凤凰的社会经济状况、周边地区的传统文化习俗等，无法认清农户、茶商/市场和其他从业者的实践行为，以及他们之间错综复杂的关系。

### 4.3 场域中茶农制茶文化资本及惯习对场域的形塑

凤凰单丛茶的生产过程包括栽培、养护、采摘、加工，各环节都有相应的技术规范[13]。茶叶栽培、养护对凤凰茶农而言是后续生产环节的基础，重要性不言而喻。不过，单丛茶的加工对农户而言也至关重要，它影响茶叶的产量和品质，进而决定茶叶的销售和茶农的收入。在长久的种植历史中，农户持续从事茶叶生产，安排日常生活，也在其中积累了有关凤凰单丛茶制作的知识，成为茶农在该场域中所占有的独特文化资本。这些资本影响了农户们的行为，而农户的惯习也影响场域中其他主体的实践行动。

凤凰茶为半发酵茶，香味独特，这与其复杂的加工工艺不无关系。通用的初制工艺包括晒青、晾青、做青（包括碰青、摇青、静置三步交替进行至少4次）、杀青、揉捻、干燥6道工序[15]。我们在采访中获得的回答，并未有超出文献之处。由此可见，单丛茶各制作环节的操作程序和要领属于场域中的一种公共资源，是单丛茶生产场域中较易获得的一种文化资本。不过，要将这种资本转化为实际的生产力，需要许多实际劳作和经验为支撑。这意味着，茶农的惯习在这里成为资本置换的关键推动因素。

"你也刚才说了茶叶的制作环节其实是一样的，但是你可以理解成跟做菜是一样的道理，一样的食材给你，不同的厨师做出来的菜肯定是味道不一样的。就是这个火候问题嘛，所以说做茶叶也一样，你这个摇青要到摇哪个程度，是需要经验积累的。像摇青、采青这些，包括那个烘焙、晒青，其实这些就是你要掌握它这个茶叶要晒到哪个程度才可以收。"（HH20220816FH）

"（这个制茶其实啊，）常年的这种操作经验特别重要。那有的时候就是得看天气的，太阳太大，我们该怎么做，天气稍微不是很好的时候，该怎么操作，还是得自己掌握的。人家怎么说，你就怎么来做，是不行的。"（LZ20220816FH）

作为农产品，凤凰茶不同单株所产的茶叶之间存在性状差异。因此，与上述各制作工序相关的具体操作时长和方式，必须结合具体情况加以调整。有关凤凰茶的文献提及，"即使是同一品种（品系），种于同一区域，树龄等方面的因素相同，如果制作工艺不同，则品质各有区别。正因如此，一些茶农、茶商掌握的关键技术，秘不外传。但是，有的特殊技术虽然公开，能真正应用成功的不多"[15]。多数受访者表示这种具体操作上的差异可导致最后成品品质的差异。有一位受访者甚至表示"给你同一批茶叶，请两位师傅来做，最后可能做出来完全不同的茶味。"（TZ20220729FH）

因此，正如许多受访人提到的，那些在实际的茶叶制作中经年累月形成的经验或基于实践的惯习，是成功制出好茶的关键。而正是对于这种基于实践劳作，基于身体记忆的制作过程的认可和依赖，机械的使用反而很早就进入了茶叶生产环节中。我们的调研表明，不论是茶农、消费者还是茶商，都认为制茶机械的使用总是辅助的，即使在大规模使用各类制茶机械的今天，那些根植于茶农的制茶惯习依然是决定单丛茶成品品质的关键。他们中的许多人认为机械制作与全手工制作的茶叶品质并无太大差别，甚至有诸多优势。

"现在我们一户最后有两三千斤，如果用人是没办法做出来的。以前是用手，下面有人烧柴，用手炒，第一个就是比较慢，也没那么好。要用脚来踩揉成条，现在是用机器来揉，肯定是在各方面比较快，也卫生啊。"（LZ20220816FH）

"现在必须用机械了，如果没有机械的话做不了了。因为现在的产量，我在十几岁的时候，整个生产队制作的茶叶只有两三百斤，现在一个农户都一两千斤，你说这个产量，如果纯粹手工的话，干不了。"（WX20220816HF）

"嗯，现在基本都很少真正用手工去做了，因为做不出量啊，在这其他的基本都是一样的，就外面的那个设备炒茶呀、揉捻啊，还有烘茶，可能这一个环节不一样，有的就用柴火烘焙，我们用电用气嘛。这两个环节不太一样，其他基本按照现代来说话都是一样的了。"（CT20220818FH）

可见，场域中的各类主体并不排斥机械的使用，认为这是当前凤凰茶叶产量带来的必然结果。同时，机械的使用解放了许多劳力，在一定程度上降低了生产成本，成为茶叶生产可持续发展的重要条件。

## 5. 结论与对策

近千年来，凤凰单丛茶不仅影响着凤凰茶农的日常劳作和生活安排，也深刻影响了当地的社会关系与地方精神的形成。在凤凰单丛茶产生产场域中，农户会根据所占有的资本及已形成的惯习去面对不同的主体及其实践活动。从纵向上来看，政府拥有元资本起主导或引导作用，政府对于凤凰茶生产问题的治理离不开其他各主体，尤其是农户的支持。农户只有真心接受了包括生态种植、品质安全等在内的理念并进行实践，才可能在场域中将处于较高层级的农业生产理念落到实处，达到让农户、市场、政府满意的效果，并对后续的茶叶生产实践形成带动示范作用。从横向上看，农户拥有种茶制茶的文化资本，茶商/市场拥有最大的经济资本是各类实践行动的驱动力，机构组织在政府、市场、农户之间发挥桥梁和纽带的作用。这些主体拥有不同数量和类型的资本，在该社会空间中占据特定的位置，并凭借不同的惯习进行实践，形成各类不同的利益共享群体。在此过程中，农户会识别出不同的"我群"，在现有及潜在的情景中生产或共享各类型的资本，进而形成更多利益共享的主体群落，并形塑场域中的其他主体。茶农在惯习的影响下，在身份认知、伴随的情感、相应的行为表现等多维度上进行身份建构。拥有茶农身份意味着他们会在凤凰茶生产场域中不断地调整自己的生产活动和日常生活，包括他们对生产对象、生产技艺的认识以及对其日常生活的态度，从而促进凤凰单丛茶文化系统的保护和发展。总之，凤凰单丛茶生产过程的变迁就是自然环境与本地人文环境融合的过程，也是凤凰独特风貌的创造过程，更是最终形成了这块土地上独特的农业文化遗产。

而对于凤凰人如何利用凤凰单丛茶文化遗产来强化茶农的身份认同，可以从几个方面入手。首先，进一步认识凤凰单丛茶文化的活态性和复合性，特别是在中青年的学习和培训中，发挥技术机构和专家的作用，进一步讲清该遗产系统的明确定位和特性，吸引更多人以更恰当的方式参与其中，这样也为他们的身份认同提供更有力的保障。其次，建设多方可及尤其是茶农可及的茶文化平台，使他们可以向公众展示凤凰单丛茶生产各环节技艺及工具、茶叶品鉴及相关非遗技艺，使更多人可以互相借鉴彼此的经验，提升对凤凰单丛茶品质的认识；通过恰当的方式向社会报道和传播，以增强凤凰人与凤凰茶的联系密切度。最后，通过各类相关茶旅资源及活动的开发，综合发挥凤凰单丛茶文化的经济文化价值和社会影响力，促进社区形成更有凝聚力的文化，帮助凤凰人强化其身份认同。

## 参考文献：

［1］联合国粮食及农业组织网站 . What are GIAHS［EB/OL］.http：//www. fao.org/nr/giahs/whataregiahs/zh/.

［2］中华人民共和国国务院公报 . 重要农业文化遗产管理办法［J］. 2016，1543（4）：46-49.

［3］闵庆文，孙业红 . 农业文化遗产的概念、特点与保护要求［J］. 资源科学，2009，31（6）：914-918.

［4］HARRISON R. Understanding the politics of heritage［M］. Manchester：

Manchester University Press，2010.

［5］SKREDE J，HERDIS H. Uses of heritage and beyond：heritage studies viewed through the lens of critical discourse analysis and critical realism［J］. Journal of Social Archaeology，2018（1）.

［6］李沛，苏小燕.话语分析视角下中国文化遗产的国际地位提升路径研究［J］.河南社会科学，2019（9）：71-77.

［7］于佳平，张朝枝.遗产与话语研究综述［J］.自然与文化遗产研究，2020（1）：18-26.

［8］SMITH L. Uses of Heritage［M］. London and New York：Routledge，2006.

［9］皮埃尔·布迪厄，华康德.实践与反思：反思社会学导引［M］.李猛，李康，译.北京：中央编译出版社，1998.

［10］刘小珉，刘诗谣.乡村精英带动扶贫的实践逻辑：一个基于场域理论解释湘西Z村脱贫经验的尝试［J］.中央民族大学学报（哲学社会科学版），2021，48（2）：74-85.

［11］王莹.身份认同与身份建构研究评析［J］.河南师范大学学报（哲学社会科学版），2008，128（1）：50-53.

［12］张淑华，李海莹，刘芳.身份认同研究综述［J］.心理研究.2012（1）：21-27.

［13］张静.身份认同研究［M］.上海：上海人民出版社，2006.

［14］王镇恒，王广智.中国名茶志［M］.北京：中国农业出版社，2000.

［15］隆铭，柯定国.中国凤凰单丛［M］.汕头：汕头大学出版社，2022.

［16］黄瑞光，桂埔芳.凤凰单丛［M］.北京：中国农业出版社，2020（3）：104-110.

［17］邵璐.翻译社会学的迷思：布迪厄场域理论释解［J］.暨南大学学报（哲学社会科学版），2011（3）：124-130.

［18］BRETT D. The construction of heritage［M］. Cork：Cork University Press，1996.

（作者单位：北京联合大学旅游学院）

# 凤凰单丛茶文化与凤凰居民的地方依恋研究 *

王英伟　梁宝恒　陈建华

[摘　要] 地方依恋是个体与地方相互作用过程中所产生的积极情感联结。本文基于对潮州凤凰单丛茶产地居民的访谈，从地方依恋的五个维度即地方熟悉感、地方归属感、地方依赖感、地方认同感和地方根深蒂固感，对当地居民的地方依恋进行分析，探索地方依恋与凤凰单丛茶文化的相关性，从而挖掘凤凰单丛茶文化的认同和传承的情感联结。

[关键词] 地方依恋；凤凰单丛茶；文化认同

## 1. 研究背景

广东省潮州市潮安区的凤凰镇是著名的茶叶产地，其茶叶种植历史可追溯到南宋末年。至清同治、光绪年间，为提高茶叶品质，当地人实行单株采摘、单株制茶、单株销售的方法，将优异单株分离培植。当时有一万多株优异古茶树均实行单株采制法，故称凤凰单丛茶。近年来，凤凰单丛茶获得了多项荣誉，尤其是 2014 年，广东潮安凤凰单丛茶文化系统入选第二批中国重要农业文化遗产。

从宏观层面上看，社会经济的发展推动了我国城镇化的进程。我国先后制定了《国家新型城镇化规划（2014—2020 年）》和《国家新型城镇化规划（2021—2035 年）》。2021 年中国常住人口的城镇化率已经达到 64.7%。根据近期相关研究机构的模型预测，我国城镇化进程在 2020 年之后还将持续 20 年以上的时间，到 2035 年城镇化水平将稳定在 80% 以上[1]。

随着城镇化进程的推进，生活在凤凰以茶叶为生的居民对家乡的依恋程度如何？对凤凰单丛茶文化的认同情况如何？单丛茶文化传承是否受到制约与挑战？解决以上问

---

* 本文系"潮州单丛茶文化系统申报全球重要农业文化遗产项目"的阶段性成果。

题，有助于了解"人"与"地"之间的情感联结，对于凤凰单丛茶文化的认同以及文化遗产的传承具有重要意义。

## 2. 理论依据

"地方"的概念是由美国华裔地理学家段义孚提出的。地方是人与地方的情感联系创造出的意义，不仅具有地理上的含义，还有人文、社会心理的内涵。从人的心理、精神需求、社会文化等层面认识人与地方的相互关系，以人的生存为宗旨，从人的感官、体验、美学等维度揭示人与地方的本质联系，呈现出人类认识地方、重构空间的崭新视角[2]。

"地方依恋"是个体与地方相互作用过程中所产生的积极情感联结[3]。Hammitt[4]等将"地方依恋"分为地方熟悉感、地方归属感、地方依赖感、地方认同感和地方根深蒂固感5个维度。这5个维度从熟悉感延伸至根深蒂固感，蕴含由浅至深的情感联结，是情感的强度与特性在层级间的层层递进[5]。

## 3. 材料数据来源

用于研究的材料来源于2022年7~8月课题组在广东省潮州市凤凰镇的调研。课题组7月28日~8月19日在潮州凤凰镇与12位凤凰镇的居民进行了深度访谈。受访者基本信息见表1。

表1　受访者基本信息

| 序号 | 受访者（代称） | 年龄（岁） | 性别 | 学历 | 职业 |
|---|---|---|---|---|---|
| 1 | TZ | 42 | 男 | 初中 | 茶农 |
| 2 | HH | 33 | 男 | 中专 | 茶农 |
| 3 | WX | 51 | 男 | 高中 | 茶农 |
| 4 | LZ | 31 | 男 | 大专 | 茶农、茶叶店经营者 |
| 5 | KS | 40 | 男 | 高中 | 茶叶合作社经营者 |
| 6 | CT | 38 | 女 | 大专 | 茶农 |
| 7 | WD | 54 | 男 | 高中 | 茶叶店经营者 |
| 8 | HK | 45 | 男 | 初中 | 茶农、茶叶店经营者 |
| 9 | KA | 42 | 女 | 初中 | 茶农 |
| 10 | LJ | 38 | 男 | 高中 | 茶农 |
| 11 | HT | 23 | 男 | 大专 | 茶企经营者 |
| 12 | HF | 46 | 男 | 初中 | 茶企经营者 |

受访者共12人，其中男性10人，女性2人；包括茶农6人，茶企经营者2人，茶叶店经营者1人，茶叶合作社经营者1人，还有同时种植茶叶和经营茶叶店的2人；从

年龄层次上看，20~29岁1人，30~39岁4人，40~49岁5人，50~59岁2人；从学历上看，初中毕业4人，高中毕业4人，中专1人，大专3人。

访谈为半结构化，根据地方依恋的5个维度，设置了细化的指标，并根据指标拟定了相关访谈问题。具体见表2。

表2　地方熟悉感的维度、指标及主要问题

| 维度 | 指标 | 主要问题 |
|------|------|----------|
| 地方熟悉感 | 1. 对这个地方很熟悉；<br>2. 了解本地生活方式 | 您在凤凰生活了多少年？<br>您从什么时候开始参与茶园劳动？ |
| 地方归属感 | 1. 这里给我的感觉很亲切；<br>2. 认为自己被周围的人接纳 | 您与凤凰其他居民相处如何？<br>您与他们在种茶、制茶方面有什么交流？ |
| 地方依赖感 | 1. 综合来说，我对这里最满意；<br>2. 留在这里，是最好的选择 | 您还在其他地方工作过吗？<br>您为什么选择留在凤凰？ |
| 地方认同感 | 1. 每当有困难时，总能在这个地方得到帮助；<br>2. 这个地方让我感到很骄傲 | 您在凤凰生活工作过程中遇到过什么问题吗？如何解决的？<br>作为凤凰人，您总体感觉是什么样的？ |
| 地方根深蒂固感 | 1. 我只考虑在这里生活；<br>2. 我愿意投入更多的心力，使这里成为一个更好的地方 | 在这里生活有什么不便利的地方吗？<br>您对未来有什么打算？ |

## 4. 凤凰居民地方依恋分析

### 4.1 地方熟悉感

地方熟悉感是指个体对地方的了解程度以及对环境的偏好，随着对地方熟悉程度的加强，个体会对地方产生不同的情感，也会趋向流入熟悉感强的地方[6]。访谈中地方熟悉感主要考查受访者是否"对这个地方很熟悉"和是否"了解本地生活方式"。

通过访谈了解到，12位受访者中，除了一位女性是十几年前从外地嫁到凤凰的，其他11人都是出生在凤凰的当地人。他们对凤凰的地理环境、风土人情都很熟悉，与周边其他居民也都彼此熟知。

当问及"您从什么时候开始参与茶园劳动"，得到下以下回答：

"我们是放学后，就是经常都得去帮忙采茶叶啊，星期六星期天都是。我们七八岁开始就会采茶叶了。"

（LZ，31岁，男性，茶农、茶叶店经营者）

"从我小学的时候，就开始弄茶。我8岁的时候就开始上茶山采茶了。"

（HK，45岁，男性，茶农、茶叶店经营者）

对受访者参与茶园劳动的时间长度进行梳理，得到以下结果：12人中参与茶园劳动的时间在10年以内的1人，11~20年的2人，21~30年的4人，30年以上的5人。他们中多数人从小参与茶园劳动，在茶园劳作过程中耳濡目染，对茶叶种植、加工技巧以及当地茶文化非常熟悉。随着对凤凰熟悉程度的加强，他们产生了越来越深的地方归属感和认同感。见图1。

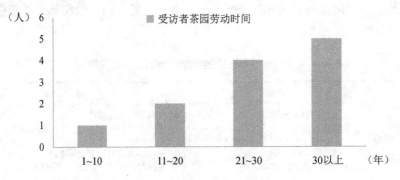

图1 受访者茶园劳动时间

### 4.2 地方归属感

地方归属感是个体对地方的熟悉感形成后，并在心理上认为自己是属于这个地方的，然后会对这个地方产生一种归属感，这种归属感是个体对地方的体验、记忆而累积形成的情感[7]。地方归属感可以体现为"这里给我的感觉很亲切""我认为自己被周围的人接纳"。

在"您与凤凰其他居民相处如何"和"您与他们在种茶、制茶方面有什么交流"这两个问题上，受访者都一致提及邻居、朋友之间会经常在一起切磋制茶的技艺。而且在繁忙的季节，还会互帮互助。茶叶协会和茶农协会也会经常组织交流评比等活动。他们在种茶、制茶方面的交流非常普遍。

"经常就在做春茶的时候，每天晚上这个茶碰完了，我同样去邻居家看一下他碰得怎么样，香气怎么样。然后明天做出来，尝一下它的香气是怎么样的。因为我们是每家每户都在做茶叶的嘛。所以说我们经常有交流的。"

（KS，40岁，男性，茶叶合作社经营者）

"……（采茶）其他的季节也有，就请一些邻居吧，或者是隔壁一些村里面有空的一些人员，这样子。"

（CT，38岁，女性，茶农）

"同行各方面都是会交流的，像茶叶协会啊，像这个评比的时候啊，就是最好的一个交流嘛。"

（LZ，31岁，男性，茶农、茶叶店经营者）

访谈中，受访者的回答体现出他们均能与周围人和睦相处，被周围人接纳，感觉亲切友好。他们在家乡从事茶产业感到很安心，能体会到强烈的归属感。

### 4.3 地方依赖感

地方依赖感是指个体与特定地方之间形成的关联感知强度，主要取决于对这个地方满足个体功能性需求的评价[8]。访谈中地方依赖感主要从下面两个指标衡量：1.综合来说，我对这里最满意；2.留在这里，是最好的选择。

"这边水就很清很甘甜，呼吸的空气就新鲜的，这两点你再多的钱都买不到。"

（WX，51岁，男性，茶农）

"以前是上班，其实按照工资来说也差不多吧……真的有时候很折腾啊，就是很郁闷吧，所以就是回来。这习惯了，对比来说，挺喜欢这边的生活吧。"

（CT，38岁，女性，茶农）

"在这里生活还可以吧，不用去羡慕那些人家那个深圳啊，广州啊。在这里，也是可以了……我们凤凰的平均生活水平应该说比其他镇都好多了，在整个潮安区里边，也是数一数二的啦。"

（WD，54岁，男性，茶叶店经营者）

受访的12人中，5人曾有过在附近城市工作的经历，其中包括中石油和电信，还有在印刷厂工作或从事过厨师、销售等工作的。他们中有些因为在外地工作期间受挫，返乡从事茶产业。还有些是看到茶产业发展的契机，返乡进行茶叶种植或加工或销售工作。所有受访者选择在凤凰从事茶叶相关工作的原因主要可以归纳为以下几个方面：

首先，随着茶叶价格上涨，从事茶叶相关工作经济回报高，这使得收入增加，提高了生活水平，满足了他们的生计需求。

其次，随着经济发展，凤凰的各种配套设施也逐渐完善，满足他们交通、休闲、购物等日常生活需求。

再次，凤凰有自然环境优势，空气质量好，水质甘甜，温度适宜，气候也较汕头、潮州等城市更适宜居住。

最后，凤凰是他们祖辈生活的地方，这里有他们的家人、亲戚和朋友，有他们习惯的风土人情，他们对这里有深厚的情感。尤其是对于曾经外出工作过的受访者，回到凤凰有强烈的归属感。

总之这些受访者都认为这里满足了他们物质和情感的双重需求，在凤凰从事茶产业是他们正确的选择。

### 4.4 地方认同感

地方认同感是指个体对特定地方的一种情感寄托，强调精神性依赖，包括对这个地方的认同感、自豪感[9]。地方认同感主要考查：1.每当有困难时，总能在这个地方得到帮助；2.这个地方让我感到很骄傲。

在被问及"您在凤凰工作过程中遇到过什么困难吗，如何解决的"这一问题时，回答中涉及资金问题、茶叶种植技术问题和管理问题等，通过亲戚、朋友帮助或专业老师的培训指导得以解决。

"反正一路下来，我觉得也是困难蛮多的，比如说种植啊、管理啊，都会遇到一些困难啊，刚开始做不好，也有时候茶树会死啊，那么要去找人去问啊，去了解啊，去学习啊，就去请一些年老的老师，来这里现场指导。"

（CT，38 岁，女性，茶农）

当被问及"作为凤凰人，您总体感觉是什么样的"，回答都很正面，包括骄傲、自豪、认可和感谢等。对回答的关键词进行统计，见表3。

表3 "作为凤凰人，您总体感觉是什么样的"答案统计表

| 答案 | 频次 | 占比（%） |
|---|---|---|
| 骄傲 | 3 | 25 |
| 自豪 | 3 | 25 |
| 挺好 | 2 | 16.7 |
| 被他人认可 | 2 | 16.7 |
| 感谢凤凰茶 | 2 | 16.7 |
| 总计 | 12 | 100 |

"作为凤凰人，那当然很骄傲了，凤凰现在茶农生活质量很好哦。"

（KS，40 岁，男性，茶叶合作社经营者）

"我作为一个凤凰人，我觉得很骄傲啊！因为从经济数据上来说，我们凤凰现在在整个潮州市可以算是一个比较富有的镇子。"

（HH，33 岁，男性，茶农）

"就是说感谢祖宗这个茶，是不是，如果没这个茶，我们这个村庄现在生活水平也不会提升到现在这样。"

（TZ，42 岁，男性，茶农）

受访者解释他们的骄傲自豪感，一方面是源于经济收入的增加，另一方面是源于凤凰单丛茶成为全国重要文化遗产的荣誉；几位受访者也提到，茶产业使他们经济水平大幅度提升，他们得到了外面的认可，进而有扬眉吐气的感觉；有的表达了对凤凰茶给他们带来的美好生活的感激之情。这体现出他们对凤凰这个地方以及凤凰单丛茶文化有着强烈的认同感。

### 4.5 地方根深蒂固感

地方根深蒂固感是指人与地方环境之间强烈而专注的情感联结或关系，会使个体对特定地方产生"家"的感觉[10]。研究的主要指标为：1.我只考虑在这里生活；2.我愿意投入更多的心力，使这里成为一个更好的地方。设计的问题有"这里生活有什么不便利的地方吗"和"您对未来有什么打算"。

对于"这里生活有什么不便利的地方吗"这个问题，多数受访者认为随着社会的发展，这里生活很便利；一位受访者的回答提及了教育和医疗两个方面的问题。

"作为农村地区，医疗这方面它肯定就不发达，对吧？那作为农村的教育肯定没有市区的教育好，这是毋庸置疑的。"

（HH，33岁，男性，茶农）

"您对未来有什么打算"这个问题的回答，得到的都是肯定的答案，表达了继承茶园种植，传承和发展凤凰茶文化的愿望。

"我既然已经选择了，那就要把它做好，就这样子的一个概念，另外的话，孩子在这边读书了，已经在这边定下来了，就得要在这边生根了，就要去把它传承下去。"

（CT，38岁，女性，茶农）

"我们团队的使命呢，是推动单丛茶产业发展；我们的愿景呢，是成为单丛茶行业的标杆。因为对这个茶树啊，跟这片茶山非常有感情。就经常会感叹，老一辈住在高山之中，而且他们那个年代可能气候是比现在要更寒冷，那种环境下，他们会想到把这个茶叶进行种植，这一点我是非常敬畏的。所以到后面呢，我个人是非常珍惜我们家乡的这么一个茶叶，所以从此呢，就想把这个茶叶让它发展得更好。"

（HT，23岁，男性，茶企经营者）

受访者除了提及医疗和教育相对薄弱之外，对目前生活和工作很满意。茶园种植的高回报、深厚的乡土感情以及对茶文化的信仰使他们愿意继续从事茶园种植、茶叶加工等工作，传承和发展凤凰单丛茶文化。

## 5. 结论与启示

以上研究表明，受访者由于在凤凰长年居住，有多年的茶园劳动经历，而对凤凰有较高的熟悉度；他们经常与周围人进行种茶技术切磋交流等，能融入周围的环境，有强烈的归属感；有外地工作经历的受访者，由于受挫或被茶产业吸引而返乡的，对凤凰有更深的归属感和依赖感。所有受访者因自己是凤凰人感到骄傲，对凤凰茶文化体现出高度认同。他们对茶文化传承的使命感体现了根深蒂固的地方依恋。

受访者对凤凰的地方依恋与单丛茶文化高度相关。凤凰单丛茶种植、加工文化把他们与周围的人和环境联结起来，使他们有强烈的归属感。茶产业给他们带来丰厚的经济回报，使他们得到了外界的认可，这提升了他们的自豪感；凤凰单丛茶成为全国农业文化遗产，增强了他们的地方认同感。在访谈中也显示出一些地方依恋制约因素，比如医疗与教育相对薄弱，但对凤凰单丛茶文化的认同感使得他们愿意留在凤凰继承茶产业，并把凤凰单丛茶文化推广开来，继承下去。

### 参考文献：

[1] 李培林. 城镇化进入全面提升发展质量新阶段 [N]. 北京日报，2022-09-26（10）.

［2］宋秀葵.段义孚的地方空间思想研究［J］.人文地理，2014，29（4）：19-51.

［3］邓秀勤，朱朝枝.农业转移人口市民化与地方依恋：基于快速城镇化背景［J］.人文地理，2015，30（3）：85-88+96.

［4］HAMMITT W E，BACKLUND E A，BIXLER R D. Place bonding for recreation places：conceptual and empirical development［J］. Leisure Studies，2006，25（1）：17-41.

［5］司文涛，孟霖.非认知能力、地方依恋对农民工城市融入的影响机理研究［J］.地理科学进展，2022（9）：1770-1872.

［6］WILLIAMS D R，PATTERSON M E，ROGGENBUCK J W，et al. Beyond the commodity metaphor：examining emotional and symbolic attachment to place［J］. Leisure Sciences，1992，14（1）：29-46.

［7］MILLIGAN M J. Interactional past and potential：the social construction of place attachment［J］. Symbolic Interaction，1998，21（1）：1-33.

［8］唐文跃.地方感研究进展及研究框架［J］.旅游学刊，2007，22（11）：70-77.

［9］WILLIAMS D R，VASKE J J. The measurement of place attachment：validity and generalizability of a psychometric approach［J］. Forest Science，2003，49（6）：830-840.

［10］朱竑，刘博.地方感、地方依恋与地方认同等概念的辨析及研究启示［J］.华南师范大学学报（自然科学版），2011（1）：1-8.

（作者单位：北京联合大学）

# 农业文化遗产地茶文化景观基因
# 农户感知差异研究 *

## ——以广东潮州单丛茶文化系统为例

程佳欣　孙业红　常　谕

[摘　要]农业文化遗产是一种活态遗产，具有重要的社会价值、经济价值和生态价值，文化景观特征鲜明，识别其文化景观基因有着积极的意义。本文以景观基因理论和地方理论为基础，以广东潮州单丛茶文化系统为例，识别潮州单丛茶文化景观基因；以农户为调研对象，探讨茶文化景观基因与农户感知的内在联系，挖掘不同生计类型农户对茶文化景观基因演变的感知差异。结果表明：（1）农户感知近十年茶园和村庄的生态环境、生活环境、茶种植工具和种植技术以及生活方式发生了显著的变化。（2）高山茶种植区的农户对山地、茶园、村庄的环境变化感知更为强烈，低山茶种植区的农户对种植技术和知识的变化感知更为强烈。（3）生计策略为单一种茶的农户对"山地、台地面积变化"等指标的感知更强烈。（4）农户的茶叶总收入不同，对茶文化景观生态基因感知也存在差异。可针对不同类型的农户提出增强其生计韧性的途径，促进农户生态保护和遗产传承意识的提升，为农业文化遗产地可持续发展提供思路。

[关键词]农业文化遗产；广东潮州单丛茶文化系统；景观基因；生计资本

## 引言

联合国粮食及农业组织于 2002 年发起了全球重要农业文化遗产系统的保护计划，同时将农业文化遗产的定义明确为农村与其所处环境长期协同进化和动态适应下所形成的农业景观与土地利用的特殊系统，其具有活态性、动态性、适应性、复合性与可持

---

　　* 本文发表于《中国生态农业学报（中英文）》2023 年第 11 期，系国家自然科学基金项目（41971264）和"潮州单丛茶文化系统申报全球重要农业文化遗产项目"的阶段性成果。

续性，既能适应社会经济与文化发展的需求，又利于可持续发展[1]。截至 2023 年，中国的全球重要农业文化遗产总数达到 22 项，位居世界第一。农业文化遗产集人类智慧结晶与大自然馈赠于一身，保护和挖掘全球重要农业文化遗产，关系到农村精神文明建设、乡村可持续发展和农民生计改善，在促进人类社会健康持续发展方面具有重大意义[2]。农业文化遗产地是农业文化遗产保护、传承与利用的重要载体。而农业文化遗产本就是一种特殊的景观类型[3]，并且农业文化遗产所包含的农业景观反映了人类活动与自然互动与融合的轨迹，在农业文化遗产保护与利用中，景观基因是其中重要的内容。

文化景观是任何特定时期内形成的构成某一地域特征的自然与人文因素综合体，随人类活动的作用不断变化[4]。文化景观在农业文化遗产中占有重要地位，其变迁体现出农业文化遗产地在农业文化传承，农业功能拓展和农业分布等方面发挥着举足轻重的作用[5]。20 世纪 50 年代，有学者提出文化基因的概念[6]，用来表达文化传播的基本单元，认为其与生物基因类似，存在自我复制、突变以及变异现象。Taylor[7] 将文化基因概念引入传统聚落中，为传统聚落文化景观特征研究带来了一个新的视野。2003 年，刘沛林最早提出"景观基因"的概念，认为景观基因是使一个文化景观区别于另外一个文化景观区的本质原因，与生物学中的生物基因一样，具有独特性、复制性以及变异性[8-9]。景观基因理论以生物学作为其技术基础，融合了建筑学、地理学、历史学等学科领域的理论和研究方法[10]。

目前多数研究偏向于景观基因的识别提取及对景观基因图谱进行构建与表达，将景观基因理论应用于保护和传承农业文化遗产方面的研究还不够深入，未能提出相比以往更具体有效的路径[11-17]。我国农业文化遗产地景观研究目前主要聚焦于美学价值分析，对景观的结构、功能和动态变化分析较少[18]。在已有的景观基因相关研究成果中，多是从景观基因视角对传统聚落和历史建筑街区景观进行研究，对于农业文化遗产地景观基因特征的分析与研究成果数量极少，本研究能够填补国内学术领域对农业文化遗产地景观基因研究的空白，是对景观基因和农业文化遗产动态保护研究内容的补充与完善。因此本文以广东潮州单丛茶文化系统为例，识别农业文化遗产地景观基因，探讨茶文化景观基因与农户感知的关系，挖掘不同生计类型农户对茶文化景观基因的感知差异，为合理调整优化农户生计策略，实现农业文化遗产地景观保护和农户增收致富提供依据。

## 1. 研究区域与研究方法

### 1.1 研究区域概况

广东潮安凤凰单丛茶文化系统是农业部于 2014 年认定的第二批"全国重要农业文化遗产"传统农业系统之一。广东潮州单丛茶栽培始于南宋末年[19]，至今古茶树得以保存下来，且品质优异，一直为人们所饮用。单丛茶具有"单株管理、单株采摘、单株制作"的独特性，是集花香、蜜香、果香、茶香于一体的浓香型乌龙茶，有着上百种香型品系，是乌龙茶中自然香型最丰富的种类[20]，也成了中国茶系中别具一格的瑰宝。

凤凰镇地处广东省潮州市北部片区，镇域总面积 227.06 km²，以山地为主，海拔在 350~1 498 m，地势自西北向东南倾斜。全镇森林覆盖率 85.6%，为发展旅游提供了良好的生态环境。据调查，凤凰镇约有 100 年以上的古茶树 15 000 株，其中 200 年以上的约有 4 600 株，年产茶叶 1 000 多万斤，年产值超 10 亿元。凤凰茶区是广东省最古老的茶区，也是全国著名的产茶区之一，曾获"全国十大魅力茶乡""中国名茶之乡""中国乌龙茶之乡""广东省旅游特色镇"等荣誉称号。根据茶园所在地的海拔、古茶园的数量和分布，在凤凰镇共选取 8 个自然村作为案例地。

浮滨镇地处饶平县中西部，镇域面积 159.36 km²，属丘陵地带，其中海拔 1 000 m 以上高山 1 座，500~1 000 m 山头 25 座，其余均在 500 m 以下。1961 年，饶平县岭头村茶农从凤凰水仙品种中培育出了白叶单丛，该品种抗旱能力强，茶叶产量高，滋味浓醇，成为饶平县单丛茶中的重要品种之一，并被大范围种植[21]。1986 年岭头单丛茶获"全国优质名茶"称号，1990 年被国家评为"绿色食品"，定为"国宾茶"。浮滨镇具有较高水平的生物多样性及生计多样性，拥有荔枝（*Litchi chinensis*）、龙眼（*Dimocarpus longan*）、橄榄（*Canarium album*）等优稀名贵果树 7 333 hm²，同时是世界体型最大的狮头鹅原产地。根据茶园所在地的海拔、经济发展现状，本文在浮滨镇共选取两个自然村作为案例地。

### 1.2 茶文化景观基因构成

目前关于农业文化遗产景观基因的研究处于起步阶段，对农业文化遗产地景观基因的构成，学者们提出了不同的观点。景观基因构成的原则包括 4 个方面，即内在唯一性原则、外在唯一性原则、局部唯一性原则和总体优势性原则[22-23]。胡最等[16]借鉴传统聚落景观基因概念，从传统饮食、节庆习俗、信仰崇拜 3 个方面进行了农业文化遗产的文化景观基因识别。梁琰等[14]将云南哈尼梯田农业文化遗产的景观基因分为了农业生产、农耕生活和农业生态文化 3 类。鲍青青等[5]将南方稻作梯田农业文化遗产地文化景观基因划分为 3 大类：稻作生态基因、稻作生产基因和稻作生活基因。

对农业文化遗产地文化景观基因的构成进行分类有助于深入分析与农业活动密切相关的自然、经济和社会文化要素的基本特征，了解能体现农业文化遗产特色的景观基因，基于遗产特征提出正确认知遗产价值的动态保护机制[24]。鉴于以上学者的分类，结合前期初步获得的潮州单丛茶农业文化遗产地基本情况，本文将茶文化景观基因的构成分为生态基因、生产基因以及生活基因（见图 1），来探讨农户对其感知情况。

潮州单丛茶农业文化遗产地地形多样，地势起伏较大，茶园多位于 300~1 000 m 以上的山地，因此形成了"森林－茶园－村庄－水系"的格局，因此茶文化生态基因包含森林、茶园、村庄、水系 4 个因子。茶农们通过世世代代的经验总结出适应当地茶叶生产的农具、耕作模式等知识和技术，因此生产基因包括茶耕种工具、耕种技术、耕种制度 3 个因子。茶农为适应当地自然环境及物质生产，在茶叶种植生产过程中衍生出传统习俗、宗教信仰及邻里关系等茶文化，因此生活基因包括村规民约、信仰崇拜、节庆习俗 3 个因子。

结合单丛茶自身特征，对潮州单丛茶农业文化遗产景观基因进行挖掘。对生态景观基因的识别通常通过土地利用图等来进行，生产基因和生活基因除了物质性内容，还有非物质性内容，可以通过农户口述、查阅资料或县志、入户调查、访谈等方法采集原始资料，以唯一性原则区分不同于其他遗产地的景观基因。

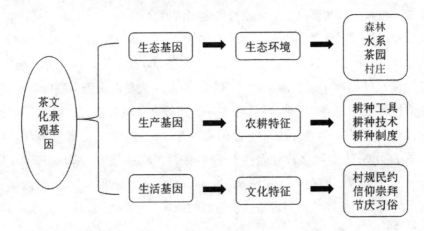

图 1　潮州单丛茶农业文化遗产茶文化景观基因构成

### 1.3 数据获取与研究方法

#### 1.3.1 数据获取

本研究通过查阅资料或县志、入户调查、访谈等方法采集原始资料。根据茶园所在地的海拔、古茶园的数量和分布、经济发展现状，在潮州市潮安区凤凰镇、浮滨镇共选取 10 个自然村作为案例地，其中，乌岽脚、大庵村、西头脚、李仔坪、中心沿属于高山茶；官目石、芹菜坑、超苟村、上社村、岭头村属于低山茶。研究组于 2022 年 7 月 26 日至 8 月 12 日在潮州市凤凰镇和饶平县开展了为期 18 天的实地调研，采用实地考察、问卷调查与入户深度访谈相结合的方法获取遗产地景观基因感知相关数据信息。调查问卷及访谈问题基于茶文化景观基因理论及茶文化景观基因构成进行设计，为了解农户生计方式、生计策略，对其家庭基本信息进行了调查，调查主要包括农户基本情况、生态基因、生产基因、生活基因方面的 55 个具体调查指标（见表 1）。共回收调查问卷与相关访谈文本 61 份，其中有效样本 60 份，有效率为 98%，经整理访谈文字资料共 10 万余字。

**表 1　茶文化景观基因感知调查指标**

| 茶文化景观基因感知调查内容 | | |
|---|---|---|
| 农户基本情况 | 性别 | 年龄 |
| | 民族 | 文化程度 |
| | 健康状况 | 居住时间 |
| | 生计策略 | 茶园类型 |
| | "单株采单株制"茶树数量 | 古茶树数量 |
| | 茶叶总收入 | |
| 生态基因 | 山地／台地面积的变化 | 对山地／台地面积变化的满意度 |
| | 山地／台地生态环境的变化 | 对山地／台地生态环境变化的满意度 |
| | 河流流域面积的变化 | 对河流流域面积变化的满意度 |
| | 河流流量的变化 | 对河流流量变化的满意度 |
| | 森林面积的变化 | 对森林面积变化的满意度 |
| | 森林树种的变化 | 对森林树种变化的满意度 |
| | 古茶园面积的变化 | 对古茶园面积变化的满意度 |
| | 古茶园茶树数量的变化 | 对古茶园茶树数量变化的满意度 |
| | 茶园面积的变化 | 对茶园面积变化的满意度 |
| | 茶园数量的变化 | 对茶园数量变化的满意度 |
| | 茶园环境的变化 | 对茶园环境变化的满意度 |
| | 村庄面积的变化 | 对村庄面积变化的满意度 |
| | 村庄生态环境的变化 | 对村庄生态环境变化的满意度 |
| | 村庄生活环境的变化 | 对村庄生活环境变化的满意度 |
| 生产基因 | 茶种植工具的变化 | 对茶种植工具变化的满意度 |
| | 茶种植技术的变化 | 对茶种植技术变化的满意度 |
| | 茶种植知识的变化 | 对茶种植知识变化的满意度 |
| | 茶种植制度的变化 | 对茶种植制度变化的满意度 |
| 生活基因 | 节庆习俗的变化 | 对节庆习俗变化的满意度 |
| | 信仰崇拜的变化 | 对信仰崇拜变化的满意度 |
| | 村规民约的变化 | 对村规民约变化的满意度 |
| | 生活方式的变化 | 对生活方式变化的满意度 |

在调查过程中发现中山茶的概念没有被普遍认可，因此根据海拔不同仅分类为高山茶和低山茶，高山茶种植区共获得 33 份样本，低山茶种植区共获得 27 份样本（见表 2）。性别上，由于思想观念和家庭分工的不同，受访者男性样本相对较多，比例为 81.7%，女性样本的比例为 18.3%，且大部分样本年龄为"31~45 岁"和"46~60 岁"，30 岁以下样本数量较少，仅有 7 人。民族上看，98.3% 为汉族，少数民族数量较少。从

文化程度上看，样本中 53.3% 的农户文化程度为"初中"，所占比重最大；大专、大学及以上学历仅有 2 人。从生计策略上看，大部分样本以种茶作为单一生计，比例为 76.67%；种茶的同时还有其他收入来源的样本共 9 个。从本村居住时间上看，有 90% 的样本属于当地人，对案例地十分熟悉，可以较好地反映案例地景观基因情况，增加调查的可信度。在经营茶叶所得收入上，年收入在 50 万元及以下的样本占 33.3%。总体上，调查的样本数据类型多样，各类型占比不一，有利于后期对数据的分析研究。

#### 表 2 样本基本信息

| 项目 | 调查内容 | 样本量 | 比例（%） |
|---|---|---|---|
| 村落 | 乌崇 – 大庵村 | 17 | 28.30 |
| | 官目石 | 9 | 15.00 |
| | 上社村 | 8 | 13.30 |
| | 乌崇 – 李仔坪 | 6 | 10.00 |
| | 岭头村 | 5 | 8.30 |
| | 乌崇 – 西头脚 | 5 | 8.30 |
| | 凤北 – 超苟村 | 4 | 6.70 |
| | 乌崇 – 中心沿 | 4 | 6.70 |
| | 凤北 – 芹菜坑 | 1 | 1.70 |
| | 乌崇脚 | 1 | 1.70 |
| 性别 | 男 | 49 | 81.70 |
| | 女 | 11 | 18.30 |
| 年龄 | <18 岁 | 1 | 1.70 |
| | 18~30 岁 | 6 | 10.00 |
| | 31~45 岁 | 25 | 41.70 |
| | 46~60 岁 | 20 | 33.30 |
| | ≥61 岁 | 8 | 13.30 |
| 民族 | 汉 | 59 | 98.30 |
| | 少数民族 | 1 | 1.70 |
| 文化程度 | 没上过学 | 3 | 5.00 |
| | 小学 | 9 | 15.00 |
| | 初中 | 32 | 53.30 |
| | 高中、中专 | 14 | 23.30 |
| | 大学、大专 | 2 | 3.30 |
| 生计策略 | 种茶农民 | 46 | 76.67 |
| | 种茶农民、其他 | 9 | 15.00 |
| | 其他 | 5 | 8.33 |

| 项目 | 调查内容 | 样本量 | 比例（%） |
|---|---|---|---|
| 健康状况 | 健康 | 60 | 100.00 |
| | 非健康 | 0 | 0.00 |
| 是否为当地人 | 是 | 54 | 90.00 |
| | 否 | 6 | 10.00 |
| 茶园类型 | 高山茶 | 33 | 55.00 |
| | 低山茶 | 27 | 45.00 |
| 单株采单株制（棵） | 0 | 20 | 33.30 |
| | 1~50 | 32 | 53.30 |
| | 51~100 | 5 | 8.30 |
| | 101以上 | 3 | 5.00 |
| 古茶树（棵） | 0 | 31 | 51.70 |
| | 1~50 | 9 | 15.00 |
| | 51~100 | 4 | 6.70 |
| | 101~200 | 7 | 11.70 |
| | ≥201 | 9 | 15.00 |
| 茶叶总收入（万元） | ≤50 | 22 | 36.70 |
| | 51~100 | 11 | 18.30 |
| | 101~200 | 9 | 15.00 |
| | 201~300 | 11 | 18.30 |
| | ≥301 | 7 | 11.70 |

### 1.3.2 研究方法

研究方法上，主要采用李克特5分制量表进行评分，其中景观基因变化感知、景观基因变化满意度采用5分制的李克特量表，以"5"表示"变化非常大"和"非常满意"，"4"表示"变化较大"和"满意"，"3"表示"不了解"和"一般"，"2"表示"变化较小"和"不满意"，"1"表示"没有变化"和"非常不满意"，并有针对性地进行详细访谈，以此作为数据分析的补充资料。一般而言，李克特量表评分平均值在1.0~2.4表示反对，2.5~3.4表示一般，3.5~5.0表示同意。平均值展示的是农户对于茶文化景观基因各项调查指标的总体感知，标准差表示每个具体评分与平均值之间的离散程度，分值越高说明离散程度越高，感知差异越明显。在研究工具上，主要借助SPSSAU、NVivo11和Excel软件进行数据统计与处理。利用卡方检验和交叉分析探究不同茶园类型的农户对茶文化景观基因的感知是否存在差异，$P<0.05$则说明存在显著差异。

## 2. 结果与分析

### 2.1 农户对茶文化景观基因变化的感知结果

农户对茶文化景观基因变化的感知包括生态基因变化感知、生产基因变化感知和生活基因变化感知。

从生态基因变化的感知看，通过分析当地农户对茶文化景观生态基因变化感知描述性分析表（见表3）以及对茶文化景观生态基因变化满意度描述性分析表（见表4），发现"山地、台地生态环境变化""茶园环境变化""村庄生态环境变化""村庄生活环境变化"四项指标的平均值较高，表明农户感知到近十年茶园和村庄的生态环境、生活环境发生了显著的变化，但标准差较高，农户间感知差异较大。自2014年广东潮安凤凰单丛茶文化系统被列为中国重要农业文化遗产后，国家对生态环境的重视程度有所提高，并组织茶农进行培训，提高茶农生态保护意识，改善了茶园生态环境。此外，村庄生态环境也是政府关注的重点，垃圾清运处理、污水排放、道路修建都发生了明显变化。"河流流域变化"与"河河水量变化"的平均值均为3.45，农户对其变化感知一般，河流流域与水量的变化多受气候影响，2018年至2021年气候较为干旱，雨水少，河流水量也受之影响而变少，2022年春夏季雨水较多，河流水量因而变多。农户对生态基因变化满意度较高，但对其中"河流流域变化""河流水量变化"的满意度一般，农户生产和生活用水均来自山泉水，因此河流或溪水水量发生变化会对农户日常生活产生直接影响，近十年多干旱，茶树种植灌溉以及生活用水不足导致农户对其变化的满意度一般。

对生产基因变化的感知：农户感知到近十年茶种植工具和种植技术发生了显著的变化，农户对于生产基因变化的满意度整体较为满意，平均值均在4.0。单丛茶种植逐渐从纯手工向半机械化过渡，节约人工成本的同时有效提高了产量，目前单丛茶从种植至加工为成品茶所需工具和机械少则6~7种，多则10种以上。

对生活基因的感知：农户感知到近十年生活方式发生了显著的变化，农户对于生活基因变化的满意度整体较为满意，平均值均在4.0。单丛茶的市场价格上涨后，农户收入大幅增加，近十年修建翻盖房屋、购买汽车、送子女就读私立学校都是生活方式发生变化的体现。

表3　茶文化景观生态、基因变化感知描述性分析表

| 感知维度 | 题目 | 平均值 | 标准差 | 中位数 |
|---|---|---|---|---|
| 生态基因 | 山地、台地面积变化 | 2.917 | 1.239 | 2.00 |
| | 山地、台地生态环境变化 | 4.117 | 0.904 | 4.00 |
| | 河流流域变化 | 3.450 | 1.358 | 4.00 |
| | 河流流量变化 | 3.450 | 1.358 | 4.00 |

| 感知维度 | 题目 | 平均值 | 标准差 | 中位数 |
|---|---|---|---|---|
| 生态基因 | 森林面积变化 | 2.967 | 1.262 | 2.50 |
| | 森林树种变化 | 2.800 | 1.086 | 3.00 |
| | 古茶园面积变化 | 2.150 | 1.436 | 1.00 |
| | 古茶园数量变化 | 2.150 | 1.436 | 1.00 |
| | 茶园面积变化 | 2.900 | 1.570 | 2.00 |
| | 茶园数量变化 | 2.850 | 1.560 | 2.00 |
| | 茶园环境变化 | 4.017 | 0.983 | 4.00 |
| | 村庄面积变化 | 2.267 | 1.087 | 2.00 |
| | 村庄生态环境变化 | 4.350 | 0.777 | 4.00 |
| | 村庄生活环境变化 | 4.517 | 0.624 | 5.00 |
| 生产基因 | 茶种植工具变化 | 4.067 | 0.954 | 4.00 |
| | 茶种植技术变化 | 3.867 | 1.142 | 4.00 |
| | 茶种植知识变化 | 2.183 | 0.911 | 2.00 |
| | 茶种植制度变化 | 1.117 | 0.324 | 1.00 |
| 生活基因 | 节庆习俗变化 | 1.083 | 0.530 | 1.00 |
| | 信仰崇拜变化 | 1.117 | 0.490 | 1.00 |
| | 村规民约变化 | 1.783 | 0.739 | 2.00 |
| | 生活方式变化 | 3.667 | 1.258 | 4.00 |

表4 茶文化景观生态、基因变化满意度描述性分析表

| 感知维度 | 题目 | 平均值 | 标准差 | 中位数 |
|---|---|---|---|---|
| 生态基因 | 山地、台地面积变化满意度 | 3.967 | 0.581 | 4.00 |
| | 山地、台地生态环境变化满意度 | 4.183 | 1.033 | 4.00 |
| | 河流流域变化满意度 | 3.333 | 1.203 | 3.50 |
| | 河流流量变化满意度 | 3.333 | 1.203 | 3.50 |
| | 森林面积变化满意度 | 3.600 | 0.942 | 4.00 |
| | 森林树种变化满意度 | 3.533 | 0.911 | 4.00 |
| | 古茶园面积变化满意度 | 3.550 | 0.946 | 3.50 |
| | 古茶园数量变化满意度 | 3.550 | 0.946 | 3.50 |
| | 茶园面积变化满意度 | 4.050 | 0.790 | 4.00 |
| | 茶园数量变化满意度 | 4.017 | 0.833 | 4.00 |
| | 茶园环境变化满意度 | 4.200 | 1.022 | 4.50 |
| | 村庄面积变化满意度 | 3.817 | 0.596 | 4.00 |
| | 村庄生态环境变化满意度 | 4.350 | 0.971 | 5.00 |

| 感知维度 | 题目 | 平均值 | 标准差 | 中位数 |
|---|---|---|---|---|
| 生态基因 | 村庄生活环境变化满意度 | 4.567 | 0.698 | 5.00 |
| 生产基因 | 茶种植工具变化满意度 | 4.383 | 0.613 | 4.00 |
| | 茶种植技术变化满意度 | 4.367 | 0.637 | 4.00 |
| | 茶种植知识变化满意度 | 4.083 | 0.497 | 4.00 |
| | 茶种植制度变化满意度 | 4.700 | 0.530 | 5.00 |
| 生活基因 | 节庆习俗变化满意度 | 4.050 | 0.594 | 4.00 |
| | 信仰崇拜变化满意度 | 4.050 | 0.649 | 4.00 |
| | 村规民约变化满意度 | 4.250 | 0.704 | 4.00 |
| | 生活方式变化满意度 | 4.633 | 0.520 | 5.00 |

### 2.2 不同生计类型农户对茶文化景观基因感知差异

#### 2.2.1 不同茶园类型农户对茶文化景观基因感知差异

调查结果发现不同茶园类型的农户在山地、水系、茶园、村庄、种植知识、种植技术等7个因子13项指标的感知方面呈现出显著性差异。茶文化景观基因变化满意度方面，在山地、水系、茶园及信仰崇拜4个因子8项指标呈现出显著性差异（见表5~6）。

（1）高山茶种植区。

高山茶种植区农户对山地、水系、茶园及村庄等因子变化的感知明显强于低山茶种植区的农户。高山茶种植区的茶园在海拔800 m以上的山地，包含丰富的古茶树资源，农户一年只采一季春茶，且茶园生态环境较好，自然灾害发生次数少，实行生态茶园的管理方式。但农户生计模式单一，主要依靠售卖茶叶获得经济收入，而茶树生长多依赖自然环境，所以高山茶种植区的农户对河流水量、森林树种等变化的感知更为强烈。如A15所说："现在满山看出去，全部都是茶。古茶树的价格是掉不了的，新种的茶树肯定价格低的，因为这边茶叶的价格是看茶叶做得好不好、年份高不高。有时候天气太过干旱的话，水量一定就会少了。而且茶树开得太多了，山挖得太多了，水土流失肯定有一点。"高山茶品质较好，售卖价格和利润也更高，因此高山茶种植区农户有较高的经济收入，金融资本的积累高于低山茶种植区。同时高山茶种植区农户的房屋多为近十年内修建且面积较大，多数农户拥有摩托车和汽车，物质资本水平较高，反映了农户更加关注生活质量和生产生活条件，所以高山茶种植区的农户对山地、茶园、村庄的环境变化感知更为强烈。

（2）低山茶种植区。

低山茶种植区的农户对茶种植技术和种植知识变化的感知明显强于高山茶种植区的农户。低山茶种植区的农户一年采茶四季至五季不等，从事茶叶生产的时间较长，并且在村庄居住的时间更长，自然资本水平较高。茶园在海拔800 m以下的山地或台地，地势平坦有利于机械化生产，茶叶采摘和生产的规模较大，茶叶加工采用纯手工模式的情况较少，机械化水平更高，所以低山茶种植区的农户对种植技术和知识的变化感知更为强烈。如 A40 所说："制茶工艺上，之前是这种脚踩的人工的，后来基本上都是机械的比较多。"A51 说："挑茶就用机器色选，把老叶子和茶梗挑出来而已，不会选茶的品质，一般贵的茶就要人工选。"

表5　不同茶园类型农户对茶文化景观基因感知的差异

| 感知维度 | 题目 | 感知程度 | 茶园类型（%） | | P |
| --- | --- | --- | --- | --- | --- |
| | | | 高山茶 | 低山茶 | |
| 生态基因 | 山地、台地面积变化 | 1 | 3（9.09） | 2（7.41） | 0.046* |
| | | 2 | 12（36.36） | 15（55.56） | |
| | | 3 | 2（6.06） | 0（0.00） | |
| | | 4 | 15（45.45） | 5（18.52） | |
| | | 5 | 1（3.03） | 5（18.52） | |
| | 山地、台地生态环境变化 | 2 | 2（6.06） | 4（14.81） | 0.000** |
| | | 3 | 1（3.03） | 2（7.41） | |
| | | 4 | 10（30.30） | 19（70.37） | |
| | | 5 | 20（60.61） | 2（7.41） | |
| | 河流流域变化 | 1 | 1（3.03） | 5（18.52） | 0.008** |
| | | 2 | 4（12.12） | 10（37.04） | |
| | | 3 | 1（3.03） | 1（3.70） | |
| | | 4 | 14（42.42） | 9（33.33） | |
| | | 5 | 13（39.39） | 2（7.41） | |
| | 河流水量变化 | 1 | 1（3.03） | 5（18.52） | 0.008** |
| | | 2 | 4（12.12） | 10（37.04） | |
| | | 3 | 1（3.03） | 1（3.70） | |
| | | 4 | 14（42.42） | 9（33.33） | |
| | | 5 | 13（39.39） | 2（7.41） | |
| | 森林树种变化 | 1 | 2（6.06） | 3（11.11） | 0.046* |
| | | 2 | 8（24.24） | 16（59.26） | |
| | | 3 | 9（27.27） | 3（11.11） | |
| | | 4 | 12（36.36） | 4（14.81） | |
| | | 5 | 2（6.06） | 1（3.70） | |
| | 古茶园面积变化 | 1 | 7（21.21） | 24（88.89） | 0.000** |
| | | 2 | 9（27.27） | 1（3.70） | |
| | | 3 | 2（6.06） | 1（3.70） | |

续表

| 感知维度 | 题目 | 感知程度 | 茶园类型（%） | | P |
| --- | --- | --- | --- | --- | --- |
| | | | 高山茶 | 低山茶 | |
| 生态基因 | 古茶园面积变化 | 4 | 10（30.30） | 1（3.70） | 0.000** |
| | | 5 | 5（15.15） | 0（0.00） | |
| | 古茶园数量变化 | 1 | 7（21.21） | 24（88.89） | 0.000** |
| | | 2 | 9（27.27） | 1（3.70） | |
| | | 3 | 2（6.06） | 1（3.70） | |
| | | 4 | 10（30.30） | 1（3.70） | |
| | | 5 | 5（15.15） | 0（0.00） | |
| | 茶园环境变化 | 2 | 3（9.09） | 6（22.22） | 0.001** |
| | | 3 | 0（0.00） | 1（3.70） | |
| | | 4 | 12（36.36） | 18（66.67） | |
| | | 5 | 18（54.55） | 2（7.41） | |
| | 村庄生态环境变化 | 2 | 1（3.03） | 2（7.41） | 0.041* |
| | | 3 | 0（0.00） | 2（7.41） | |
| | | 4 | 11（33.33） | 15（55.56） | |
| | | 5 | 21（63.64） | 8（29.63） | |
| | 村庄生活环境变化 | 2 | 0（0.00） | 1（3.70） | 0.002** |
| | | 3 | 0（0.00） | 1（3.70） | |
| | | 4 | 7（21.21） | 17（62.96） | |
| | | 5 | 26（78.79） | 8（29.63） | |
| 生产基因 | 茶种植技术变化 | 1 | 3（9.09） | 0（0.00） | 0.026* |
| | | 2 | 7（21.21） | 1（3.70） | |
| | | 3 | 1（3.03） | 0（0.00） | |
| | | 4 | 11（33.33） | 19（70.37） | |
| | | 5 | 11（33.33） | 7（25.93） | |
| | 茶种植知识变化 | 1 | 8（24.24） | 0（0.00） | 0.019* |
| | | 2 | 19（57.58） | 24（88.89） | |
| | | 3 | 0（0.00） | 1（3.70） | |
| | | 4 | 4（12.12） | 2（7.41） | |
| | | 5 | 2（6.06） | 0（0.00） | |
| | 茶种植制度变化 | 1 | 32（96.97） | 21（77.78） | 0.021* |
| | | 2 | 1（3.03） | 6（22.22） | |

表6  不同茶园类型农户对茶文化景观基因变化满意度的差异

| 感知维度 | 题目 | 感知程度 | 茶园类型（%） | | P |
| --- | --- | --- | --- | --- | --- |
| | | | 1.0 | 2.0 | |
| 生态基因 | 山地、台地生态环境变化满意度 | 1 | 0（0.00） | 1（3.70） | 0.022* |
| | | 2 | 0（0.00） | 6（22.22） | |
| | | 3 | 1（3.03） | 2（7.41） | |
| | | 4 | 12（36.36） | 9（33.33） | |
| | | 5 | 20（60.61） | 9（33.33） | |
| | 河流流域变化满意度 | 1 | 2（6.06） | 0（0.00） | 0.013* |
| | | 2 | 14（42.42） | 4（14.81） | |
| | | 3 | 5（15.15） | 5（18.52） | |
| | | 4 | 10（30.30） | 8（29.63） | |
| | | 5 | 2（6.06） | 10（37.04） | |
| | 河流水量变化满意度 | 1 | 2（6.06） | 0（0.00） | 0.013* |
| | | 2 | 14（42.42） | 4（14.81） | |
| | | 3 | 5（15.15） | 5（18.52） | |
| | | 4 | 10（30.30） | 8（29.63） | |
| | | 5 | 2（6.06） | 10（37.04） | |
| | 古茶园面积变化满意度 | 1 | 8（24.24） | 0（0.00） | 0.000** |
| | | 2 | 2（6.06） | 20（74.07） | |
| | | 4 | 12（36.36） | 7（25.93） | |
| | | 5 | 11（33.33） | 0（0.00） | |
| | 古茶园数量变化满意度 | 2 | 8（24.24） | 0（0.00） | 0.000** |
| | | 3 | 2（6.06） | 20（74.07） | |
| | | 4 | 12（36.36） | 7（25.93） | |
| | | 5 | 11（33.33） | 0（0.00） | |
| | 茶园数量变化满意度 | 2 | 0（0.00） | 6（22.22） | 0.032* |
| | | 3 | 1（3.03） | 1（3.70） | |
| | | 4 | 24（72.73） | 13（48.15） | |
| | | 5 | 8（24.24） | 7（25.93） | |
| | 茶园环境变化满意度 | 2 | 0（0.00） | 8（29.63） | 0.002** |
| | | 3 | 0（0.00） | 2（7.41） | |
| | | 4 | 12（36.36） | 8（29.63） | |
| | | 5 | 21（63.64） | 9（33.33） | |
| 生活基因 | 信仰崇拜变化满意度 | 3 | 5（15.15） | 6（22.22） | 0.031* |
| | | 4 | 16（48.48） | 19（70.37） | |
| | | 5 | 12（36.36） | 2（7.41） | |

### 2.2.2 不同生计策略农户对茶文化景观基因感知差异

不同生计策略的农户对于茶文化景观基因在山地和种植工具两个因子上呈现出了显著性差异（表7~8）。生计策略为单一种茶的农户对"山地、台地面积变化"感知显著强于不种茶的农户。如单一种茶的受访农户所说："现在山地基本上都种成了茶叶，原来荒着的山能开荒的已经都开荒了，那些不能种茶挖起来的石头啊，就堆在那里。"除种茶外还有其他生计来源的受访农户提到："我们这里根本没有什么变化，我们家这开荒的很少有的，我们这里茶叶比较少。"单一种茶的农户自然资本水平较高，往往更依赖于茶产业，对自然环境的要求更高，且主要从事茶叶种植生产的农户在村庄居住，在茶园务农的时间更长，能够从生态环境改善中获得更多效用，对山地进行开荒种茶使茶园面积扩大，有利于单一种茶的农户增加收入，提高金融资本的水平，因此其对"山地、台地面积变化"等景观基因变化的感知更强烈。

**表7 农户生计方式对茶文化景观基因变化感知的差异**

| 感知维度 | 题目 | 感知程度 | 种茶农民 | 生计策略（%） | | P |
| --- | --- | --- | --- | --- | --- | --- |
| | | | | 种茶农民、其他 | 其他 | |
| 生态基因 | 山地、台地面积变化 | 1 | 2（4.35） | 3（33.33） | 0（0.00） | 0.039* |
| | | 2 | 21（45.65） | 3（33.33） | 3（60.00） | |
| | | 3 | 1（2.17） | 0（0.00） | 1（20.00） | |
| | | 4 | 18（39.13） | 2（22.22） | 0（0.00） | |
| | | 5 | 4（8.70） | 1（11.11） | 1（20.00） | |

**表8 农户生计策略在茶文化景观基因变化满意度中的差异**

| 感知维度 | 题目 | 感知程度 | 种茶农民 | 生计策略（%） | | P |
| --- | --- | --- | --- | --- | --- | --- |
| | | | | 种茶农民、其他 | 其他 | |
| 生产基因 | 茶种植工具变化满意度 | 2 | 1（2.17） | 0（0.00） | 0（0.00） | 0.001** |
| | | 3 | 0（0.00） | 0（0.00） | 1（20.00） | |
| | | 4 | 27（58.70） | 1（11.11） | 4（80.00） | |
| | | 5 | 18（39.13） | 8（88.89） | 0（0.00） | |

### 2.2.3 不同收入农户对茶文化景观基因感知差异

农户的茶叶总收入不同，在山地、水系、茶园、村庄、种植工具等8个因子的感知上呈现出显著性差异（见表9~10）。种茶、制茶及卖茶所得年收入在100万元以上的农户对山地生态环境变化、河流流域和水量变化、古茶园面积和数量变化、茶园环境变化的感知强于收入100万元以下的农户，但对种植知识和种植技术变化的感知弱于年收入100万元以下的农户。

农户售卖茶叶所得收入越多，金融资本的积累越高，对生态景观基因变化的感知以及生态环境的保护意识越强烈，对山地、河流等自然要素的关注度也越高。例如一位受访者所说："不能开荒种茶了，森林应该是被保护起来的，对这个天气和气候，还有水源都是有好处的，像是涵养水源、保持水土这种作用。"另一位受访者提到，"政府和我们农户越来越重视环境保护，除草用人工，没有用除草剂，包括管理也是生态茶园的做法。森林基本上该保留的都保留，政府这一块也做得比较好，不能去砍伐、去扩大茶园面积，我们茶农也意识到这一方面，砍伐森林是对生态的一种破坏，就包括我们这上面有一块竹林，也保护起来了。"而售卖茶叶所得收入越少，农户的金融资本积累亦较低，会倾向于关注自身家庭的生计需求，而较少考虑河流和茶园等生态环境的变化。

表9 不同收入农户对茶文化景观基因变化感知的差异

| 感知维度 | 题目 | 感知程度 | 茶叶总收入（万元） | | | | | P |
| --- | --- | --- | --- | --- | --- | --- | --- | --- |
| | | | ≤ 50 | 51~100 | 101~200 | 201~300 | ≥ 301 | |
| 生态基因 | 山地、台地生态环境变化 | 2 | 3（15.00）[①] | 2（18.18） | 0（0.00） | 0（0.00） | 1（14.29） | 0.032* |
| | | 3 | 2（10.00） | 0（0.00） | 0（0.00） | 1（9.09） | 0（0.00） | |
| | | 4 | 14（70.00） | 7（63.64） | 3（33.33） | 3（27.27） | 2（28.57） | |
| | | 5 | 1（5.00） | 2（18.18） | 6（66.67） | 7（63.64） | 4（57.14） | |
| | 河流流域变化 | 1 | 5（25.00） | 0（0.00） | 0（0.00） | 1（9.09） | 0（0.00） | 0.048* |
| | | 2 | 7（35.00） | 3（27.27） | 1（11.11） | 1（9.09） | 2（28.57） | |
| | | 3 | 0（0.00） | 0（0.00） | 1（11.11） | 0（0.00） | 1（14.29） | |
| | | 4 | 6（30.00） | 7（63.64） | 3（33.33） | 3（27.27） | 3（42.86） | |
| | | 5 | 2（10.00） | 1（9.09） | 4（44.44） | 6（54.55） | 1（14.29） | |
| | 河流水量变化 | 1 | 5（25.00） | 0（0.00） | 0（0.00） | 1（9.09） | 0（0.00） | 0.048* |
| | | 2 | 7（35.00） | 3（27.27） | 1（11.11） | 1（9.09） | 2（28.57） | |
| | | 3 | 0（0.00） | 0（0.00） | 1（11.11） | 0（0.00） | 1（14.29） | |
| | | 4 | 6（30.00） | 7（63.64） | 3（33.33） | 3（27.27） | 3（42.86） | |
| | | 5 | 2（10.00） | 1（9.09） | 4（44.44） | 6（54.55） | 1（14.29） | |
| | 古茶园面积变化 | 1 | 19（95.00） | 4（36.36） | 2（22.22） | 5（45.45） | 1（14.29） | 0.000** |
| | | 2 | 1（5.00） | 0（0.00） | 3（33.33） | 4（36.36） | 2（28.57） | |
| | | 3 | 0（0.00） | 0（0.00） | 1（11.11） | 1（9.09） | 1（14.29） | |
| | | 4 | 0（0.00） | 3（27.27） | 3（33.33） | 1（9.09） | 3（42.86） | |
| | | 5 | 0（0.00） | 4（36.36） | 0（0.00） | 0（0.00） | 0（0.00） | |
| | 古茶园数量变化 | 1 | 19（95.00） | 4（36.36） | 2（22.22） | 5（45.45） | 1（14.29） | 0.000** |
| | | 2 | 1（5.00） | 0（0.00） | 3（33.33） | 4（36.36） | 2（28.57） | |
| | | 3 | 0（0.00） | 0（0.00） | 1（11.11） | 1（9.09） | 1（14.29） | |
| | | 4 | 0（0.00） | 3（27.27） | 3（33.33） | 1（9.09） | 3（42.86） | |
| | | 5 | 0（0.00） | 4（36.36） | 0（0.00） | 0（0.00） | 0（0.00） | |

① 表格中括号里的数值单位为 %。——作者注

续表

| 感知维度 | 题目 | 感知程度 | 茶叶总收入（万元） | | | | | P |
|---|---|---|---|---|---|---|---|---|
| | | | ≤ 50 | 51~100 | 101~200 | 201~300 | ≥ 301 | |
| 生态基因 | 茶园环境变化 | 2 | 3（15.00） | 2（18.18） | 2（22.22） | 1（9.09） | 1（14.29） | 0.005** |
| | | 3 | 1（5.00） | 0（0.00） | 0（0.00） | 0（0.00） | 0（0.00） | |
| | | 4 | 15（75.00） | 9（81.82） | 1（11.11） | 3（27.27） | 2（28.57） | |
| | | 5 | 1（5.00） | 0（0.00） | 6（66.67） | 7（63.64） | 4（57.14） | |
| | 村庄面积变化 | 1 | 4（20.00） | 2（18.18） | 1（11.11） | 2（18.18） | 1（14.29） | 0.010* |
| | | 2 | 16（80.00） | 4（36.36） | 7（77.78） | 7（63.64） | 5（71.43） | |
| | | 4 | 0（0.00） | 5（45.45） | 0（0.00） | 0（0.00） | 1（14.29） | |
| | | 5 | 0（0.00） | 0（0.00） | 1（11.11） | 2（18.18） | 0（0.00） | |
| 生产基因 | 茶种植工具变化 | 1 | 0（0.00） | 0（0.00） | 0（0.00） | 1（9.09） | 0（0.00） | 0.026* |
| | | 2 | 1（5.00） | 0（0.00） | 1（11.11） | 3（27.27） | 1（14.29） | |
| | | 3 | 0（0.00） | 0（0.00） | 0（0.00） | 0（0.00） | 1（14.29） | |
| | | 4 | 14（70.00） | 9（81.82） | 3（33.33） | 1（9.09） | 4（57.14） | |
| | | 5 | 5（25.00） | 2（18.18） | 5（55.56） | 6（54.55） | 1（14.29） | |
| | 茶种植技术变化 | 1 | 0（0.00） | 0（0.00） | 2（22.22） | 1（9.09） | 0（0.00） | 0.007** |
| | | 2 | 1（5.00） | 0（0.00） | 1（11.11） | 2（18.18） | 3（42.86） | |
| | | 3 | 0（0.00） | 0（0.00） | 0（0.00） | 0（0.00） | 1（14.29） | |
| | | 4 | 14（70.00） | 9（81.82） | 3（33.33） | 2（18.18） | 2（28.57） | |
| | | 5 | 5（25.00） | 2（18.18） | 3（33.33） | 6（54.55） | 1（14.29） | |
| | 茶种植知识变化 | 1 | 0（0.00） | 1（9.09） | 2（22.22） | 3（27.27） | 2（28.57） | 0.010* |
| | | 2 | 18（90.00） | 10（90.91） | 6（66.67） | 6（54.55） | 2（28.57） | |
| | | 3 | 1（5.00） | 0（0.00） | 0（0.00） | 0（0.00） | 0（0.00） | |
| | | 4 | 1（5.00） | 0（0.00） | 1（11.11） | 0（0.00） | 3（42.86） | |
| | | 5 | 0（0.00） | 0（0.00） | 0（0.00） | 2（18.18） | 0（0.00） | |

表 10　不同收入农户对茶文化景观基因变化满意度感知的差异

| 感知维度 | 题目 | 感知程度 | 茶叶总收入（万元） | | | | | p |
|---|---|---|---|---|---|---|---|---|
| | | | ≤ 50 | 51~100 | 101~200 | 201~300 | ≥ 301 | |
| 生态基因 | 山地、台地生态环境变化满意度 | 1 | 1（5.00）① | 0（0.00） | 0（0.00） | 0（0.00） | 0（0.00） | 0.047* |
| | | 2 | 6（30.00） | 0（0.00） | 0（0.00） | 0（0.00） | 0（0.00） | |
| | | 3 | 2（10.00） | 0（0.00） | 0（0.00） | 1（9.09） | 0（0.00） | |
| | | 4 | 6（30.00） | 7（63.64） | 2（22.22） | 2（18.18） | 4（57.14） | |
| | | 5 | 5（25.00） | 4（36.36） | 7（77.78） | 8（72.73） | 3（42.86） | |

---

① 表格中括号里的数值单位为 %。——作者注

| 感知维度 | 题目 | 感知程度 | 茶叶总收入（万元） | | | | | p |
|---|---|---|---|---|---|---|---|---|
| | | | ≤ 50 | 51~100 | 101~200 | 201~300 | ≥ 301 | |
| 生态基因 | 古茶园面积变化满意度 | 2 | 0（0.00） | 5（45.45） | 1（11.11） | 1（9.09） | 1（14.29） | 0.000** |
| | | 3 | 15（75.00） | 3（27.27） | 2（22.22） | 1（9.09） | 1（14.29） | |
| | | 4 | 5（25.00） | 3（27.27） | 5（55.56） | 4（36.36） | 2（28.57） | |
| | | 5 | 0（0.00） | 0（0.00） | 1（11.11） | 5（45.45） | 3（42.86） | |
| | 古茶园数量变化满意度 | 2 | 0（0.00） | 5（45.45） | 1（11.11） | 1（9.09） | 1（14.29） | 0.000** |
| | | 3 | 15（75.00） | 3（27.27） | 2（22.22） | 1（9.09） | 1（14.29） | |
| | | 4 | 5（25.00） | 3（27.27） | 5（55.56） | 4（36.36） | 2（28.57） | |
| | | 5 | 0（0.00） | 0（0.00） | 1（11.11） | 5（45.45） | 3（42.86） | |
| | 茶园环境变化满意度 | 2 | 8（40.00） | 0（0.00） | 0（0.00） | 0（0.00） | 0（0.00） | 0.000** |
| | | 3 | 2（10.00） | 0（0.00） | 0（0.00） | 0（0.00） | 0（0.00） | |
| | | 4 | 3（15.00） | 9（81.82） | 3（33.33） | 2（18.18） | 3（42.86） | |
| | | 5 | 7（35.00） | 2（18.18） | 6（66.67） | 9（81.82） | 4（57.14） | |
| 生产基因 | 茶种植技术变化满意度 | 2 | 1（5.00） | 0（0.00） | 0（0.00） | 0（0.00） | 0（0.00） | 0.016* |
| | | 3 | 0（0.00） | 0（0.00） | 0（0.00） | 0（0.00） | 2（28.57） | |
| | | 4 | 12（60.00） | 7（63.64） | 6（66.67） | 2（18.18） | 3（42.86） | |
| | | 5 | 7（35.00） | 4（36.36） | 3（33.33） | 9（81.82） | 2（28.57） | |
| 生活基因 | 信仰崇拜变化满意度 | 3 | 4（20.00） | 1（9.09） | 2（22.22） | 2（18.18） | 2（28.57） | 0.027* |
| | | 4 | 15（75.00） | 9（81.82） | 6（66.67） | 4（36.36） | 1（14.29） | |
| | | 5 | 1（5.00） | 1（9.09） | 1（11.11） | 5（45.45） | 4（57.14） | |

## 3. 结论与讨论

单丛茶是潮州最具地方特色的农产品，维系着当地的生计。以广东潮州单丛茶文化系统为例，识别农业文化遗产地景观基因，挖掘不同生计类型农户对茶文化景观基因变化的感知差异，提高对茶文化景观的关注度，对实现农业文化遗产地生计可持续发展具有重要的指导作用。本文的主要贡献有以下3点：

（1）研究理论上，国内现有研究多集中于景观基因的识别提取及景观基因图谱的构建与表达，研究对象以传统聚落和历史街区为主，将景观基因理论应用于保护和传承农业文化遗产方面的研究还不够深入。此外，我国农业文化遗产地景观研究目前主要聚焦于美学价值的探讨，因此分析潮州单丛茶农业文化遗产地景观基因的农户感知差异能够扩展景观基因理论的应用范围，是对景观基因理论和农业文化遗产动态保护研究内容的补充与完善。

（2）以生态基因、生产基因、生活基因3个维度构成了广东潮州单丛茶文化系统的景观基因，并结合对当地农户进行的问卷调查和深度访谈，借助相关软件 SPSSAU 进行了较为全面的数据分析，最终得到当地农户对于茶文化景观基因变化的感知情况。不同茶园类型的农户对茶文化景观基因的感知存在差异，高山茶种植区的农户对山地、茶园、村庄的环境变化感知更为强烈，低山茶种植区的农户对种植技术和知识的变化感知更为强烈；不同生计策略的农户对于茶文化景观基因感知呈现出了显著性差异，单一种茶的农户对"山地、台地面积变化"等指标的感知更强烈；种茶、制茶以及卖茶所得年收入在 100 万元以上的农户比年收入在 100 万元以下的农户对茶种植知识变化感知更为强烈。

（3）农业文化遗产地景观基因研究有助于未来深入农业文化遗产地景观保护和利用的探讨，融合可持续生计理论也能够有效促进人们对农业文化遗产地价值和可持续发展的认识。通过分析不同茶园类型、不同生计策略及不同茶叶收入的农户对茶文化景观基因的感知情况发现，高山茶区、生计策略单一和茶叶收入较高的农户对茶文化景观基因变化的感知更为强烈，生态保护意识更高，但生计多样化程度低，农户需承担更高的市场风险、自然灾害和其他外部风险的冲击；低山茶区、生计策略多样和茶叶收入较低的农户的生态保护意识较差，对生态景观基因变化的感知较弱，然而生态环境、土地资源等作为自然资本是农户生计资本的重要组成，生态环境脆弱会直接导致农户生计的脆弱。

本研究以潮州市潮安区凤凰镇和饶平县浮滨镇为案例地，采用半结构访谈法进行问题的研究，以求最大限度获取农户完整的心理感知，寻求事物发展的内在规律，弥补以往基于问卷调查的多变量分析方法的不足，但所得结论不一定具有普适性，且样本量较小，在民族类别和生计多样性方面存在局限性，未来的研究需扩大案例地选择的范围，再进行深入和细致的探讨。

### 参考文献：

［1］闵庆文，孙业红．农业文化遗产的概念、特点与保护要求［J］．资源科学，2009，31（6）：914-918.

［2］闵庆文，骆世明，曹幸穗，等．农业文化遗产：连接过去与未来的桥梁［J］．农业资源与环境学报，2022，39（5）：856-868.

［3］吴灿，王梦琪．农业文化遗产景观美学的构成与自洽——以紫鹊界梯田为例［J］．文艺论坛，2022（4）：106-113.

［4］赵荣，王恩涌，张小林，等．人文地理学［M］．北京：高等教育出版社，2006.

［5］鲍青青，钟泓，谭燕瑜，等．中国南方稻作梯田农业文化遗产地文化景观基因特征——以广西龙胜龙脊梯田为例［J］．社会科学家，2021（10）：74-79.

[6] 吴福平，李亚楠. 文化基因概念、理论及学术史批判 [J]. 深圳社会科学，2020（6）：96-103+122.

[7] GRIFFITH TAYLOR. Environment，village and city：a genetic approach to urban geography with some reference to possibilism [J]. Annals of the Association of American Geographers，1942，32（1）：1-67.

[8] 刘沛林. 古村落文化景观的基因表达与景观识别 [J]. 衡阳师范学院学报（社会科学版），2003（4）：1-8.

[9] 刘沛林，刘春腊，邓运员，等. 中国传统聚落景观区划及景观基因识别要素研究 [J]. 地理学报，2010，65（12）：1496-1506.

[10] 蒋思珩，樊亚明，郑文俊. 国内景观基因理论及其应用研究进展 [J]. 西部人居环境学刊，2021，36（1）：84-91.

[11] 李世芬，况源，王佳林，等. 渤海南域乡村民居建筑基因识别与图谱研究 [J]. 建筑学报，2022（S1）：219-224.

[12] 王成，钟泓，粟维斌. 聚落文化景观基因识别与谱系构建——以桂北侗族传统村落为例 [J]. 社会科学家，2022（2）：50-55.

[13] 郑文武，李伯华，刘沛林，等. 湖南省传统村落景观群系基因识别与分区 [J]. 经济地理，2021，41（5）：204-212.

[14] 梁琰，王红崧. 元阳哈尼梯田农业文化遗产景观基因的挖掘和数字化表达 [J]. 西南林业大学学报（社会科学），2021，5（2）：17-22.

[15] 李伯华，刘敏，刘沛林，等. 景观基因信息链视角的传统村落风貌特征研究——以上甘棠村为例 [J]. 人文地理，2020，35（4）：40-47.

[16] 胡最，闵庆文，刘沛林. 农业文化遗产的文化景观特征识别探索——以紫鹊界、上堡和联合梯田系统为例 [J]. 经济地理，2018，38（2）：180-187.

[17] 向远林，曹明明，翟洲燕，等. 陕西窑洞传统乡村聚落景观基因组图谱构建及特征分析 [J]. 人文地理，2019，34（6）：82-90.

[18] 饶滴滴，刘某承，闵庆文. 农业文化遗产系统景观要素分析的思考 [J]. 自然与文化遗产研究，2019，4（11）：53-56.

[19] 白碧珍，曹藩荣. 潮州凤凰单丛古树茶的生产概况 [J]. 广东茶业，2019，165（3）：2-3.

[20] 隆铭，柯定国. 中国凤凰单丛 [M]. 汕头：汕头大学出版社，2022.

[21] 郑荣光. 饶平茶业三百年 [M]. 广州：广东人民出版社，2010.

[22] 刘沛林. 中国传统聚落景观基因图谱的构建与应用研究 [D]. 北京：北京大学，2011.

[23] 曹帅强，邓运员，杨载田，等. 客家文化景观基因特征——以湖南省炎陵县

为例［J］.热带地理，2014，34（6）：831-841.

　　［24］杨波，何露，闵庆文.文化景观视角下的农业文化遗产认知与保护研究——以云南双江勐库古茶园与茶文化系统为例［J］.原生态民族文化学刊，2020，12（5）：110-116.

（作者单位：北京联合大学旅游学院）